Springer-Lehrbuch

Peter Hertel

Mathematikbuch zur Physik

Prof. Dr. Peter Hertel
Universität Osnabrück
Fachbereich Physik
Barbarastraße 7
49069 Osnabrück
peter.hertel@uni-osnabrueck.de

ISSN 0937-7433
ISBN 978-3-540-89043-0   e-ISBN 978-3-540-89044-7
DOI 10.1007/978-3-540-89044-7
Springer Dordrecht Heidelberg London New York

Die Deutsche Nationalbibliothek verzeichnet diese Publikation in der Deutschen Nationalbibliografie; detaillierte bibliografische Daten sind im Internet über http://dnb.d-nb.de abrufbar.

© Springer-Verlag Berlin Heidelberg 2009

Dieses Werk ist urheberrechtlich geschützt. Die dadurch begründeten Rechte, insbesondere die der Übersetzung, des Nachdrucks, des Vortrags, der Entnahme von Abbildungen und Tabellen, der Funksendung, der Mikroverfilmung oder der Vervielfältigung auf anderen Wegen und der Speicherung in Datenverarbeitungsanlagen, bleiben, auch bei nur auszugsweiser Verwertung, vorbehalten. Eine Vervielfältigung dieses Werkes oder von Teilen dieses Werkes ist auch im Einzelfall nur in den Grenzen der gesetzlichen Bestimmungen des Urheberrechtsgesetzes der Bundesrepublik Deutschland vom 9. September 1965 in der jeweils geltenden Fassung zulässig. Sie ist grundsätzlich vergütungspflichtig. Zuwiderhandlungen unterliegen den Strafbestimmungen des Urheberrechtsgesetzes.

Die Wiedergabe von Gebrauchsnamen, Handelsnamen, Warenbezeichnungen usw. in diesem Werk berechtigt auch ohne besondere Kennzeichnung nicht zu der Annahme, dass solche Namen im Sinne der Warenzeichen- und Markenschutz-Gesetzgebung als frei zu betrachten wären und daher von jedermann benutzt werden dürften.

Einbandgestaltung: WMX Design GmbH, Heidelberg

Gedruckt auf säurefreiem Papier

Springer ist Teil der Fachverlagsgruppe Springer Science+Business Media (www.springer.de)

Vorwort

Dieses *Mathematikbuch* soll Studierende der Physik und verwandter Disziplinen durch das Studium begleiten. Es ist vom Lehrbuch über *Theoretische Physik* des Verfassers[1] inspiriert. Alles, was an Mathematik im *Physikbuch* vorkommt und dort entweder vorausgesetzt oder lediglich erwähnt wird, ist hier dargestellt. Umgekehrt enthält das *Mathematikbuch* nur die Gegenstände, die im *Physikbuch* direkt oder indirekt angesprochen werden, nicht weniger, aber auch nicht mehr. Das Buch beschreibt den minimalen Mathematik-Wortschatz, über den Physiker verfügen sollten. Es ist optimal in dem Sinne, dass nichts ausgebreitet wird, was sich zwar in der Nähe der behandelten Gegenstände befindet, aber selten benötigt wird. Wer wie ich 40 Jahre lang Theoretische Physik und die dazugehörige Mathematik unterrichtet hat, der weiß, auf welche Kenntnisse es ankommt.

Die in diesem *Mathematikbuch* behandelten Gegenstände und Verfahren, auch solche aus der Numerik, decken hinreichend ab, was man wissen und können muss, um mit Erfolg Physik zu studieren. Das Buch ist so gegliedert, dass man diesen oder jenen Abschnitt beim ersten Lesen auslassen kann. Es ist somit sowohl für Bachelor- als auch für Masterstudiengänge mit hohem Mathematikanteil geeignet.

Dementsprechend ist das Buch wesentlich mehr als eine Starthilfe für Studienanfänger. Allerdings ist es nicht als Lehrbuch für das Selbststudium der Mathematik gedacht, dazu ist es viel zu straff gefasst. Vielmehr wird versucht, Studierende der Physik in mathematischer Hinsicht durch das gesamte Studium zu begleiten, von Anfang bis Ende, von einfach bis anspruchsvoll, von Abbildung bis Zufallsvariable[2]. Das *Mathematikbuch* will Zusammenhänge herstellen, Übersicht schaffen, Klammer sein zwischen den verschiedenen Gebieten, also dolmetschen zwischen Physik, Mathematik und Numerik. Übungsaufgaben passen nicht in dieses Konzept.

Die gymnasiale Oberstufe als Ausgangspunkt, das Mathematikstudium, das je nach Universität ganz unterschiedlich angelegt ist, und die mathematische Zusatzausbildung durch die Fachwissenschaft: diese drei Bestandteile sind oft

---

[1] Hertel, *Theoretische Physik*, Springer Verlag 2007, ISBN 978-3-540-36644-7
[2] eine Anspielung auf den ersten und den letzten Eintrag im Glossar

nicht oder nur schlecht aufeinander abgestimmt. Diesen Mangel kann das vorliegende Buch zwar nicht beheben, aber es kann das Physikstudium oder das Studium eines verwandten Faches von Anfang an erleichtern, indem es diejenigen Mathematikkenntnisse vermittelt, die wirklich gebraucht werden. Dementsprechend kommen viele Begriffserklärungen, Definitionen und Feststellungen vor, eine Reihe von Beweisideen, aber verhältnismäßig wenig Beweise, dafür umso mehr Beispiele.

Der Aufbau folgt im Wesentlichen dem Verlauf des Physikstudiums.

Die Schule hat die *Grundlagen* vermittelt, und es wird beschrieben, was davon besonders wichtig ist. Das folgende Kapitel widmet sich den *Gewöhnlichen Differentialgleichungen*, wie sie für das Studium der Mechanik gebraucht werden. In der Elektrodynamik stehen *Felder* und *Partielle Differentialgleichungen* im Vordergrund; damit befassen sich das dritte und das vierte Kapitel. Lineare Räume und *Lineare Operatoren*, Schlüsselbegriffe in der Quantentheorie, werden als nächstes abgehandelt. Unter *Verschiedenes* ist zusammengestellt, was sich bisher nicht zwanglos einfügen ließ: Fourier-Zerlegung, Analytische Funktionen, Tensoren, Transformationsgruppen, Optimierung, Variationsrechnung und Legendre-Transformation. Das letzte Kapitel vermittelt *Tiefere Einsichten*: Grundlagen der Topologie, Maßtheorie und Lebesgue-Integral, Einführung in die Wahrscheinlichkeitstheorie und Verallgemeinerte Funktionen.

In das Buch eingewoben ist eine Einführung in die Numerik. Wie man Integrale ausrechnet, gewöhnliche und partielle Differentialgleichungen löst, Modelle an Messdaten anpasst, das Spektrum von Zeitreihen analysiert und die Ergebnisse graphisch darstellt: all das kommt vor und vieles mehr, immer im passenden Kontext. Physiker wollen Probleme lösen, und wenn das analytisch nicht möglich ist, also beinahe niemals, dann muss man rechnen, oder noch besser: eine Maschine mit dem Rechnen betrauen. Das Buch zeigt, wie man das macht. Der Anhang enthält eine Einführung in das Programmpaket MATLAB, das auf die Anforderungen der Naturwissenschaften und der Technik zugeschnitten ist.

Zum Anhang gehört außerdem ein ausführliches *Glossar*. Es erläutert und vernetzt die wichtigsten mathematischen Begriffe und Aussagen und ist damit gleichsam eine Zusammenfassung dieses auf Übersicht und Verständnis angelegten Buches.

Ich habe vor vielen Jahren Mathematik an der Universität Hamburg studiert, bei Emil Artin, Ernst Witt und Lothar Collatz. Diese Professoren, denen ich noch heute dankbar bin, waren nicht nur hervorragende Wissenschaftler, sondern auch gute, um ihre Studenten bemühte Lehrer. Wenn es dem Lehrzweck diente, vermochten sie zu vereinfachen, und sie scheuten sich nicht, die zumeist simplen Grundgedanken bloßzulegen. Ihr Vorbild hat, so hoffe ich, auf dieses Buch abgefärbt.

Osnabrück, im Herbst 2008   Peter Hertel

Inhaltsverzeichnis

1	**Grundlagen**		**1**
1.1	Mengen und Zahlen		1
	1.1.1	Mengen	2
	1.1.2	Natürliche, ganze und rationale Zahlen	3
	1.1.3	Reelle Zahlen	4
	1.1.4	Komplexe Zahlen	5
1.2	Stetige Funktionen		5
	1.2.1	Funktionen	6
	1.2.2	Stetigkeit	7
	1.2.3	Zusammengesetzte Funktionen	7
1.3	Differenzieren		8
	1.3.1	Ableitung	8
	1.3.2	Regeln	9
	1.3.3	Beispiele	10
	1.3.4	Potenzreihen	11
1.4	Elementare Funktionen		12
	1.4.1	Exponentialfunktion	13
	1.4.2	Logarithmus	14
	1.4.3	Sinus und Kosinus	16
	1.4.4	Andere Winkelfunktionen	17
	1.4.5	Hyperbolischer Sinus, Kosinus und Tangens	19
	1.4.6	Die Exponentialfunktion mit komplexem Argument	20
	1.4.7	Mehr zu elementaren Funktionen	20
1.5	Integrieren		21
	1.5.1	Integral	21
	1.5.2	Wie man Integrale berechnet	22
	1.5.3	Hauptsatz der Differential- und Integralrechnung	24

		1.5.4	Partielles Integrieren	25
		1.5.5	Substitutionsregel	25
		1.5.6	Die Quadratur des Kreises	26
2	**Gewöhnliche Differentialgleichungen**			**29**
	2.1	Erste Ordnung		29
		2.1.1	Richtungsfeld	30
		2.1.2	Integration	31
		2.1.3	Trennung der Variablen	31
		2.1.4	Lineare Differentialgleichungen	32
		2.1.5	Kausale Lösungen	33
	2.2	Zweite Ordnung		34
		2.2.1	Definition und Klassifikation	35
		2.2.2	Einfache Beispiele	35
		2.2.3	Konstante Koeffizienten	36
		2.2.4	Erzwungene harmonische gedämpfte Schwingung	38
	2.3	Mehr über gewöhnliche Differentialgleichungen		39
		2.3.1	Systeme gekoppelter Differentialgleichungen	40
		2.3.2	Anfangswertproblem und Runge-Kutta-Verfahren......	40
		2.3.3	Methode der finiten Differenzen	43
		2.3.4	Eigenwertprobleme	44
3	**Felder**			**47**
	3.1	Skalar- und Vektorfelder		47
		3.1.1	Verschiebung und Drehung	48
		3.1.2	Felder...	49
		3.1.3	Gradient	50
		3.1.4	Divergenz	51
		3.1.5	Tensoren und Einsteinsche Summenkonvention	51
		3.1.6	Vektorprodukt	52
		3.1.7	Rotation	54
		3.1.8	Zweifache Ableitungen von Feldern	54
		3.1.9	Bedeutung von Gradient, Divergenz und Rotation	55
	3.2	Wegintegrale...		58
		3.2.1	Parametrisierung	59
		3.2.2	Wegintegral..	59
		3.2.3	Bogenlänge	61

		3.2.4	Ein Beispiel	61
		3.2.5	Wege und Wegstücke	62
		3.2.6	Wegintegral eines Gradientenfeldes	62
	3.3	Flächenintegrale und der Satz von Stokes		62
		3.3.1	Fläche	63
		3.3.2	Flächenintegral	64
		3.3.3	Der Satz von Stokes	65
		3.3.4	Ein Beispiel	66
	3.4	Gebietsintegrale und der Satz von Gauß		67
		3.4.1	Gebiet	67
		3.4.2	Gebietsintegral	68
		3.4.3	Wechsel der Parametrisierung	69
		3.4.4	Der Gaußsche Satz	69

4 Partielle Differentialgleichungen 71

	4.1	Problemarten		71
		4.1.1	Notation	72
		4.1.2	Randwertprobleme	72
		4.1.3	Anfangswertprobleme	73
		4.1.4	Eigenwertprobleme	73
		4.1.5	Stephan-Probleme	74
	4.2	Reduktion auf gewöhnliche Differentialgleichungen		74
		4.2.1	Symmetrie......................................	74
		4.2.2	Reihenentwicklung...............................	75
	4.3	Methode der Finiten Differenzen		77
		4.3.1	Differenzen anstelle von Differentialen................	78
		4.3.2	Schwingungsmoden	78
		4.3.3	Äquidistante Stützstellen	79
		4.3.4	Der Laplace-Operator	79
		4.3.5	Dünn besetzte Matrizen	80
		4.3.6	Die Lösung	81
	4.4	Methode der Finiten Elemente		82
		4.4.1	Schwache Form einer partiellen Differentialgleichung ...	83
		4.4.2	Galerkin-Methode	83
		4.4.3	Finite Elemente	84
	4.5	Crank-Nicolson-Verfahren		87
		4.5.1	Zwei Ausbreitungsprobleme.......................	87

      4.5.2 Stabilitätsüberlegungen 88
      4.5.3 Wärmeleitungsgleichung 90

5 Lineare Operatoren 93
   5.1 Lineare Abbildungen 93
      5.1.1 Lineare Räume 94
      5.1.2 Lineare Abbildungen 95
      5.1.3 Ring der linearen Abbildungen 95
   5.2 Lineare Operatoren im Hilbert-Raum 96
      5.2.1 Hilbert-Raum 96
      5.2.2 Lineare Operatoren 99
   5.3 Projektoren auf Teilräume 99
      5.3.1 Teilräume 100
      5.3.2 Projektoren 100
      5.3.3 Zerlegung der Eins 101
   5.4 Normale Operatoren 102
      5.4.1 Spektralzerlegung 102
      5.4.2 Selbstadjungierte Operatoren 103
      5.4.3 Positive Operatoren 104
      5.4.4 Unitäre Operatoren 104
      5.4.5 Dichteoperatoren 105
      5.4.6 Normale Operatoren im $\mathbb{C}^n$ 106
   5.5 Funktionen von Operatoren 107
      5.5.1 Potenzreihe eines Operators 107
      5.5.2 Funktion eines normalen Operators 108
      5.5.3 Ein Beispiel 109
      5.5.4 Abelsche Gruppen und Erzeugende 110
   5.6 Translationen 110
      5.6.1 Periodische Randbedingungen 110
      5.6.2 Definitionsbereich des Impulses 111
      5.6.3 Spektralzerlegung des Impulses 112
   5.7 Fourier-Transformation 113
      5.7.1 Fourier-Reihe 113
      5.7.2 Fourier-Entwicklung 114
      5.7.3 Fourier-Integral 114
   5.8 Ort und Impuls 116
      5.8.1 Testfunktionen 116

		5.8.2	Kanonische Vertauschungsregeln 116

        5.8.2 Kanonische Vertauschungsregeln 116
        5.8.3 Unschärfebeziehung................................ 117
        5.8.4 Quasi-Eigenfunktionen 118
    5.9 Leiter-Operatoren 119
        5.9.1 Auf- und Absteige-Operatoren 119
        5.9.2 Grundzustand und angeregte Zustände 120
        5.9.3 Harmonischer Oszillator 121
    5.10 Drehgruppe... 122
        5.10.1 Drehimpuls 122
        5.10.2 Eigenräume...................................... 122
        5.10.3 Bahndrehimpuls.................................. 124
        5.10.4 Laplace-Operator................................. 125

6 Verschiedenes... 127
    6.1 Fourier-Zerlegung.. 128
        6.1.1 Fourier-Summe.................................... 128
        6.1.2 Schnelle Fourier-Transformation 130
        6.1.3 Fourier-Reihe 133
        6.1.4 Fourier-Zerlegung periodischer Funktionen............ 134
        6.1.5 Fourier-Integrale 135
        6.1.6 Faltung 136
    6.2 Analytische Funktionen 136
        6.2.1 Komplexe Zahlen.................................. 137
        6.2.2 Komplexe Differenzierbarkeit 139
        6.2.3 Potenzreihen...................................... 142
        6.2.4 Komplexe Wegintegrale 144
    6.3 Tensoren 148
        6.3.1 Verschiedene Koordinatensysteme 149
        6.3.2 Kontra- und kovariant 150
        6.3.3 Tensoren 150
        6.3.4 Kovariante Ableitung 152
    6.4 Transformationsgruppen.................................. 153
        6.4.1 Gruppen 153
        6.4.2 Transformationen 155
        6.4.3 Galilei-Gruppe 156
        6.4.4 Poincaré-Gruppe 157
        6.4.5 Kristall-Symmetrie 160

- 6.5 Optimierung 163
  - 6.5.1 Kostenfunktion 163
  - 6.5.2 Methode der kleinsten Fehlerquadrate 164
  - 6.5.3 Endlich statt unendlich viele Dimensionen 166
  - 6.5.4 Nicht-lineare Optimierung 169
- 6.6 Variationsrechnung 171
  - 6.6.1 Fréchet-Ableitung eines Funktionals 171
  - 6.6.2 Kürzester Weg zwischen zwei Punkten 172
  - 6.6.3 Variation mit Nebenbedingung 173
  - 6.6.4 Mehr Beispiele 174
- 6.7 Legendre-Transformation 176
  - 6.7.1 Konvexe Mengen und konvexe Funktionen 176
  - 6.7.2 Summe, Supremum und Infimum, Krümmung 177
  - 6.7.3 Legendre-Transformation einer konvexen Funktion .. 177
  - 6.7.4 Ableitung der Legendre-Transformierten 179

7 Tiefere Einsichten 181
- 7.1 Grundlagen der Topologie 182
  - 7.1.1 Topologischer Raum 182
  - 7.1.2 Metrischer Raum 183
  - 7.1.3 Linearer Raum mit Norm 184
  - 7.1.4 Linearer Raum mit Skalarprodukt 185
  - 7.1.5 Konvergente Folgen 185
  - 7.1.6 Stetigkeit 186
  - 7.1.7 Banachscher Fixpunktsatz 187
- 7.2 Maßtheorie und Lebesgue-Integral 189
  - 7.2.1 Maßraum 189
  - 7.2.2 Borel-Mengen 190
  - 7.2.3 Messbare Funktionen 190
  - 7.2.4 Lebesgue-Integral 191
  - 7.2.5 Bemerkungen 192
- 7.3 Einführung in die Wahrscheinlichkeitstheorie 195
  - 7.3.1 Wahrscheinlichkeitsraum 195
  - 7.3.2 Zufallsvariable 196
  - 7.3.3 Gesetz der großen Zahlen 199
  - 7.3.4 Zentraler Grenzwertsatz 199
- 7.4 Verallgemeinerte Funktionen 200

	7.4.1	Testfunktionen 200
	7.4.2	Distributionen 201
	7.4.3	Ableitung 202
	7.4.4	Fourier-Transformation............................ 203
	7.4.5	Beispiele 204

Matlab 207
   A.1 Einführung in MATLAB................................. 207
      A.1.1 Kommandozeile 208
      A.1.2 Matrizen 209
      A.1.3 Punktweise Operationen........................... 211
      A.1.4 Matrixoperationen 212
      A.1.5 Programme 213
      A.1.6 Funktionen 216
      A.1.7 Vermischtes...................................... 218
   A.2 Kommentierte Programme 222
      A.2.1 Einfache Graphik................................. 222
      A.2.2 Gewöhnliche Differentialgleichungen: Kepler-Problem . . 224
      A.2.3 Gewöhnliche Differentialgleichungen: Randwertproblem 228
      A.2.4 Partielle Differentialgleichungen: Laplace-Operator..... 230

Glossar 233

Sachverzeichnis 263

1
Grundlagen

Dieses Kapitel beschreibt Grundkenntnisse in Mathematik, die jede Studentin und jeder Student von der Schule mitbringen sollte. Man kann es auch als Übersicht über die Schulmathematik verstehen, als eine Zusammenfassung. Es hat wenig Sinn, sich mit den folgenden Kapiteln zu beschäftigen, wenn hier erhebliche Lücken zu Tage treten. Solche Lücken müssen geschlossen werden, ehe man mit dem Studium der Mathematik fortfahren kann.

Im Abschnitt über *Mengen und Zahlen* wiederholen wir skizzenhaft die Grundbegriffe der Mengenlehre und behandeln die natürlichen, ganzen, rationalen und reellen Zahlen. Wir deuten an, was komplexe Zahlen sind, die für gewöhnlich nicht zum Schulstoff gehören; dieser Gegenstand wird später breiter abgehandelt. Mithilfe konvergenter Folgen erklären wir, was *stetige Funktionen* sind und wodurch sich *differenzierbare Funktionen* auszeichnen. Dabei wiederholen wir die wichtigsten Rechenregeln. Ein längerer Abschnitt ist den *elementaren Funktionen* gewidmet, der Exponentialfunktion, dem Logarithmus, Kosinus und Sinus sowie verwandten Funktionen. Der Abschnitt über *Integrieren* behandelt, wie man die Fläche unter einem Graphen ermittelt, als Grenzwert, und wie man eine große Anzahl von Integralen analytisch berechnen kann. Nebenbei führen wir auch vor, wie man ein Integral numerisch auswertet.

1.1 Mengen und Zahlen

Die elementare Mengenlehre stellt Begriffe und Bezeichnungen bereit, mit denen man sich mathematisch präzise ausdrücken kann. Zahlen sind erst einmal natürliche Zahlen, Antworten auf die Frage *wie viel?* Um gewisse Gleichungen lösen zu können und um Grenzwerte konvergenter Folgen dabei zu haben, erweitert man zu den Mengen der ganzen, rationalen und reellen Zahlen. Wir skizzieren, warum man komplexe Zahlen einführen muss und stellen fest, dass man damit bei der umfangreichsten Zahlenmenge angekommen ist.

1.1.1 Mengen

Gleichartige Elemente a, b und so weiter kann man zu einer Menge A zusammenfassen. Man beschreibt Mengen oft durch die Auflistung der Elemente, $A = \{a, b, \ldots\}$. Die Reihenfolge ist ohne Bedeutung, und kein Element darf mehrfach vorkommen. Man schreibt $a \in A$, wenn das Element a in der Menge A enthalten ist. Dass a nicht zur Menge A gehört, drückt man durch $a \notin A$ aus.

Häufig werden Mengen durch Eigenschaften definiert, so wie zum Beispiel durch $A = \{b \in B \mid b > 1\}$. A ist die Menge aller Elemente b aus B, für die zusätzlich $b > 1$ gilt. Dabei muss natürlich für B erklärt sein, was $>$ und 1 bedeuten.

Die Menge A selber darf kein Element der Menge A sein. Solche Konstruktionen sind nicht erlaubt, sie führen zu Widersprüchen[1]. Die Partei aller Parteilosen bringt das auf den Punkt.

Wenn eine Menge überhaupt kein Element enthält, spricht man von der leeren Menge und schreibt $\emptyset$ dafür. Es gibt nur eine leere Menge. Keine Äpfel ist dasselbe wie keine Birnen.

Die Vereinigungsmenge $C = A \cup B$ zweier Mengen A und B besteht aus den Elementen, die entweder in A oder in B oder in beiden enthalten sind. Aus $c \in C$ folgt, dass entweder $c \in A$ oder $c \in B$ gilt, oder beides.

Mit $A = \{1, 3, 7\}$ und $B = \{3, 7, 8\}$ berechnet man $A \cup B = \{1, 3, 7, 8\}$.

Der Mengendurchschnitt $C = A \cap B$ besteht aus den Elementen c, die sowohl in A als auch in B enthalten sind, also in beiden.

Mit $A = \{1, 3, 7\}$ und $B = \{3, 7, 8\}$ gilt $A \cap B = \{3, 7\}$.

Man sagt, dass B eine Teilmenge von A sei, $B \subseteq A$, wenn jedes Element von B auch ein Element von A ist. Man kann $B \subseteq A$ auch so ausdrücken: A ist eine Obermenge von B.

Mit $A = \{1, 3, 7\}$ und $B = \{3, 7\}$ gilt $B \subseteq A$.

Mit $A \backslash B$ (sprich A ohne B) bezeichnet man diejenige Menge von Elementen, die in A, aber nicht in B enthalten sind:

$$A \backslash B = \{a \in A \mid a \notin B\}. \tag{1.1}$$

Mit $A = \{1, 3, 7, 8\}$ und $B = \{1, 7, 9\}$ gilt $A \setminus B = \{3, 8\}$.

Zwei Mengen A und B sind disjunkt, wenn sie kein Element gemeinsam haben, wenn also $A \cap B = \emptyset$ gilt.

---

[1] *Die Menge aller Mengen, die sich nicht selber enthalten* ist ein bekanntes Beispiel für ein Paradoxon. Nennen wir sie M. Wenn $M \in M$ gilt, dann ist M eine Menge, die sich selber enthält. Also gehört M nicht zu M. Dann ist M eine Menge, die sich nicht selber enthält, und damit müsste sie zu M gehören...

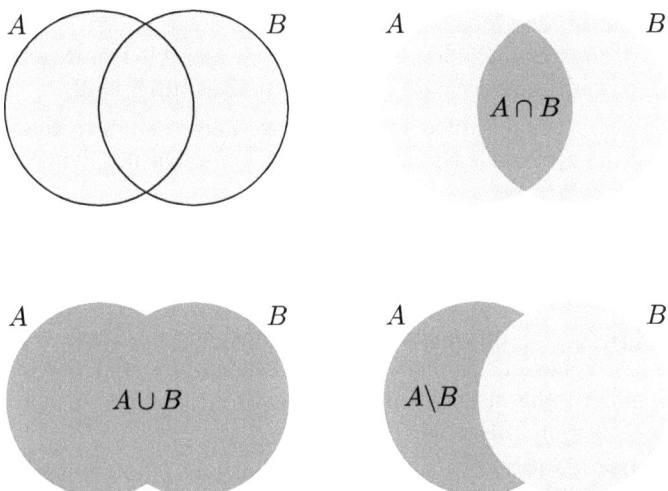

Abb. 1.1. Links oben zwei Mengen A und B. Rechts oben wird die Durchschnittsmenge $A \cap B$ dargestellt, links unten sieht man die Vereinigungsmenge $A \cup B$. Rechts unten die Menge $A \backslash B$, also A ohne B

1.1.2 Natürliche, ganze und rationale Zahlen

Die natürlichen Zahlen $\mathbb{N} = \{0, 1, 2, \ldots\}$ beschreiben Antworten auf die Frage *wie viel*? Fünf Möhren im Kühlschrank (5), kein Polizist im Raum (0), 263412 Einwohner in der Stadt gemeldet. In diesem Grundlagenkapitel verzichten wir auf eine axiomatische Beschreibung der Menge $\mathbb{N}$ und auf die Darstellung im Dezimalsystem. Jeder, der eine Schule besucht hat, weiß, was eine natürliche Zahl ist. Natürliche Zahlen kann man addieren (zusammenzählen) und multiplizieren (malnehmen). Für $x, y \in \mathbb{N}$ ist $x + y$ und xy immer definiert. Die Summe und das Produkt natürlicher Zahlen sind ebenfalls natürliche Zahlen.

Nun kann man nicht alle Gleichungen vom Typ $a + x = b$ nach x auflösen. $5 + x = 3$ beispielsweise hat im Rahmen der natürlichen Zahlen keine Lösung. Man ergänzt daher die Menge $\mathbb{N}$ zur Menge $\mathbb{Z} = \{\ldots, -2, -1, 0, 1, 2, \ldots\}$ der ganzen Zahlen. Die Zahl $-n$ wird als ‚es fehlen n' interpretiert. Für $a, b, x \in \mathbb{Z}$ hat die Gleichung $a + x = b$ immer und genau eine Lösung x, nämlich $x = b - a$. In $\mathbb{Z}$ kann man also nicht nur unbeschränkt addieren und multiplizieren, sondern auch subtrahieren (abziehen).

Allerdings lässt sich die Gleichung $ax = b$ mit $a, b \in \mathbb{Z}$ nicht immer nach x auflösen. Man definiert daher den Bruch b/a als eine Zahl, so wie $3/5$. Dabei wird vereinbart, dass sich der Wert nicht ändert, wenn der Zähler b und der Nenner a durch dieselbe ganze Zahl geteilt oder mit ihr multipliziert werden. Der Bruch $3/5$ ist dieselbe Zahl wie $(-6)/(-10)$. Brüche mit dem Nenner 0 sind nicht erlaubt. Die Menge der so eingeführten rationalen Zahlen wird mit $\mathbb{Q}$ bezeichnet. Rationale Zahlen lassen sich nach den üblichen Regeln addieren, subtrahieren, multiplizieren und dividieren (außer durch Null).

So, wie die natürlichen Zahlen spezielle ganze Zahlen sind, so sind wiederum die ganzen Zahlen spezielle Bruchzahlen, nämlich solche mit dem Nenner Eins. Es gilt also $\mathbb{N} \subseteq \mathbb{Z} \subseteq \mathbb{Q}$.

1.1.3 Reelle Zahlen

Die Folge $\{q_1, q_2, \ldots\}$ rationaler Zahlen konvergiert im Sinne von Cauchy[2], wenn fast alle Folgenglieder beliebig nahe beieinander sind. Zu jedem $\epsilon > 0$ kann man einen Index n angeben, sodass $|q_i - q_j| < \epsilon$ gilt für alle Indizes[3] i und j, die größer sind als n.

Man sagt, dass die Folge $\{q_1, q_2, \ldots\}$ den Grenzwert $\bar{q}$ hat, wenn es zu jedem $\epsilon > 0$ einen Index n gibt, sodass $|q_i - \bar{q}| < \epsilon$ gilt für alle $i > n$. Leider hat nicht jede Cauchy-konvergente Folge rationaler Zahlen eine rationale Zahl als Grenzwert.

Man fügt daher in die Menge $\mathbb{Q}$ der rationalen Zahlen die Grenzwerte konvergenter Folgen ein. Zwei konvergente Folgen $\{p_1, p_2, \ldots\}$ und $\{q_1, q_2, \ldots\}$ haben denselben Grenzwert, wenn die Folge $\{p_1 - q_1, p_2 - q_2, \ldots\}$ den Grenzwert Null hat. Die Grenzwerte von konvergenten Folgen rationaler Zahlen bezeichnet man als reelle Zahlen, die entsprechende Menge mit $\mathbb{R}$. Weil die Folge $\{q, q, \ldots\}$ sicherlich konvergiert, sind die rationalen Zahlen spezielle reelle Zahlen. Es gilt also $\mathbb{N} \subseteq \mathbb{Z} \subseteq \mathbb{Q} \subseteq \mathbb{R}$.

Die Addition reeller Zahlen wird durch die gliedweise Addition repräsentativer konvergenter Folgen erklärt. Dasselbe gilt für die Subtraktion, die Multiplikation und die Division (natürlich nur durch Folgen, die nicht gegen Null konvergieren). Für $\mathbb{R}$ gelten die bekannten Regeln für die vier Grundrechenarten. Der Unterschied zu den rationalen Zahlen besteht darin, dass jede konvergente Folge reeller Zahlen einen Grenzwert hat. Wohl bekannte Zahlen wie $\sqrt{2}$ oder π, das Verhältnis von Umfang zu Durchmesser eines Kreises, sind nicht-rationale reelle Zahlen, irrationale Zahlen.

Hier ist ein Beispiel für eine irrationale Zahl. Wir wollen zeigen, dass die Gleichung $x^2 = 2$ nicht durch eine rationale Zahl $x = \sqrt{2}$ gelöst werden kann. Nehmen wir an, es gäbe eine Lösung $x = m/n$ mit $m, n \in \mathbb{N}$, sodass $2n^2 = m^2$ gilt. Wenn m und n gerade sind, darf man sie wiederholt durch 2 teilen, bis das nicht mehr zutrifft. Ist m ungerade, ergibt das einen Widerspruch, weil $2n^2$ immer gerade, während m^2 ungerade ist. Ist m gerade und n ungerade, dann teilt man durch 2 und findet, dass die linke Seite ungerade ist und die rechte Seite gerade. In jedem Fall ergibt sich also ein Widerspruch, und das bedeutet: $\sqrt{2}$ ist keine rationale Zahl. Andererseits konvergiert die Folge

---

[2] Augustin Louis Cauchy, 1789–1857, französischer Mathematiker
[3] Plural von Index

$q_1 = 1$, $q_{n+1} = q_n + (2-q_n^2)/2q_n$ rationaler Zahlen gegen einen Grenzwert $\bar{q}$, der durch $2 = \bar{q}^2$ gekennzeichnet ist. Dieser Grenzwert ist die reelle Zahl $\bar{q} = \sqrt{2}$.

Übrigens schreibt man gern für den Grenzwert $\bar{q}$ der konvergenten Folge $\{q_1, q_2, \ldots\}$ die Abkürzungen

$$\bar{q} = \lim_{j\to\infty} q_j \quad \text{bzw.} \quad \bar{q} = \lim_j q_j \quad \text{bzw.} \quad \bar{q} = \lim q_j\,. \tag{1.2}$$

Da bei einem Limes (Grenzwert) über den Index j immer $j \to \infty$ gemeint ist, kann man diese Angabe verkürzen oder ganz weglassen. Wenn klar ist, welcher Index gegen Unendlich laufen soll, weil nur einer in Frage kommt, dann kann man ihn auch noch weglassen.

1.1.4 Komplexe Zahlen

Nur um vollständig zu sein, erwähnen wir an dieser Stelle die Menge $\mathbb{C}$ der komplexen Zahlen. $z \in \mathbb{C}$ wird als $z = x + \mathrm{i}y$ geschrieben, mit $x, y \in \mathbb{R}$. Die imaginäre Einheit i ist die symbolische Lösung der Gleichung $\mathrm{i}^2 = -1$. x ist der Realteil, y der Imaginärteil der komplexen Zahl $z = x + \mathrm{i}y$. Weil die komplexen Zahlen mit verschwindendem Imaginärteil sich wie reelle Zahlen benehmen, gilt $\mathbb{N} \subseteq \mathbb{Z} \subseteq \mathbb{Q} \subseteq \mathbb{R} \subseteq \mathbb{C}$.

Von Zahlen wird verlangt, dass man sie addieren und multiplizieren kann, wobei es auf die Reihenfolge nicht ankommt, und dass Addition und Multiplikation sich miteinander vertragen, wie man das von natürlichen Zahlen gewöhnt ist:

- $a + b = b + a$
- $ab = ba$
- $a(b+c) = ab + ac$

Die Menge $\mathbb{C}$ der komplexen Zahlen ist die umfangreichste Zahlenmenge.

Die Erweiterung zur Menge der komplexen Zahlen wird motiviert durch die Bemühung, algebraische Gleichungen zu lösen. Es gilt nämlich: Für jedes Polynom $p(z) = a_0 + a_1 z + \ldots + a_n z^n$ mit $n > 0$ gibt es wenigstens eine komplexe Zahl $\bar{z}$, sodass $p(\bar{z}) = 0$ gilt. Das ist der Fundamentalsatz der Algebra. Man findet mehr dazu im Abschnitt über *Analytische Funktionen*.

Anders als für natürliche, ganze, rationale oder reelle Zahlen gibt es keine natürliche Ordnung, $z_1 < z_2$ macht für komplexe Zahlen im Allgemeinen keinen Sinn.

1.2 Stetige Funktionen

Wir betrachten reellwertige Funktionen, die von einer reellen Variablen abhängen. Meist ist der Definitionsbereich ein Intervall. Stetige Funktionen bilden konvergierende Folgen in konvergierende Folgen ab. Funktionen kann man addieren und subtrahieren, multiplizieren und (mit Einschränkungen) dividieren. Wenn erst mit einer Funktion abgebildet wird und dann weiter mit einer anderen, spricht man von der Komposition beider Funktionen. Die erwähnten Verknüpfungen stetiger Funktionen ergeben wieder stetige Funktionen. Zu einer stetigen und streng monoton wachsenden Funktion gibt es immer eine Umkehrfunktion. Die Menge aller auf dem Definitionsbereich D erklärten stetigen Funktionen wird üblicherweise mit $\mathcal{C}_0(D)$ bezeichnet.

1.2.1 Funktionen

Wir betrachten eine Teilmenge reeller Zahlen, $D \subseteq \mathbb{R}$. Die Vorschrift f ordnet jedem $x \in D$ eindeutig eine reelle Zahl $y = f(x)$ zu. Man nennt $D = D(f)$ den Definitionsbereich der Funktion f und

$$W(f) = \{y \in \mathbb{R} \,|\, y = f(x) \text{ mit } x \in D\} \qquad (1.3)$$

den Wertebereich. Oft schreibt man auch kurz und bündig $W(f) = f(D)$.

Wenn nichts anderes gesagt wird, soll der Definitionsbereich immer ein Intervall reeller Zahlen sein. Unter einer Funktion verstehen wir in diesem Grundlagenkapitel immer eine auf einem Intervall definierte reellwertige Funktion.

Wir erinnern uns, dass Intervalle beide Randpunkte[4] enthalten können, wie in $[a, b]$, dass einer fehlen kann, wie in $[a, b)$ oder in $(a, b]$, oder dass beide Randpunkte fehlen, wie in (a, b). Wenn es keine obere Grenze gibt, schreibt man $[a, \infty)$ beziehungsweise (a, ∞). Wenn es keine untere Grenze gibt, hat man es mit $(-\infty, a]$ beziehungsweise $(-\infty, a)$ zu tun. $(-\infty, \infty)$ ist dasselbe wie $\mathbb{R}$.

Man beachte, dass es zu jedem $x \in D(f)$ nur eine reelle Zahl $y = f(x)$ gibt. Die Umkehrung ist im Allgemeinen nicht richtig. Zu einem Wert y kann es mehrere Werte $x_1, x_2, \ldots$ geben, sodass $y = f(x_1) = f(x_2) = \ldots$ gilt.

Wenn jedoch jedem $y \in W(f)$ nur ein $x \in D(f)$ mit $y = f(x)$ entspricht, dann ist die Abbildung f umkehrbar[5]. Wir bezeichnen die Umkehrfunktion mit f^{-1}. Es gilt $f^{-1}(y) = x$ für $y = f(x)$.

Die auf $D(f) = \mathbb{R}$ definierte Funktion $f(x) = x^2$ ist nicht umkehrbar, denn sowohl $x_1 = \sqrt{y}$ als auch $x_2 = -\sqrt{y}$ werden in dasselbe $y = x_1^2 = x_2^2$ abgebildet[6].

Die auf $D(f) = [0, \infty)$ definierte Funktion $f(x) = x^2$ dagegen ist umkehrbar, denn zu jedem y aus dem Wertebereich $[0, \infty)$ gibt es nur ein x im Definitionsbereich, nämlich $x = \sqrt{y}$.

---

[4] Wir vermeiden leere Intervalle. Es soll immer $a < b$ gelten.
[5] oder bijektiv
[6] Wir vereinbaren $\sqrt{x} \geq 0$.

Wir halten fest, dass eine Funktion durch die Verknüpfungsvorschrift und den
Definitionsbereich beschrieben wird. Funktionen sind verschieden, wenn sich
die Verknüpfungsvorschriften oder die Definitionsbereiche unterscheiden.

1.2.2 Stetigkeit

Wir betrachten einen Punkt x im Definitionsbereich $D = D(f)$ der Funktion f. $\{x_1, x_2, \ldots\}$ sei eine Folge von Punkten im Definitionsbereich D, die gegen x konvergiert, $\lim x_j = x$. Wenn für jede solche Folge

$$\lim_{j \to \infty} f(x_j) = f(\lim_{j \to \infty} x_j) = f(x) \tag{1.4}$$

gilt, dann ist die Funktion f an der Stelle x stetig. Je näher man an die Stelle x rückt, umso besser nähern sich die Funktionswerte an $f(x)$ an. Eine Funktion ist stetig, wenn sie an jeder Stelle des Definitionsbereiches stetig ist.

Die auf $\mathbb{R}$ definierte Funktion

$$\chi(x) = \begin{cases} 1 \text{ wenn } x \in \mathbb{Q} \\ 0 \text{ wenn } x \in \mathbb{R}\backslash\mathbb{Q} \end{cases} \tag{1.5}$$

ist nirgendwo stetig. Wählt man nämlich eine konvergente Folge rationaler Zahlen mit Grenzwert x, dann konvergieren die Funktionswerte gegen 1. Wählt man dagegen eine konvergente Folge nicht-rationaler Zahlen mit Grenzwert x, dann konvergieren die Funktionswerte gegen 0.

Die auf $\mathbb{R}$ erklärte Vorzeichenfunktion

$$\mathrm{sgn}(x) = \begin{cases} -1 \text{ wenn } x < 0 \\ 0 \text{ wenn } x = 0 \\ +1 \text{ wenn } x > 0 \end{cases} \tag{1.6}$$

ist bei $x = 0$ unstetig. Nähert man sich der Null von links, dann ist der Grenzwert der Funktionswerte die Zahl -1. Nähert man sich von rechts, kommt als Grenzwert $+1$ heraus. Und nicht 0, wie es sein müsste.

Die auf $\mathbb{R}$ erklärte Funktion $I(x) = x$ dagegen ist überall stetig, der Beweis ist trivial. Ebenfalls trivial ist der Beweis dafür, dass die konstante Funktion $f(x) = a$ mit $a \in \mathbb{R}$ stetig ist.

1.2.3 Zusammengesetzte Funktionen

Wenn f und g stetige Funktionen mit gemeinsamem Definitionsbereich $D = D(f) = D(g)$ sind, dann sind $f+g$, $f-g$ und fg ebenfalls stetige Funktionen. Wenn g keine Nullstelle hat, ist auch f/g stetig. Diese Zusammensetzungen sind durch $(f+g)(x) = f(x) + g(x)$ und so weiter erklärt. Wenn g eine Nullstelle hat, kann man f/g nicht bilden, weil die Division durch Null verboten ist.

Wenn die auf dem Intervall D erklärte stetige Funktion f streng monoton wächst,

$$f(x_1) < f(x_2) \text{ wenn } x_1 < x_2, \tag{1.7}$$

dann existiert die Umkehrfunktion f^{-1}, und sie ist stetig.

Wenn f auf dem Intervall D definiert und stetig ist, dann ist der Wertebereich $W(f) = f(D)$ wiederum ein Intervall. Wir betrachten eine stetige Funktion g, deren Definitionsbereich den Wertebereich von f umfasst, $W(f) \subseteq D(g)$. Man kann dann für jedes $x \in D$ den Wert $h(x) = g(f(x))$ ausrechnen. Damit wird die Komposition $h = g \circ f$ definiert. Die Komposition zweier stetiger Funktionen f und g ist eine stetige Funktion.

Mit diesen Regeln lässt sich einfach zeigen, dass ein Polynom

$$p(x) = a_0 + a_1 x + a_2 x^2 + \ldots + a_n x^n \tag{1.8}$$

vom Grade n eine auf ganz $\mathbb{R}$ definierte stetige Funktion ist.

Weil $g(x) = x^2$ auf $[0,\infty)$ stetig ist, ist auch die Wurzelfunktion $f(x) = \sqrt{x}$ eine auf $[0,\infty)$ erklärte stetige Funktion, wegen $f = g^{-1}$.

Noch eine Bemerkung zur Linearkombination von Funktionen. Wenn f_1 und f_2 den gemeinsamen Definitionsbereich D haben, darf man mit beliebigen Koeffizienten $\alpha_1, \alpha_2 \in \mathbb{R}$ die Linearkombination $f = \alpha_1 f_1 + \alpha_2 f_2$ bilden, die gemäß $f(x) = \alpha_1 f_1(x) + \alpha_2 f_2(x)$ für alle $x \in D$ erklärt ist. Die beiden Funktionen f_1 und f_2 sind linear unabhängig, wenn die Gleichung $f(x) = 0$ für alle $x \in D$ nur die Lösung $\alpha_1 = \alpha_2 = 0$ hat. Diese Definition kann man sinngemäß auf mehr als zwei Funktionen $f_1, f_2, \ldots$ ausweiten.

1.3 Differenzieren

Stetige Funktionen sind glatt in dem Sinne, dass sie in der Umgebung eines jeden Punktes nahezu konstant sind. Differenzierbare Funktionen sind noch glatter, sie schmiegen sich in der Umgebung eines jeden Punktes an eine Gerade an, deren Steigung die Ableitung ist. Wir erörtern, wie zusammengesetzte Funktionen differenziert werden: Produktregel, Quotientenregel, Kettenregel.

1.3.1 Ableitung

Wir betrachten die stetige Funktion f mit Definitionsbereich $D = D(f)$ und konzentrieren uns auf den Punkt $x \in D$. $\{h_1, h_2, \ldots\}$ sei eine beliebige Folge von Zahlen, die von Null verschieden sind, jedoch gegen 0 konvergieren. $h_n = 1/n$ ist ein Beispiel für solch eine Nullfolge. Falls der Grenzwert

$$f'(x) = \lim_{j \to \infty} \frac{f(x + h_j/2) - f(x - h_j/2)}{h_j} \tag{1.9}$$

existiert und für jede Nullfolge denselben Wert hat, dann ist f bei x differenzierbar. Den von der Nullfolge unabhängigen Grenzwert haben wir wie üblich mit $f'(x)$ bezeichnet, es handelt sich um die Ableitung oder Steigung der Funktion an der Stelle x. Wir haben in (1.9) stillschweigend vorausgesetzt, dass nicht nur x, sondern auch $x_j = x + h_j/2$ sowie $x - h_j/2$ zum Definitionsbereich D der Funktion f gehört. Nur solche Nullfolgen kommen in Frage.

Eine Funktion f heißt differenzierbar, wenn sie an allen Stellen des Definitionsbereiches differenzierbar ist und wenn $x \to f'(x)$ eine stetige Funktion ist[7]. Diese Funktion f' bezeichnet man auch als die Ableitung der Funktion f. Die Menge aller auf D erklärten und differenzierbaren Funktionen wird mit $\mathcal{C}_1(D)$ bezeichnet. Dass differenzierbare Funktionen zuerst einmal stetig sein müssen, das schreibt man als $\mathcal{C}_1(D) \subseteq \mathcal{C}_0(D)$. Zur Erinnerung: $\mathcal{C}_0(D)$ ist die Menge aller auf D erklärten stetigen Funktionen.

Eine differenzierbare Funktion f ist zweifach differenzierbar, wenn die Ableitung f' wiederum differenzierbar ist. Für die Ableitung der Ableitung von f schreibt man $(f')' = f''$. Die auf D erklärten zweifach stetig differenzierbaren Funktionen bilden die Menge $\mathcal{C}_2(D)$. Solche Funktionen sind noch glatter als lediglich einfach differenzierbare Funktionen. So kann man fortfahren und landet bei den auf D erklärten, beliebig oft differenzierbaren Funktionen $\mathcal{C}_\infty(D)$. Wir schreiben diesen Befund als $\mathcal{C}_\infty(D) \subseteq \ldots \subseteq \mathcal{C}_2(D) \subseteq \mathcal{C}_1(D) \subseteq \mathcal{C}_0(D)$.

1.3.2 Regeln

Dass eine Funktion stetig sei, kann man kurzgefasst durch

$$f(x + \mathrm{d}x) = f(x) + \ldots \tag{1.10}$$

ausdrücken. Damit ist gemeint, dass man für $\mathrm{d}x$ eine beliebige Nullfolge $\{h_1, h_2, \ldots\}$ einsetzt und den Grenzwert berechnen soll. Die durch ... angedeuteten Reste verschwinden dabei.

In diesem Sinne schreibt sich Definition (1.9) für die Differenzierbarkeit als

$$f(x + \mathrm{d}x) = f(x) + \mathrm{d}x \, f'(x) + \ldots \tag{1.11}$$

Der durch ... angedeutete Fehler verschwindet nun selbst dann, nachdem man ihn durch $\mathrm{d}x$ (also durch h_j) geteilt hat.

---

[7] Differenzierbare Funktionen haben also immer eine stetige Ableitung. Manche Autoren unterscheiden jedoch zwischen differenzierbaren und stetig differenzierbaren Funktionen.

Richtig angewendet macht diese Schreibweise die Differentialrechnung zum Kinderspiel.

Beispielsweise gilt

$$f(x+\mathrm{d}x) + g(x+\mathrm{d}x) = f(x) + \mathrm{d}x f'(x) + g(x) + \mathrm{d}x g'(x) + \ldots, \quad (1.12)$$

also die Summenregel

$$(f+g)' = f' + g'. \quad (1.13)$$

Ebenso einfach leitet man die Produktregel

$$(fg)' = f'g + fg' \quad (1.14)$$

her. Man muss lediglich $f(x+\mathrm{d}x) = f(x) + \mathrm{d}x f'(x) + \ldots$ und $g(x+\mathrm{d}x) = g(x) + \mathrm{d}x g'(x) + \ldots$ multiplizieren und entscheiden, welche Terme wegfallen, nachdem man durch $\mathrm{d}x$ dividiert hat.

Die Kettenregel betrifft die Komposition $h = g \circ f$. Der Ausdruck $g(f(x+\mathrm{d}x))$ wird ausgerechnet, indem man $f(x+\mathrm{d}x) = f(x) + \mathrm{d}x f'(x) + \ldots$ einsetzt. Das läuft auf

$$(g \circ f)' = (g' \circ f) \cdot f' \quad (1.15)$$

hinaus, also auf

$$h'(x) = g'(f(x)) \cdot f'(x). \quad (1.16)$$

1.3.3 Beispiele

Die Ableitung einer konstanten Funktion verschwindet, das ist trivial, wenn man (1.11) anschaut. Ebenso einfach weist man nach, dass die Funktion $I(x) = x$ die Ableitung $I'(x) = 1$ hat. Für $g(x) = af(x)$ rechnet man auch unmittelbar $g' = af'$ aus. Dass $f(x) = x^2 = I(x)I(x)$ die Ableitung $f'(x) = 2x$ hat, folgt sofort aus der Produktregel. Das kann man weiter treiben und findet, dass $f(x) = x^n$ die Ableitung $f'(x) = nx^{n-1}$ hat, für $n = 1, 2, \ldots$

Damit steht fest, wie das Polynom

$$p(x) = a_0 + a_1 x + a_2 x^2 + \ldots + a_n x^n \quad (1.17)$$

abgeleitet wird, nämlich zu

$$p'(x) = a_1 + 2a_2 x + \ldots + n a_n x^{n-1}. \quad (1.18)$$

Das ist wiederum ein Polynom. Polynome gehören in die Klasse $\mathbb{C}_\infty(\mathbb{R})$: für alle reelle Zahlen definiert und beliebig oft ableitbar.

Die Funktion $f(x) = x^2$, auf $D = [0, \infty)$ definiert, ist stetig und monoton wachsend und differenzierbar. Sie hat daher eine differenzierbare Umkehrfunktion, die wir mit $g(x) = \sqrt{x}$ bezeichnen. Wegen $g \circ f = I$ und mit $I'(x) = 1$ und $f'(x) = 2x$ gilt

$$g'(x^2) \cdot 2x = 1 \text{ oder } g'(x) = \frac{1}{2\sqrt{x}}. \tag{1.19}$$

Die Wurzelfunktion $g(x) = \sqrt{x}$ ist also lediglich auf $(0, \infty)$ so erklärt, dass sie nicht nur stetig, sondern auch differenzierbar ist. Für die Ableitung schreibt man manchmal auch

$$\frac{\mathrm{d}\sqrt{x}}{\mathrm{d}x} = \frac{1}{2\sqrt{x}}, \tag{1.20}$$

noch besser als

$$\mathrm{d}\sqrt{x} = \frac{\mathrm{d}x}{2\sqrt{x}}, \tag{1.21}$$

oder am besten als

$$\sqrt{x + \mathrm{d}x} = \sqrt{x} + \frac{\mathrm{d}x}{2\sqrt{x}}. \tag{1.22}$$

Die Ableitung $f'(x)$ schreibt man oft auch als

$$f'(x) = \frac{\mathrm{d}f(x)}{\mathrm{d}x}. \tag{1.23}$$

Damit wird klar, was (1.15) bedeutet, nämlich

$$\frac{\mathrm{d}g}{\mathrm{d}x} = \frac{\mathrm{d}g}{\mathrm{d}f} \frac{\mathrm{d}f}{\mathrm{d}x}. \tag{1.24}$$

Das sieht nach simpler Bruchrechnung aus, bedeutet aber mehr. Auf der linken Seite ist die Ableitung von $g(f(x))$ nach x gemeint. Auf der rechten Seite steht die Ableitung von g, ausgewertet bei $f(x)$. Diese wird multipliziert mit der Ableitung von f nach x, ausgewertet bei x.

1.3.4 Potenzreihen

Wir befassen uns in diesem Unterabschnitt mit den besonders glatten Funktionen, die man beliebig oft differenzieren darf. Für $f \in \mathcal{C}_\infty$ schreiben wir[8]

$$f(x) = f(0) + f'(0)\frac{x}{1!} + f''(0)\frac{x^2}{2!} + f'''(0)\frac{x^3}{3!} + \ldots . \tag{1.25}$$

---
[8] $n!$ steht für $1 \cdot 2 \cdot 3 \cdot \ldots \cdot n$, für n-Fakultät. $0! = 1$, $1! = 1$, $2! = 2$, $3! = 6$, und so weiter.

Man spricht auch von einer Taylor[9]-Entwicklung. Rein formal kann man einfach nachweisen, dass der Koeffizient[10] $f^{(j)}$ vor dem Term $x^j/j!$ die j-fache Ableitung bei $x = 0$ ist. Die linke und die rechte Seite haben bei $x = 0$ nicht nur denselben Wert, sondern alle Ableitungen dort stimmen überein. Ohne Beweis zitieren wir hier den folgenden Lehrsatz:

Zu jeder Funktion $f \in \mathcal{C}_\infty$ gibt es eine Zahl R, sodass für alle Argumente mit $|x| < R$ die Funktion mit ihrer Potenzreihe (1.25) übereinstimmt.

Damit ist gemeint, dass für festes x die Folge der Teilsummen

$$f_n(x) = \sum_{j=0}^{n} f^{(j)}(0) \frac{x^j}{j!} \tag{1.26}$$

mit $n \to \infty$ gegen den Funktionswert $f(x)$ konvergiert. Der Konvergenzradius R kann verschwinden, dann hat die Funktion in Wirklichkeit keine Darstellung als Potenzreihe. Der Konvergenzradius kann Unendlich sein, dann stimmen Funktion und Potenzreihe überall überein. Der Konvergenzradius kann aber auch einen endlichen Wert haben, dann gilt (1.23) eben nur für $x \in (-R, R)$. Beispiele sind:

- $f(x) = \exp(-1/x^2)$ mit $f(0) = 0$. Alle Ableitungen verschwinden mit $x \to 0$, der Konvergenzradius ist $R = 0$ (Plattfußkurve).
- $e^x = 1 + x/1! + x^2/2! + x^3/3! + \ldots$ Die Darstellung der Exponentialfunktion (siehe den folgenden Abschnitt) als Potenzreihe gilt für alle $x \in \mathbb{R}$, der Konvergenzradius ist unendlich.
- $1/(1-x) = 1 + x + x^2 + x^3 + \ldots$ Die geometrische Reihe konvergiert nur für $x \in (-1, 1)$, der Konvergenzradius beträgt $R = 1$.

1.4 Elementare Funktionen

Nach allgemeinem Verständnis sind Polynome, die Exponentialfunktion, Sinus und Kosinus und deren Umkehrfunktionen (darunter die Logarithmusfunktion) elementar. Man kann sie beliebig durch Addieren und Subtrahieren, Multiplizieren und Dividieren, Invertieren und Komponieren zusammensetzen. In der Klasse der elementaren Funktionen darf man nach feststehenden Regeln differenzieren, sodass sich neue elementare Funktionen ergeben. Allerdings ist nicht jede elementare Funktion die Ableitung einer anderen elementaren Funktion. Es gibt nicht-elementare Stammfunktionen, deren Ableitung eine

---

[9] Brook Taylor, 1685–1731, englischer Mathematiker
[10] f' schreibt man auch als $f^{(1)}$, f'' als $f^{(2)}$, und so weiter. $f^{(0)}$ bedeutet: keine Ableitung, die Funktion selber.

elementare Funktion ist. Deswegen kann man nicht alle Integrale elementarer Funktionen analytisch[11] berechnen, wie wir später sehen werden.

1.4.1 Exponentialfunktion

Die Exponentialfunktion $f = \exp(x) = e^x$ ist für alle $x \in \mathbb{R}$ durch die folgende Beziehung zwischen Funktionswert und Ableitung erklärt:

$$f' = f \text{ mit } f(0) = 1. \tag{1.27}$$

Je größer f schon ist, umso schneller wächst die Funktion. Umgekehrt, je kleiner die Funktion ist, umso weniger verändert sie sich. Abbildung 1.2 skizziert die Exponentialfunktion.

Wir betrachten nun die ebenfalls für alle reellen Zahlen erklärte Funktion $g(x) = \exp(x+y)$. Wiederum gilt $g' = g$, jedoch mit der Anfangsbedingung $g(0) = \exp(y)$. Folglich erfüllt $\exp(x+y)/\exp(y)$ die Differentialgleichung (1.27) mit Anfangsbedingung, stimmt also mit $\exp(x)$ überein. Mit dieser Überlegung haben wir

$$e^{x+y} = e^x e^y \tag{1.28}$$

gezeigt.

---

[11] exakt, mit Papier und Bleistift, im Gegensatz zu numerisch, mithilfe einer Rechenmaschine

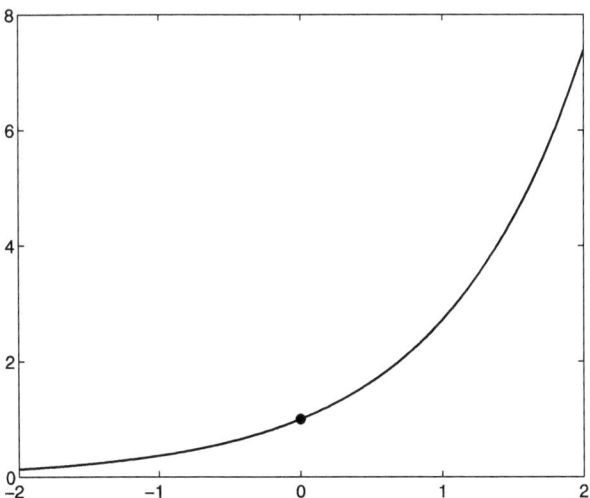

Abb. 1.2. Graph der Exponentialfunktion $f(x) = \exp(x)$. Bei Null wird der Wert zu $f(0) = 1$ festgesetzt (Punkt), ansonsten gilt $f' = f$

Wegen $1 = \exp(x-x) = \exp(x)\exp(-x)$ folgt sofort

$$e^{-x} = \frac{1}{e^x}. \tag{1.29}$$

Bei $x=0$ hat die Exponentialfunktion den Wert 1, mit wachsendem x wächst sie. Damit ist sie für $x \geq 0$ auf jeden Fall positiv. Gleichung (1.29) sagt, dass die Exponentialfunktion auch für negative Argumente positiv ist, dass also

$$e^x > 0 \text{ für alle } x \in \mathbb{R} \tag{1.30}$$

gilt.

Ohne Beweis führen wir hier an, dass die Exponentialfunktion überall durch ihre Potenzreihe

$$e^x = \sum_{j=0}^{\infty} \frac{x^j}{j!} \tag{1.31}$$

dargestellt wird.

1.4.2 Logarithmus

Wir haben gezeigt, dass die Exponentialfunktion überall positiv ist. Auf Grund der Definitionsgleichung (1.27) ist damit auch die Ableitung überall positiv. Daraus folgt, dass die Exponentialfunktion streng monoton wächst. Und deswegen existiert die Umkehrfunktion, der natürliche Logarithmus. Er ist durch

$$e^{\ln(x)} = x \tag{1.32}$$

gekennzeichnet und für $x \in (0, \infty)$ definiert.

Die Gleichung (1.28) übersetzt sich in

$$\ln(xy) = \ln(x) + \ln(y). \tag{1.33}$$

Diese Beziehung hat die Vor-Computer-Zeit entscheidend geprägt. Will man zwei Zahlen x und y multiplizieren, holt man sich aus einer Tabelle die Logarithmen, addiert diese, und schaut in derselben Tabelle nach, welchem Wert xy das Ergebnis entspricht. Multiplizieren wird damit auf Addieren zurückgeführt, was erheblich weniger Aufwand verursacht. Logarithmentafeln waren früher, im 17. Jahrhundert, Geheimdokumente und lange Zeit nur für die britische Marine verfügbar. Ein so genannter Rechenschieber, den der Verfasser in seiner Studienzeit als ständigen Begleiter bei sich hatte, heißt übrigens auf Russisch *logarithmisches Lineal*. Mir ist kein Fall bekannt, dass vormals unerlässliche Werkzeuge wie Logarithmentafel oder Rechenschieber so rasch an Bedeutung verloren haben. Die Umstellung von Hafer auf Benzin hat viel länger gedauert...

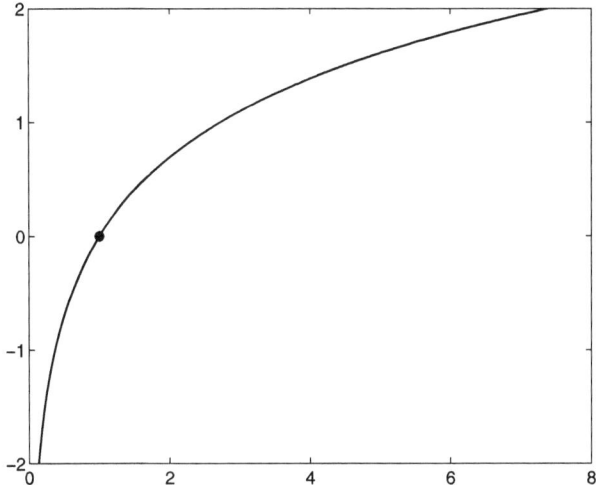

Abb. 1.3. Der natürliche Logarithmus $f(x) = \ln(x)$, die Umkehrfunktion zur Exponentialfunktion. Definitionsgemäß gilt $\ln(1) = 0$

Übrigens hat man dabei mit dem Zehner-Logarithmus gerechnet. Was das ist, erklären wir sogleich.

Sei a eine positive reelle Zahl. Man definiert ganz allgemein

$$a^x = e^{x \ln(a)} \tag{1.34}$$

und als Umkehrfunktion dazu

$$x = \log_a(a^x). \tag{1.35}$$

Für die Basis $a = 10$ ergibt sich der Zehner-Logarithmus[12],

$$x = \log_{10}(10^x). \tag{1.36}$$

Wie man leicht nachrechnet, gilt (1.33) auch für den Zehner-Logarithmus,

$$\log_{10}(y_1 y_2) = \log_{10}(y_1) + \log_{10}(y_2). \tag{1.37}$$

Neben dem natürlichen und dem Zehner-Logarithmus ist gelegentlich auch der Zweier-Logarithmus[13] von Interesse.

Aber zurück zum natürlichen Logarithmus. Leitet man die Definitionsgleichung $\exp(\ln(x)) = x$ ab, so ergibt sich die Beziehung $\exp(\ln(x)) \ln'(x) = 1$, also

$$\frac{d \ln(x)}{dx} = \frac{1}{x}. \tag{1.38}$$

---

[12] dekadischer Logarithmus, häufig als lg abgekürzt
[13] ld, *logarithmus dualis*

1.4.3 Sinus und Kosinus

Beide Funktionen, der Sinus und der Kosinus, werden durch

$$f'' = -f \qquad (1.39)$$

charakterisiert. Es handelt sich um eine Differentialgleichung zweiter Ordnung, weil die zweifache Ableitung der gesuchten Funktion vorkommt. Damit die Lösung eindeutig ist, muss man zwei Zusatzbedingungen formulieren.

Der Sinus wird durch

$$\sin(0) = 0 \text{ und } \sin'(0) = 1 \qquad (1.40)$$

festgelegt, der Kosinus durch

$$\cos(0) = 1 \text{ und } \cos'(0) = 0. \qquad (1.41)$$

Siehe hierzu Abbildung 1.4. Im Anhang haben wird ein MATLAB-Programm abgedruckt, mit dem die Skizze erzeugt worden ist.

Wir definieren die Zahl π dadurch, dass die Kosinuskurve bei $x = \pi/2$ die Nulllinie überquert. Das entspricht der quadratischen Marke in Abbildung 1.4. Ein kurzes Rechenprogramm dafür findet man im Abschnitt *Integrieren* im Unterabschnitt über *Die Quadratur des Kreises*.

Dass die beiden Winkelfunktionen – der Sinus und der Kosinus – periodisch sind, war zu erwarten. Ist die Funktion positiv, wird sie negativ gekrümmt,

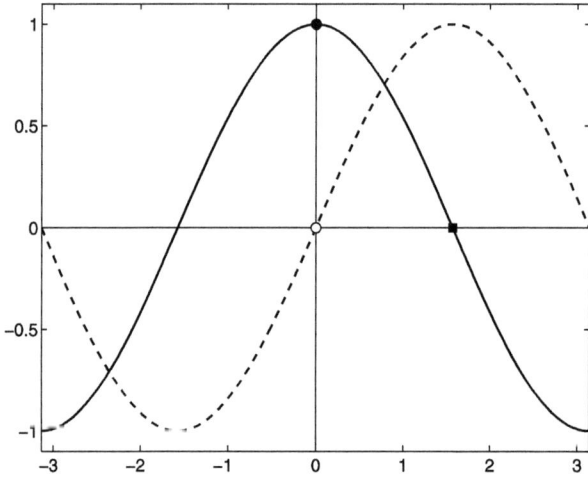

Abb. 1.4. Sinus und Kosinus. Beide Funktionen genügen der Differentialgleichung $f'' = -f$. Der Sinus ist durch $f(0) = 0, f'(0) = 1$ festgelegt (gestrichelt), der Kosinus durch $f(0) = 1, f'(0) = 0$ (durchgezogen). Bei $x = \pi/2$ überquert der Kosinus die Nulllinie, quadratische Marke

und umgekehrt. Das besagt die Differentialgleichung $f'' = -f$. Insbesondere muss der Kosinus, der waagerecht bei $x = 0$ von 1 aus startet, irgendwo die Nulllinie treffen, bei $\pi/2$.

Die auf ganz $\mathbb{R}$ konvergente Potenzreihe für den Kosinus ist

$$\cos(x) = 1 - \frac{x^2}{2!} + \frac{x^4}{4!} - \frac{x^6}{6!} + \ldots \tag{1.42}$$

Die Potenzreihe für den Sinus ist ebenfalls auf ganz $\mathbb{R}$ definiert:

$$\sin(x) = \frac{x}{1!} - \frac{x^3}{3!} + \frac{x^5}{5!} - \ldots \tag{1.43}$$

Daraus folgen die Ableitungsregeln[14]

$$\sin' = \cos \quad \text{und} \quad \cos' = -\sin. \tag{1.44}$$

Für $f(x) = (\sin(x))^2 + (\cos(x))^2$ gilt $f'(x) = 0$ sowie $f(0) = 1$. Daraus folgt

$$(\sin(x))^2 + (\cos(x))^2 = 1 \quad \text{für alle } x \in \mathbb{R}. \tag{1.45}$$

Diese Beziehung wird oft auch als

$$\sin^2 x + \cos^2 x = 1 \tag{1.46}$$

geschrieben. Nimm x, bilde mit der Funktion sin auf $\sin(x)$ ab, quadriere das Ergebnis: das steckt hinter $\sin^2 x$. Missverständlich, aber seit langem üblich. Die Punkte $(x, y) = (\cos \alpha, \sin \alpha)$ liegen auf dem Einheitskreis um den Koordinatenursprung in der x, y-Ebene. Mit $0 \leq \alpha \leq 2\pi$ durchläuft man den Kreis[15].

1.4.4 Andere Winkelfunktionen

Für $x \in (-\pi/2, +\pi/2)$ ist der Tangens definiert,

$$\tan(x) = \frac{\sin(x)}{\cos(x)}. \tag{1.47}$$

Für die Ableitung rechnet man

$$\tan'(x) = \frac{1}{\cos^2(x)} \tag{1.48}$$

---

[14] Wir schreiben diese Regeln absichtlich ohne Argumente x an, um das Denken in Funktionen zu fördern.
[15] Wir rechnen im Bogenmaß. Bei geographischen Angaben wird in Grad gemessen. 2π entsprechen $360°$.

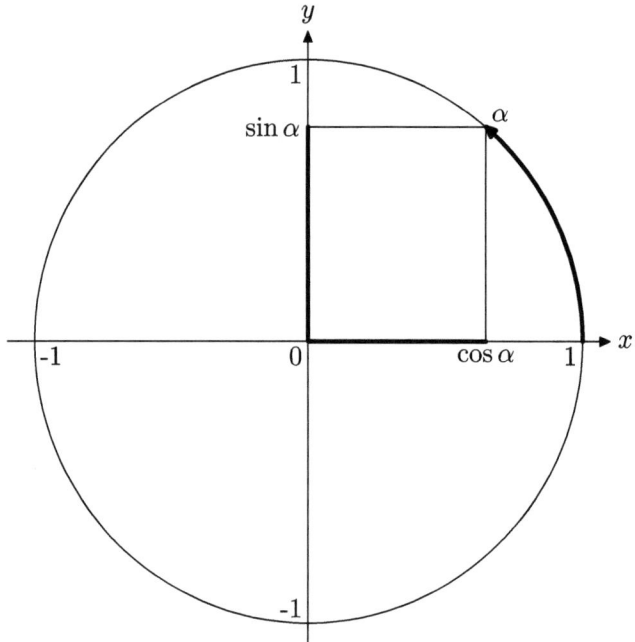

Abb. 1.5. Bogenmaß, Sinus und Kosinus in der x,y-Ebene. Wenn α von 0 bis zum Umfang 2π des Einheitskreises läuft, erhält man $\cos\alpha$ als Projektion auf die x-Achse und $\sin\alpha$ als Projektion auf die y-Achse

aus. Der Kotangens ist auf $(0,\pi)$ durch

$$\cot(x) = \frac{\cos(x)}{\sin(x)} \tag{1.49}$$

erklärt. Seine Ableitung ist

$$\cot'(x) = \frac{-1}{\sin^2(x)}. \tag{1.50}$$

Für $x \in [-1,1]$ sind die Umkehrfunktionen arcsin beziehungsweise arccos zum Sinus und Kosinus definiert. Der *arcus sinus* ist durch

$$\sin(\arcsin(x)) = x \text{ mit } \arcsin(x) \in [-\pi/2, \pi/2] \tag{1.51}$$

erklärt, *arcus cosinus* durch

$$\cos(\arccos(x)) = x \text{ mit } \arccos(x) \in [0, \pi]. \tag{1.52}$$

Auch der *arcus tangens* wird oft gebraucht. Er ist für $x \in \mathbb{R}$ durch

$$\tan(\arctan(x)) = x \text{ mit } \arctan(x) \in (-\pi/2, +\pi/2) \tag{1.53}$$

über die integriert werden soll – als die Ableitung einer anderen Funktion F entlarven kann, dann hat man gewonnen, wie wir im nächsten Unterabschnitt und in den darauf folgenden darstellen werden.

Integrale über stetige Funktionen über endliche Intervalle kann man jedoch immer numerisch ermitteln. Dafür gibt es eine Reihe von Verfahren, die sich letztendlich nur dadurch unterscheiden, wie kompliziert die numerische Auswertung der Funktion $f(s)$ ist. Verfahren niedriger Ordnung werten den Integranden $f(s)$ oft aus, Verfahren höherer Ordnung wollen mit wenig Aufrufen des Unterprogrammes für $f = f(s)$ auskommen und sind dabei anderweitig aufwändiger.

In MATLAB gibt es die beiden Funktionen `quad` und `quadl`, die letztere ist besser für höhere Genauigkeitsanforderungen. Beide Funktionen verlangen, dass man den Integranden, die Funktion, die integriert werden soll, genau beschreibt. Dafür gibt es mehrere Möglichkeiten.

Man kann einmal die Gauß-Funktion durch

```
>> gauss=@(x) exp(-x.*x)
```

spezifizieren. Das bedeutet: `gauss` hängt von x ab, nämlich wie `exp(-x.*x)`. Man beachte, dass die Funktion nicht nur für eine reelle Zahl erklärt wird, sondern gleich für einen Vektor oder eine Matrix von Argumenten. Daher die punktweise Multiplikation.

Man kann aber auch eine Datei mit dem Namen `gauss.m` anlegen,

```
1    function gauss(x)
2    gauss=exp(-x.*x);
```

Das Integral der Gauß-Funktion über $[0,1]$, also

$$I = \int_0^1 \mathrm{d}s\, \mathrm{e}^{-s^2}\;, \tag{1.71}$$

berechnet man durch

```
>> quadl(gauss,0,1)
```

Weil wir das Kommando nicht durch ein Semikolon abgeschlossen haben, wird das Ergebnis angezeigt: 0.746824133988447, es weicht erst in der 9. Nachkommastelle vom wahren Wert 0.74682413281242... ab.

Man kann die Quadraturfunktionen mit einem vierten Argument aufrufen, der Fehlertoleranz. Das Ergebnis

```
>> quadl(gauss,0,1,1e-12)
```

liegt weniger als 10^{-15} daneben!

24   1 Grundlagen

Will man das Integral dagegen für eine variable obere Grenze berechnen, also

$$G(x) = \int_0^x ds\, e^{-s^2}\,, \tag{1.72}$$

dann löst man am besten numerisch die Differentialgleichung $G'(x) = e^{-x^2}$ mit der Anfangsbedingung $G(0) = 0$. Warum das so ist, werden wir gleich sehen.

1.5.3 Hauptsatz der Differential- und Integralrechnung

Wir betrachten eine auf dem Intervall D definierte stetige Funktion f und wählen $a, x \in D$. $h_1, h_2, \ldots$ sei eine konvergente Nullfolge. Kein h_j soll verschwinden, und $x + h_j$ soll im Definitionsbereich D liegen. Wir nützen aus, dass Integrale im Integrationsgebiet additiv sind und ziehen den Mittelwertsatz heran:

$$\int_a^{x+h_j} ds\, f(s) - \int_a^x ds\, f(s) = \int_x^{x+h_j} ds\, f = h_j f(\xi_j)\,. \tag{1.73}$$

Für die ξ_j gilt $x \leq \xi_j \leq x + h_j$ beziehungsweise $x + h_j \leq \xi_j \leq x$, wenn h_j negativ ist. Die Folge $\xi_1, \xi_2, \ldots$ konvergiert offensichtlich gegen x. Wir dividieren durch h_j und erinnern uns an die Definitionsgleichung für die Ableitung:

$$\frac{d}{dx} \int_a^x ds\, f(s) = f(x)\,. \tag{1.74}$$

Das ist der Hauptsatz der Differential- und Integralrechnung. Differenziert man ein Integral nach der oberen Grenze, so ergibt sich der Integrand an der oberen Grenze. Damit lassen sich viele Integrale analytisch ausrechnen. Kennt man zu einer stetigen Funktion f eine differenzierbare Funktion F mit $F' = f$, dann gilt

$$\int_a^x ds\, f(s) = F(x) - F(a)\,. \tag{1.75}$$

Linke und rechte Seite haben dieselbe Ableitung, und an der Stelle $x = a$ stimmen sie auch überein. Wer gern mit Differentialen rechnet, kann (1.74) auch als

$$\int_a^{x+dx} ds\, f(s) = \int_a^x ds\, f(s) + dx\, f(x) \tag{1.76}$$

schreiben. Damit leuchtet der Satz unmittelbar ein.

1.5.4 Partielles Integrieren

Der Integrand kann von der Gestalt $f = u'v$ sein. Mit der Produktregel $(uv)' = u'v + uv'$ lässt sich

$$\int_a^b \mathrm{d}s\, u'(s)v(s) = u(b)v(b) - u(a)v(a) - \int_a^b \mathrm{d}s\, u(s)v'(s) \qquad (1.77)$$

schreiben. Das wird als partielles Integrieren bezeichnet. Vielleicht kann man ja das zweite Integral berechnen!
So wie hier[20]:

$$\int_0^{\pi/2} \mathrm{d}\alpha\, \cos\alpha \sin\alpha = \sin^2\left(\frac{\pi}{2}\right) - \sin^2(0) - \int_0^{\pi/2} \mathrm{d}\alpha\, \sin\alpha \cos\alpha. \qquad (1.78)$$

Damit ist das zweite Integral dasselbe wie das erste, sodass

$$\int_0^{\pi/2} \mathrm{d}\alpha\, \cos\alpha \sin\alpha = \frac{1}{2} \qquad (1.79)$$

herauskommt.

1.5.5 Substitutionsregel

Wir betrachten die Funktion $F = F(t)$ und eine andere, umkehrbare Funktion $t = t(s)$. Bekanntlich gilt die Kettenregel

$$F'(t(s))t'(s) = \frac{\mathrm{d}F(t(s))}{\mathrm{d}s}. \qquad (1.80)$$

Nun kann man einmal

$$F(t(b)) - F(t(a)) = \int_{t(a)}^{t(b)} \mathrm{d}t\, F'(t) \qquad (1.81)$$

schreiben, aber auch

$$F(t(b)) - F(a(t)) = \int_a^b \mathrm{d}s\, F'(t(s))\, t'(s). \qquad (1.82)$$

Indem man gleich setzt und F' durch f ersetzt, ergibt sich die Substitutionsregel:

$$\int_{t(a)}^{t(b)} \mathrm{d}t\, f(t) = \int_a^b \mathrm{d}s\, f(t(s))\, t'(s). \qquad (1.83)$$

---
[20] $\sin^2(\alpha)$ ist eine Abkürzung für $(\sin(\alpha))^2$

Die Substitution $s \to t(s)$ soll umkehrbar sein, damit das Intervall mit den Grenzen a und b auf ein Intervall mit den Grenzen $t(a)$ und $t(b)$ abgebildet wird.

Als Beispiel wollen wir die Fläche des Einheitskreises ausrechnen. Die kann man als

$$4 \int_0^1 dt \sqrt{1-t^2} \tag{1.84}$$

beschreiben. Mit $t(s) = \sin(s)$ gilt $0 = \sin(0)$ und $1 = \sin(\pi/2)$. $\sqrt{1-t^2}$ wird zu $\cos(s)$, und für $t'(s)$ ergibt sich $\cos(s)$. Damit ist die Fläche des Einheitskreises auch durch die Zahl

$$4 \int_0^{\pi/2} ds\, (\cos(s))^2 = 4 \int_0^{\pi/2} d\alpha\, \cos^2 \alpha \tag{1.85}$$

gegeben. Wir rechnen weiter:

$$\int_0^{\pi/2} d\alpha\, \cos^2 \alpha = \int_0^{\pi/2} d\alpha\, \frac{d\sin\alpha}{d\alpha} \cos\alpha = \int_0^{\pi/2} d\alpha\, \sin^2 \alpha. \tag{1.86}$$

Dabei haben wir verwendet, dass das Produkt $\sin\alpha \cos\alpha$ bei $\alpha = 0$ und bei $\alpha = \pi/2$ verschwindet. Nun muss man noch $\sin^2 \alpha = 1 - \cos^2 \alpha$ einsetzen. Das Integral über die 1 ergibt $\pi/2$, das Integral über $\cos^2 \alpha$ bringt man auf die andere Seite. Insgesamt ergibt sich π als Fläche des Einheitskreises. Das weiß man zwar schon, aber jetzt auf höherem Niveau.

1.5.6 Die Quadratur des Kreises

Das Gebiet zwischen $x = 0$ und $x = 1$ unter dem Graphen $y = \sqrt{1-x^2}$ ist ein Viertelkreis. Schon seit dem Altertum versucht man, dieses Gebiet mit Operationen, die die Fläche erhalten, in ein Quadrat umzuformen. Solche Versuche bezeichnet man als Quadratur des Kreises[21].

Wir haben das soeben geschafft. Zuerst wurde das Gebiet durch Substitution so umgeformt, dass die Fläche des Viertelkreises übereinstimmt mit der Fläche von $x = 0$ bis $x = \pi/2$ unter der Kurve $y = \cos^2(x)$. Der nächste Schritt war zu zeigen, dass die Fläche unter der Geraden $y = 1/2$ zwischen $x = 0$ und $x = \pi/2$ denselben Wert hat, und der beträgt $\pi/4$.

Natürlich ist die Quadratur des Einheitskreises unmöglich in dem Sinne, dass man ein flächengleiches Quadrat mit einer rationalen Zahl als Seitenlänge angibt. Wir haben lediglich eine Verbindung hergestellt zwischen der Kreisfläche und der kleinsten positiven Zahl, für die die Kosinusfunktion verschwindet. Diese Zahl kann man jedoch beliebig genau und einfach berechnen.

---

[21] Eine von Politikern gern benutze Floskel, die für ‚wünschbar, aber unmöglich' steht. Es ist möglich!

Indem man $0 = \cos(x+h) \approx \cos(x) - h\sin(x)$ schreibt, lässt sich zu einer Näherungslösung x die Verbesserung $x + \mathrm{d}x = x + \cot(x)$ ausrechnen. Hier ein sehr kurzes MATLAB-Skript:

```
1   x=2;
2   while abs(cos(x))>eps
3     xx=x+cot(x)
4     x=xx;
5   end;
```

Solange der Kosinus noch nicht winzig ist, wird verbessert. In der Zeile für xx fehlt das abschließende Semikolon, daher wird der Wert ausgedruckt. Schon nach der dritten Verbesserung (!) hat man mit 1.570796326794897 für $\pi/2$ die gewünschte Genauigkeit erreicht. Beginnt man mit $x = 1$, braucht es vier Verbesserungen.

Zur Erinnerung[22]: das so genannte Maschinen-Epsilon eps ist die größte Zahl, für die 1 und 1+eps/2 zusammenfallen. Anders ausgedrückt: eps steht für numerisch gerade noch unterscheidbar, normalerweise $2^{-52} = 2.2 \times 10^{-16}$ (64-bit Gleitkommazahlen nach der IEEE-Norm).

---

[22] Sie sollten die *Einführung in* MATLAB im Anhang gelesen haben.

2
Gewöhnliche Differentialgleichungen

Unter einer gewöhnlichen Differentialgleichung versteht man eine Beziehung zwischen einer Funktion und deren Ableitungen. Diese Beziehung kann von Ort zu Ort verschieden sein. Die gesuchte reellwertige Funktion soll von einer reellen Variablen abhängen und so oft differenzierbar sein, wie es die Differentialgleichung verlangt. Die Differentialgleichung hat eine ganze Schar von Lösungen, und man braucht zusätzliche Angaben, um eine eindeutige Lösung angeben zu können.

Wir beschäftigen uns zuerst mit gewöhnlichen Differentialgleichungen erster Ordnung, weil es für eine große Klasse davon verlässliche Lösungsverfahren gibt.

Bei den gewöhnlichen Differentialgleichungen zweiter Ordnung, die in der Physik vorrangig auftreten, gibt es deutlich weniger allgemein gültige Rezepte.

Insbesondere für die numerische Behandlung ist es wichtig zu wissen, dass eine gewöhnliche Differentialgleichung beliebiger Ordnung immer auf ein System von gekoppelten Differentialgleichungen erster Ordnung zurückgeführt werden kann.

Differentialgleichungen spielen in der Physik auch deswegen eine so wichtige Rolle, weil die meisten Gesetze nichts anderes als Regeln für Veränderungen sind. Die Gesetze werden durch Differentialgleichungen formuliert, die Lösung im Einzelfall hängt aber nicht nur vom Gesetz ab, sondern auch von Anfangs-, Neben- oder Randbedingungen.

2.1 Erste Ordnung

Gewöhnliche Differentialgleichungen erster Ordnung handeln von Funktionen $y = f(x)$, die von einer reellen Variablen x abhängen und eine einzige reelle Zahl zurückgeben, wobei x, y und y' miteinander verknüpft sind.

2.1.1 Richtungsfeld

Wir bezeichnen mit y die gesuchte Funktion und mit x die unabhängige Variable. Eine gewöhnliche Differentialgleichung erster Ordnung beschreibt man durch eine Gleichung

$$y' = \Phi(x,y). \tag{2.1}$$

Zu jedem Wertepaar aus x und dem Funktionswert y der gesuchten Funktion wird vorgeschrieben, wie die Funktion dort steigen soll. Die Funktion Φ hängt von zwei Variablen ab, sie beschreibt das Richtungsfeld. Hier taucht zum ersten Mal in diesem Text eine Funktion auf, die von mehr als nur einer Variablen abhängt. Man spricht in diesem Zusammenhang oft von einem Feld.

Für die Differentialgleichung

$$y' = -2xy \tag{2.2}$$

beispielsweise haben wir das Richtungsfeld graphisch dargestellt. An regelmäßig ausgewählten Punkten der x,y-Ebene ist die Steigung y' der gesuchten Funktion eingezeichnet. Abbildung 2.1 enthält auch die Lösung der Differentialgleichung, wenn zusätzlich $y(0) = 1$ verlangt wird. Man erkennt gut, dass die Lösung überall dem Richtungsfeld folgt.

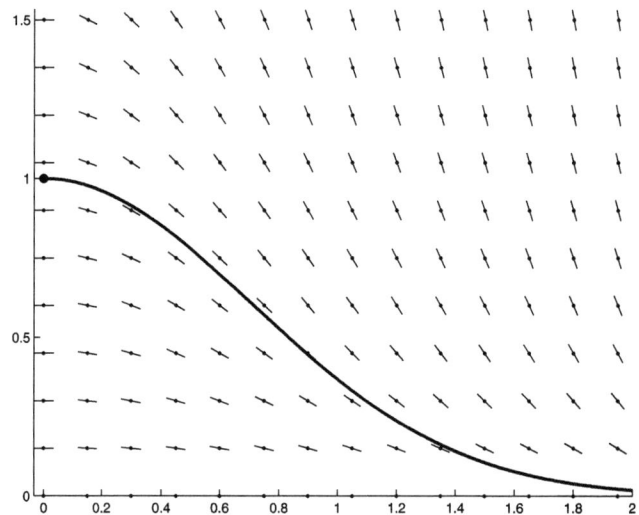

Abb. 2.1. Das Richtungsfeld der Differentialgleichung $y' = -2xy$. An repräsentativen Punkten der x,y-Ebene ist die Steigung y' der gesuchten Funktion dargestellt. Die durch $y(0) = 1$ gekennzeichnete Lösung ist als durchgezogene Linie eingetragen. Sie passt sich überall dem Richtungsfeld an

2.1.2 Integration

Wenn das Richtungsfeld $y' = \Phi(x,y)$ von y nicht abhängt, dann hat man schon gewonnen. Die Differentialgleichung

$$y' = \Phi(x) \tag{2.3}$$

wird durch Integrieren gelöst:

$$f(x) = f(x_0) + \int_{x_0}^{x} \mathrm{d}s\, \Phi(s)\,. \tag{2.4}$$

2.1.3 Trennung der Variablen

Man kann alles, was y enthält, auf die linke Seite schaffen und alles mit x auf die rechte. Wenn das möglich ist in dem Sinne, dass links kein x und rechts kein y vorkommt, dann lässt sich die Differentialgleichung $y' = \Phi(x,y)$ analytisch lösen. Um die Technik zu erläutern, beziehen wir uns auf das Beispiel (2.2). Man kann (2.2) schreiben als

$$\mathrm{d}y = -2xy\,\mathrm{d}x\,, \tag{2.5}$$

also als

$$\frac{\mathrm{d}y}{y} = -2x\mathrm{d}x\,. \tag{2.6}$$

Integriert man beide Seiten[1] über y von y_0 bis y beziehungsweise über x von x_0 bis x, dann ergibt sich

$$\ln y - \ln y_0 = -(x^2 - x_0^2)\,, \tag{2.7}$$

also

$$f(x) = f(x_0)\,\mathrm{e}^{-x^2}\,. \tag{2.8}$$

Diese Lösung mit $f(0) = 1$ haben wir in Abbildung 2.1 als durchgezogene Linie dargestellt.

Allgemein gilt: Wenn sich die Differentialgleichung in die Form $\mathrm{d}y\, p(y) = \mathrm{d}x\, q(x)$ bringen lässt, dann muss man

$$\int_{y_0}^{y} \mathrm{d}y'\, p(y') = \int_{x_0}^{x} \mathrm{d}x'\, q(x') \tag{2.9}$$

---
[1] Eine verbreitete Unart: Integrationsvariable und obere Grenze werden gleich bezeichnet.

ausrechnen[2]. Wenn das analytisch möglich ist und wenn noch dazu das Ergebnis nach $y = y(x)$ aufgelöst werden kann, dann hat man es geschafft. Offensichtlich gilt $y(x_0) = y_0$.

Als ein weiteres Beispiel soll die logistische Funktion erörtert werden. Der Anteil einer neuen Technologie wird mit y bezeichnet. Man denke etwa an den Marktanteil von Kunststoff-Dispersionsfarbe für den Fassadenanstrich. Dieser Anteil ist im Laufe der Zeit t gewachsen, $y = y(t)$. Dabei wird das Wachstum angetrieben durch die guten Beispiele (y) <u>und</u> durch den Abstand zur Marktsättigung $(1-y)$. Wir müssen uns also mit der Differentialgleichung[3]

$$\dot{y} = y(1 - y) \tag{2.10}$$

befassen.

Offensichtlich kann man die Variablen trennen, und wir dürfen

$$\int_{y_0}^{y} \frac{\mathrm{d}y'}{y'(1 - y')} = t \tag{2.11}$$

schreiben, wenn wir $t_0 = 0$ wählen. Wegen

$$\frac{1}{y'(1 - y')} = \frac{1}{y'} + \frac{1}{1 - y'} \tag{2.12}$$

ergibt sich

$$\ln y - \ln y_0 - \ln(1 - y) + \ln(1 - y_0) = t, \tag{2.13}$$

und mit $y_0 = 1/2$

$$\ln \frac{y}{1 - y} = t \text{ oder } f(t) = \frac{1}{1 + \mathrm{e}^{-t}}. \tag{2.14}$$

In diesem Beispiel konnte man die Integrale analytisch auswerten und nach der Unbekannten auflösen. Übrigens gilt $f(-\infty) = 0$, $f(0) = 1/2$ und $f(\infty) = 1$, wie es sein sollte.

2.1.4 Lineare Differentialgleichungen

Eine Differentialgleichung der Form

$$y' + a(x)\,y = u(x) \tag{2.15}$$

nennt man linear. Sie kann in der Form $Ly = u$ geschrieben werden, mit dem linearen Operator L. Wenn α eine Konstante ist, dann gilt $L\alpha y = \alpha Ly$. Wenn

---

[2] Die Striche in (2.9) weisen nicht auf eine Ableitung hin, sie dienen dazu, die Integrationsvariablen von den oberen Grenzen zu unterscheiden.
[3] Wenn die unabhängige Variable die Bedeutung einer Zeit hat, bezeichnet man gern die Ableitung mit einem über die Funktion gestellten Punkt.

y_1 und y_2 zwei Funktionen sind, dann gilt $L(y_1+y_2) = Ly_1 + Ly_2$. Falls die Funktion $u = u(x)$ auf der rechten Seite verschwindet, dann redet man von einer homogenen linearen Differentialgleichung. Verschwindet die rechte Seite nicht, spricht man von einer inhomogenen linearen Differentialgleichung erster Ordnung.

Die homogene lineare Differentialgleichung

$$y' = -a(x)y \qquad (2.16)$$

lässt sich einfach durch Trennung der Variablen lösen. Aus

$$\frac{\mathrm{d}y}{y} = -a(x) \qquad (2.17)$$

folgt ohne große Rechnerei die allgemeine Lösung

$$f(x) = f_0 \exp\left(-\int_{x_0}^{x} \mathrm{d}x'\, a(x')\right), \qquad (2.18)$$

mit $f(x_0) = f_0$. Man sieht, dass mit jeder Lösung auch ein Vielfaches davon eine Lösungen ist, wie man das von einer linearen Gleichung $Ly = 0$ erwartet.

Die allgemeine Lösung der inhomogenen Differentialgleichung hat die Gestalt $h = f + g$, wobei f die allgemeine Lösung der homogenen Differentialgleichung ist und g eine spezielle Lösung der inhomogenen Differentialgleichung, $Lf = 0$ und $Lg = u$, mit $Ly = y' + a(x)y$.

2.1.5 Kausale Lösungen

Wir betrachten die inhomogene lineare Differentialgleichung

$$\dot{y} + \Gamma y = u(t). \qquad (2.19)$$

Das ist (2.15) mit $a(t) = \Gamma$.

Wir suchen nach einer kausalen Lösung: wenn $u(t) = 0$ für $t < t_0$ gilt, dann soll das auch für die Lösung gelten. Wir interpretieren t als Zeit und betrachten u als Ursache und $y = f(t)$ als Wirkung. Die Ursache soll immer der Wirkung vorausgehen, genau das bedeutet ‚kausal'.

Wir setzen zuerst einmal den allgemeinsten linearen Zusammenhang zwischen der Ursache u und der Wirkung y an, nämlich[4]

$$f(t) = \int \mathrm{d}t'\, F(t,t')\, u(t'). \qquad (2.20)$$

---

[4] Die folgenden Überlegungen sind heuristisch, sie werden durch den Erfolg gerechtfertigt.

Weil der durch $Ly = y' + \Gamma y$ beschriebene lineare Operator L selbst nicht von der Zeit abhängt, wird $F(t, t')$ nur von der Zeitdifferenz abhängen, $F(t, t') = G(t - t')$. Zum Integral über t' darf u nur für $t' \leq t$ beitragen, sodass wir in

$$f(t) = \int_{-\infty}^{t} dt' \, G(t - t') \, u(t') \tag{2.21}$$

umformen dürfen.

Für die Zeitableitung des Ansatzes (2.21) rechnet man

$$\dot{f}(t) = G(0) \, u(t) + \int_{-\infty}^{t} dt' \, \dot{G}(t - t') \, u(t') \tag{2.22}$$

aus. Das Integral verändert sich, weil die Zeit einmal als obere Grenze auftaucht und zum anderen im Argument der Funktion G. Die beiden Effekte sind zu addieren.

Die Differentialgleichung (2.19) ist für alle Funktionen $u = u(t)$ erfüllt, wenn

$$\dot{G} + \Gamma G = 0 \text{ und } G(0) = 1 \tag{2.23}$$

gilt. Das haben wir im voran stehenden Unterabschnitt schon ausgerechnet:

$$G(\tau) = e^{-\Gamma \tau} \, . \tag{2.24}$$

Damit ist die kausale Lösung der Differentialgleichung (2.19) für alle möglichen Ursachen $u = u(t)$ durch den Ausdruck

$$f(t) = \int_{0}^{\infty} d\tau \, e^{-\Gamma \tau} \, u(t - \tau) \tag{2.25}$$

gegeben. Wir haben $t - t'$ durch das Alter τ ersetzt. Die Wirkung f jetzt, zur Zeit t, ist die Summe (Integral über τ) aller früheren Ursachen $u = u(t - \tau)$. Nur über positive Werte des Alters τ ist zu summieren. Der Einfluss einer Ursache $u(t - \tau)$ auf die Wirkung $f(t)$ jetzt wird mit dem Einflussfaktor $\exp(-\Gamma \tau)$ gewichtet, also gedämpft. Man bezeichnet $G = G(\tau)$ auch als Einflussfunktion oder Greensche Funktion[5].

2.2 Zweite Ordnung

Gewöhnliche Differentialgleichungen zweiter Ordnung handeln von Funktionen $y = f(x)$, die von einer reellen Variablen x abhängen und eine einzige reelle Zahl zurückgeben, wobei x, y, y' und y'' miteinander verknüpft sind.

---
[5] George Green, 1793–1841, englischer Mathematiker und Physiker

2.2.1 Definition und Klassifikation

Eine gewöhnliche Differentialgleichung zweiter Ordnung ist durch eine Beziehung

$$y'' = \Phi(x, y, y') \qquad (2.26)$$

charakterisiert. Ein typisches Beispiel, das wir später ausführlich behandeln werden, ist die Differentialgleichung für eine erzwungene gedämpfte Schwingung,

$$\ddot{y} + \Gamma \dot{y} + \Omega^2 y = u(t). \qquad (2.27)$$

Wie üblich bezeichnen wir die Ableitung durch einen Punkt, wenn die unabhängige Variable eine Zeit bedeutet.

Gleichung (2.27) ist zugleich ein Beispiel für eine inhomogene lineare Differentialgleichung zweiter Ordnung. Mit $Ly = \ddot{y} + \Gamma \dot{y} + \Omega^2 y$ gilt $L\alpha y = \alpha L y$ für jede Konstante α und $L(y_1 + y_2) = Ly_1 + Ly_2$ für beliebige zweifach differenzierbare Funktionen y_1 und y_2. Der Operator L ist linear, daher auch die Differentialgleichung $Ly = u$. Falls allerdings $u = 0$ gilt, dann spricht man von einer homogenen linearen Differentialgleichung zweiter Ordnung.

Wenn man an einer Stelle x_0 den Funktionswert f_0 und die Ableitung f_0' vorgibt, dann kann man die Lösung in einer kleinen Umgebung angeben:

$$f(x) = f_0 + (x - x_0)f_0' + \frac{(x - x_0)^2}{2}\Phi(x_0, f_0, f_0') + \dots. \qquad (2.28)$$

So kann man sich Schritt für Schritt voran hangeln und die gesamte Lösung $y = f(x)$ ausrechnen, im Prinzip. Im nächsten Abschnitt gehen wir genauer darauf ein. Hier sei nur festgehalten, dass man eine gewöhnliche Differentialgleichung zweiter Ordnung mit zwei zusätzlichen Bedingungen ausstatten muss, um eine eindeutige Lösung zu erhalten.

2.2.2 Einfache Beispiele

Wenn in $\Phi(x, y, y')$ weder y noch y' vorkommen, hat man es mit der Differentialgleichung

$$y'' = \Phi(x) \qquad (2.29)$$

zu tun. Die Lösung ergibt sich durch zweifaches Integrieren:

$$f'(x') = f_0' + \int_{x_0}^{x'} dx'' \, \Phi(x''), \qquad (2.30)$$

36 2 Gewöhnliche Differentialgleichungen

und anschließend

$$f(x) = f_0 + (x - x_0)f_0' + \int_{x_0}^{x} dx' \int_{x_0}^{x'} dx'' \, \Phi(x'') \,. \tag{2.31}$$

Die Differentialgleichung

$$y'' = \Gamma^2 y \tag{2.32}$$

kann man leicht lösen: sowohl $y = e^{\Gamma x}$ als auch $y = e^{-\Gamma x}$ kommen in Frage, und damit jede Linearkombination davon, also

$$f(x) = a\,e^{\Gamma x} + b\,e^{-\Gamma x} \,. \tag{2.33}$$

Mit dem hyperbolischen Kosinus und dem hyperbolischen Sinus kann man die allgemeine Lösung von (2.32) auch durch

$$f(x) = a \cosh(\Gamma x) + b \sinh(\Gamma x) \tag{2.34}$$

ausdrücken. a und b sind jeweils beliebige Konstante.

Die Differentialgleichung

$$y'' = -\Omega^2 y \tag{2.35}$$

kann ebenfalls sofort gelöst werden. Schließlich haben wir die Winkelfunktionen $y = \sin x$ und $y = \cos x$ so eingeführt. Die allgemeine Lösung von (2.35) ist

$$f(x) = a \sin \Omega x + b \cos \Omega x \,. \tag{2.36}$$

2.2.3 Konstante Koeffizienten

Eine homogene lineare Differentialgleichung zweiter Ordnung könnte so aussehen:

$$y'' + p(x)y' + q(x)y = 0 \,. \tag{2.37}$$

Wenn die Koeffizienten $p(x) = p$ und $q(x) = q$ konstant sind, also nicht von x abhängen, kommt man schnell zu einer Lösung. Man setzt dann nämlich

$$y = e^{\Lambda x} \tag{2.38}$$

an und erhält

$$\Lambda^2 + p\Lambda + q = 0 \,. \tag{2.39}$$

Die beiden Lösungen sind

$$\Lambda_{1,2} = -\frac{p}{2} \pm \sqrt{\frac{p^2}{4} - q}, \qquad (2.40)$$

sodass man die allgemeine Lösung der Differentialgleichung $y'' + py' + qy = 0$ als

$$f(x) = a\,e^{\Lambda_1 x} + b\,e^{\Lambda_2 x} \qquad (2.41)$$

schreiben darf. a und b sind beliebige Konstante.

Im Falle der Differentialgleichung

$$\ddot{y} + \Gamma \dot{y} + \Omega_0^2 y = 0 \qquad (2.42)$$

für eine gedämpfte Schwingung muss man folgende Fälle unterscheiden:

Schwache Dämpfung

Wenn $\Gamma < 2\Omega_0$ ausfällt, dann ist in (2.40) die Wurzel aus einer negativen Zahl zu ziehen, das heißt es gilt

$$\Lambda_{1,2} = -\Gamma \pm i\Omega \text{ mit } \Omega = \sqrt{\Omega_0^2 - \frac{\Gamma^2}{4}}. \qquad (2.43)$$

Die allgemeine Lösung kann als

$$f(t) = (a \cos \Omega t + b \sin \Omega t)\,e^{-\Gamma t/2} \qquad (2.44)$$

geschrieben werden, in der Tat eine gedämpfte, also abklingende harmonische Schwingung mit Kreisfrequenz Ω.

Überkritische Dämpfung

Wenn $\Gamma > 2\Omega_0$ ausfällt, dann ist in (2.40) die Wurzel aus einer positiven Zahl zu ziehen. Die allgemeine Lösung ist

$$f(t) = a\,e^{-\Gamma_1 t} + b\,e^{-\Gamma_2 t}, \qquad (2.45)$$

mit

$$\Gamma_1 = \frac{\Gamma}{2} - \sqrt{\frac{\Gamma^2}{4} - \Omega_0^2} \text{ und } \Gamma_2 = \frac{\Gamma}{2} + \sqrt{\frac{\Gamma^2}{4} - \Omega_0^2}. \qquad (2.46)$$

Es handelt sich um die Überlagerung abklingender Auslenkungen von der Ruhelage, eine schnell, die andere langsam.

Kritische Dämpfung

Wenn genau $\Gamma = 2\Omega_0$ gilt, dann verschwindet die Wurzel. Trotzdem gibt es eine von zwei Konstanten abhängige Lösungsschar, nämlich

$$f(t) = (a + bt)\,\mathrm{e}^{-\Gamma t/2}\,. \tag{2.47}$$

Das ist nachzurechnen, indem man diese Lösungen in ihre Differentialgleichung einsetzt.

2.2.4 Erzwungene harmonische gedämpfte Schwingung

Wir zeigen, wie man die Differentialgleichung (2.27), also

$$\ddot{y} + \Gamma \dot{y} + \Omega^2 y = u(t)\,, \tag{2.48}$$

so lösen kann, dass u die Ursache für die Auslenkung y von der Ruhelage ist. Mit anderen Worten, wir suchen nach einer kausalen Lösung, bei der die Ursache immer vor der Wirkung kommt. Dabei ahmen wir nach, was sich schon für kausale Lösungen von Differentialgleichungen erster Ordnung bewährt hat.

Für die kausale Lösung der linearen Differentialgleichung (2.48) setzen wir erst einmal einen ganz allgemeinen linearen Zusammenhang an, nämlich

$$f(t) = \int \mathrm{d}t'\, F(t, t') u(t')\,. \tag{2.49}$$

Wir bauen ein, dass die linke Seite von (2.48) nicht explizit von der Zeit abhängt, sodass es nur auf den Zeitunterschied $t - t'$ ankommt:

$$f(t) = \int \mathrm{d}t'\, G(t - t') u(t')\,. \tag{2.50}$$

Nun soll die Wirkung jetzt, zur Zeit t, nur von früheren Ursachen abhängen, und das drückt man durch

$$f(t) = \int_{-\infty}^{t} \mathrm{d}t'\, G(t - t') u(t') \tag{2.51}$$

aus.

Die einfache Zeitableitung ist

$$\dot{f}(t) = G(0) u(t) + \int_{-\infty}^{t} \mathrm{d}t'\, \dot{G}(t - t') u(t')\,, \tag{2.52}$$

für die zweifache erhält man den Ausdruck

$$\ddot{f}(t) = G(0) \dot{u}(t) + \dot{G}(0) u(t) + \int_{-\infty}^{t} \mathrm{d}t'\, \ddot{G}(t - t') u(t')\,. \tag{2.53}$$

Wir setzen das in die ursprüngliche Differentialgleichung (2.48) ein und beachten, dass unsere Lösung für beliebige Ursachen $u = u(t)$ gelten soll. Das führt auf

$$G(0) = 0\,, \dot{G}(0) = 1 \text{ und } \ddot{G} + \Gamma \dot{G} + \Omega_0^2 G = 0\,. \tag{2.54}$$

Wir setzen voraus, dass die Schwingung schwach gedämpft ist, dass $\Gamma < 2\Omega_0$ zutrifft. Damit gilt

$$G(\tau) = \frac{1}{\Omega} \sin \Omega \tau \, e^{-\Gamma \tau / 2}\,, \tag{2.55}$$

wie man leicht aus (2.44) herleitet. Zur Erinnerung: Die Kreisfrequenz Ω hängt mit den Parametern Γ und Ω_0 der Schwingungsgleichung gemäß $\Omega = \sqrt{\Omega_0^2 - \Gamma^2/4}$ zusammen. $\tau = t - t'$ ist das Alter eines Einflusses, G die Greensche Funktion des Problems.

Die kausale Lösung der Differentialgleichung (2.27) für eine erzwungene gedämpfte harmonische Schwingung heißt damit

$$f(t) = \frac{1}{\Omega} \int_0^\infty d\tau \, e^{-\Gamma \tau / 2} \sin \Omega \tau \, u(t - \tau)\,. \tag{2.56}$$

Wer verstanden hat, wie es zu dieser Formel kommt und was sie bedeutet, hat viel verstanden:

Die Auslenkung y von der Ruhelage eines stabilen Systems sorgt für eine rücktreibende, zur Auslenkung proportionale Beschleunigung. Das beschreibt man durch $\ddot{y} = -\Omega_0^2 y + \ldots$ Hinzu kommt eine zur Geschwindigkeit proportionale Reibungskraft, $\ddot{y} = -\Omega_0^2 y - \Gamma \dot{y} + \ldots$ Auf das System wirkt eine äußere zeitlich variable Kraft u ein, die die Auslenkung verursacht, daher $\ddot{y} = -\Omega_0^2 y - \Gamma \dot{y} + u(t)$.

Die Wirkung $y = f(t)$ jetzt, zur Zeit t, setzt sich additiv aus allen Einwirkungen $u(t - \tau)$ in der Vergangenheit zusammen. Der Einfluss $u(t - \tau)$ der Vergangenheit wird seinem Alter τ entsprechend gedämpft, durch den Faktor $\exp(-\Gamma \tau / 2)$. Der Faktor $\sin \Omega \tau$ stellt dar, dass wie bei einer Schaukel die Kraftstöße produktiv oder kontraproduktiv sein können, verstärkend oder auslöschend, je nach der Phase $\Omega \tau$.

2.3 Mehr über gewöhnliche Differentialgleichungen

Wir zeigen, dass man eine gewöhnliche Differentialgleichung der Ordnung n in ein System von n gewöhnlichen Differentialgleichungen erster Ordnung überführen kann. Um aus der Schar von Lösungen eine bestimmte auszusondern, müssen zusätzliche Bedingungen formuliert werden. Wir erörtern hier Anfangsbedingungen und Randbedingungen, es können aber auch Forderungen an Integrale über die Lösung gestellt werden (Normierungsbedingungen).

Die Differentialgleichung zusammen mit den zusätzlichen Anforderungen kann aber auch überbestimmt sein, sodass nur für gewisse Werte eines Parameters in der Differentialgleichung (Eigenwerte) Lösungen existieren.

2.3.1 Systeme gekoppelter Differentialgleichungen

Eine gewöhnliche Differentialgleichung der Ordnung n ist durch

$$y^{(n)} = \Phi(x, y, y^{(1)}, \ldots, y^{(n-1)}) \tag{2.57}$$

charakterisiert, mit $n = 1, 2, \ldots$ Dabei bezeichnet das Symbol $y^{(k)}$ die k-fache Ableitung, also $y^{(1)} = y'$, $y^{(2)} = y''$ und so weiter.

Man kann das umschreiben in ein System von gewöhnlichen Differentialgleichungen erster Ordnung. Nicht mehr nur <u>eine</u> Funktion $y = f(x)$ wird gesucht, sondern mehrere, nämlich $y_1 = y$, $y_2 = y'$, $y_3 = y''$ bis $y_n = y^{(n-1)}$. Dafür gilt nun

$$y_1' = y_2, \ y_2' = y_3, \ \ldots y_n' = \Phi(x, y_1, y_2, \ldots, y_n). \tag{2.58}$$

Nun muss eine Differentialgleichung für n Funktionen $\boldsymbol{y} = (y_1, y_2, \ldots, y_n)$ nicht immer die Form (2.58) haben, ganz allgemein darf man

$$y_i' = \Phi_i(x, y_1, y_2, \ldots, y_n) \tag{2.59}$$

schreiben, oder

$$\boldsymbol{y}' = \boldsymbol{\Phi}(x, \boldsymbol{y}) \tag{2.60}$$

in Vektorschreibweise.

Man spricht von einem <u>System</u> gekoppelter Differentialgleichungen erster Ordnung. Jede gewöhnliche Differentialgleichung (2.57) der Ordnung n ist gleichwertig mit einem System gekoppelter gewöhnlicher Differentialgleichung (2.59) für n Funktionen. Fast alle numerischen Verfahren für gewöhnliche Differentialgleichung gehen von der Form (2.59) beziehungsweise (2.60) aus.

2.3.2 Anfangswertproblem und Runge-Kutta-Verfahren

Man spricht von einem Anfangswertproblem, wenn für (2.60) an einer bestimmten Stelle x_0 der Zustandsvektor $\boldsymbol{y}_0$ vorgegeben ist. Gesucht sind n differenzierbare Funktionen $y_i = f_i(x)$ für $x \in [x_0, x_1]$, die diese Anfangsbedingung erfüllen, also $\boldsymbol{f}(x_0) = \boldsymbol{y}_0$ und das Differentialgleichungssystem (2.60). Wenn das Richtungsfeld eine maximale Steigung in dem Sinne hat, dass[6]

$$\|\boldsymbol{\Phi}(x, \bar{\boldsymbol{y}}) - \boldsymbol{\Phi}(x, \boldsymbol{y})\| \leq L \|\bar{\boldsymbol{y}} - \boldsymbol{y}\| \tag{2.61}$$

---
[6] Die Norm $\|y\|$ im $\mathbb{R}^n$ ist wie üblich durch $\|y\|^2 = y_1^2 + y_2^2 + \ldots + y_n^2$ erklärt.

überall in $x \in [x_0, x_1]$ zutrifft, dann existiert genau eine Lösung für das Anfangswertproblem. Das besagt der Satz von Picard[7] und Lindelöf[8]. (2.61) ist eine Lipschitz[9]-Bedingung. Wir werden später im Zusammenhang mit dem Banachschen[10] Fixpunktsatz darauf zurückkommen.

Für die Schwingungsgleichung $y'' + \Gamma y + \Omega_0^2 y = 0$ mit $y_1 = y$ und $y_2 = y'$ beispielsweise, also für

$$y_1' = \Phi_1(x, \boldsymbol{y}) = y_2 \quad \text{und} \quad y_2' = \Phi_2(x, \boldsymbol{y}) = -\Gamma y_2 - \Omega_0^2 y_1 \tag{2.62}$$

berechnet man

$$\|\boldsymbol{\Phi}(x, \bar{\boldsymbol{y}}) - \boldsymbol{\Phi}(x, \boldsymbol{y})\| \leq (1 + |\Gamma| + \Omega_0^2) \|\bar{\boldsymbol{y}} - \boldsymbol{y}\|. \tag{2.63}$$

Die Schwingungsgleichung hat daher mit jeder Anfangsbedingung auf ganz $\mathbb{R}$ eine eindeutige Lösung.

Unter den vielen Verfahren zur numerischen Lösung einer Anfangswertaufgabe ist das Runge[11]-Kutta[12]-Verfahren am weitesten verbreitet. Man nimmt an, dass der Zustand $\boldsymbol{y}$ bei x bekannt ist und berechnet näherungsweise den Zustand bei $x + h$. Dafür verwendet man erst einmal das Richtungsfeld bei x und berechnet den Zuwachs

$$\boldsymbol{z}_1 = h \boldsymbol{\Phi}(x, \boldsymbol{y}). \tag{2.64}$$

Nun berücksichtigt man die Steigung in der Intervallmitte:

$$\boldsymbol{z}_2 = h \boldsymbol{\Phi}\left(x + \frac{h}{2}, \boldsymbol{y} + \frac{\boldsymbol{z}_1}{2}\right). \tag{2.65}$$

Nun noch einmal das Richtungsfeld in der Intervallmitte, aber mit dem verbesserten Zuwachs:

$$\boldsymbol{z}_3 = h \boldsymbol{\Phi}\left(x + \frac{h}{2}, \boldsymbol{y} + \frac{\boldsymbol{z}_2}{2}\right). \tag{2.66}$$

Schließlich wird das Richtungsfeld bei $x + h$ ausgewertet,

$$\boldsymbol{z}_4 = h \boldsymbol{\Phi}(x + h, \boldsymbol{y} + \boldsymbol{z}_3). \tag{2.67}$$

Diese Zusätze werden gewichtet gemittelt und ergeben

$$\boldsymbol{y}(x + h) = \boldsymbol{y} + \frac{\boldsymbol{z}_1 + 2\boldsymbol{z}_2 + 2\boldsymbol{z}_3 + \boldsymbol{z}_4}{6} + \ldots, \tag{2.68}$$

wobei der Fehler für einen Schritt wie h^5 verschwindet.

---

[7] Charles Émile Picard, 1856–1941, französischer Mathematiker
[8] Ernst Leonard Lindelöf, 1870–1946, finnischer Mathematiker
[9] Rudolf Otto Sigismund Lipschitz, 1832–1903, deutscher Mathematiker
[10] Stefan Banach, 1892–1945, polnischer Mathematiker
[11] Carl David Tomé Runge, 1856–1927, deutscher Mathematiker
[12] Martin Wilhelm Kutta, 1867–1944, deutscher Mathematiker

Will man so die Lösung im Intervall $[x_1, x_2]$ berechnen und unterteilt in N gleich lange Schritte, mit $h = (x_2 - x_1)/N$ dann macht man N-mal einen Fehler der Ordnung $h^5 \propto 1/N^5$. Man kann also davon ausgehen dass die Lösung wie $1/N^4$ konvergiert.

Die Dokumentation zu MATLAB empfiehlt, mehrere Verfahren auszuprobieren und dabei mit ode45 zu beginnen[13]. Es gibt verschieden genaue Verfahren und verschiedene Methoden, die Schrittweite h an die Genauigkeitsanforderungen und an den Funktionsverlauf anzupassen (automatische Schrittweitensteuerung).

Als Beispiel dafür, wie man numerisch ein System gekoppelter Differentialgleichungen löst, und wie man die Lösung kontrolliert, erörtern wir das Keplerproblem[14]. Ein Planet bewegt sich im Gravitationsfeld einer sehr, sehr viel massiveren Sonne, und zwar in einer Ebene[15], etwa der x_1, x_2-Ebene. Wir setzen $y_1 = x_1, y_2 = x_2, y_3 = \dot{x}_1$ und $y_4 = \dot{x}_2$ und wählen Einheiten so, dass Planetenmasse sowie das Produkt aus Sonnenmasse und der Gravitationskonstanten zu Eins werden. Wir haben das folgende System gekoppelter Differentialgleichungen erster Ordnung zu lösen:

$$\begin{pmatrix} \dot{y}_1 \\ \dot{y}_2 \\ \dot{y}_3 \\ \dot{y}_4 \end{pmatrix} = \begin{pmatrix} y_3 \\ y_4 \\ -y_1/(y_1^2 + y_2^2)^{3/2} \\ -y_2/(y_1^2 + y_2^2)^{3/2} \end{pmatrix}. \tag{2.69}$$

Dabei wurde eingearbeitet, dass die Schwerkraft vom Planeten zur Sonne zeigt und mit dem Quadrat des Abstandes $r = \sqrt{y_1^2 + y_2^2}$ abfällt.

Die folgende MATLAB-Funktion beschreibt das System:

```
1    function yd=newton(t,y)
2    r=sqrt(y(1)^2+y(2)^2);
3    yd=[y(3);y(4);-y(1)/r^3;-y(2)/r^3];
```

Die Funktion newton, die das Newtonsche[16] Kraftgesetz beschreibt, hat als erstes Argument eine reelle Zahl t und als zweites den Zustandsvektor y. Sie gibt die Änderungsrate $\dot{y}$ zurück. Zwar kommt die Zeit in (2.69) nicht vor, trotzdem muss sie aus formalen Gründen in der Parameterliste aufscheinen.

Wir drucken im Anhang ab, wie man damit numerisch das Keplerproblem angeht. Insbesondere werden wir die Energie

---

[13] ode steht für *ordinary differential equations*, gewöhnliche Differentialgleichungen.
[14] Johannes Kepler, 1571–1630, deutscher Astronom und Mathematiker
[15] weil der Drehimpuls des Systems erhalten ist
[16] Isaak Newton, 1643–1727, englischer Mathematiker und Physiker

$$E = \frac{y_3^2 + y_4^2}{2} - \frac{1}{\sqrt{y_1^2 + y_2^2}} \tag{2.70}$$

darauf hin überprüfen, wie gut sie konstant bleibt.

Wir verzichten darauf, an dieser Stelle das Ergebnis graphisch darzustellen und verweisen auf Abbildung A.5 im Kapitel MATLAB. Die mehrfach durchlaufene Ellipse ist wirklich kein interessantes Bild, sie muss jedoch mit Abbildung A.2 verglichen werden.

2.3.3 Methode der finiten Differenzen

Eine Differentialgleichung legt eine ganze Schar von Lösungen fest. Man braucht zusätzliche Angaben, um aus dieser Schar eine bestimmte Lösung auszuwählen. Wir haben soeben gesehen, dass man für ein System von n Differentialgleichungen erster Ordnung an einer Stelle x_0 den Wert der n Funktionen vorgeben kann, um unter recht allgemeinen Bedingungen eine eindeutige Lösung zu erhalten.

Es kommt aber auch vor, dass sich diese zusätzlichen Angaben auf verschiedene Stellen beziehen. Beispielsweise kann eine Differentialgleichung zweiter Ordnung, $y'' = \Phi(x, y, y')$ durch die Forderung $y(x_1) = a$ und $y(x_2) = b$ präzisiert werden. Man spricht dann von einem Randwertproblem, denn meistens will man die Lösung auf dem Intervall $x \in [x_1, x_2]$ kennen. Wenn die Differentialgleichung dann auch noch linear ist, homogen oder inhomogen, führt die Methode der finiten Differenzen[17] zum Ziel.

Wir befassen uns mit der Aufgabe

$$y'' - y = 0 \text{ mit } y(-3) = \sinh(-3) \text{ und } y(3) = \sinh(3). \tag{2.71}$$

Die Lösung ist klar: $f(x) = \sinh(x)$.

Das Intervall $[a, b]$ wird durch n gleichmäßig verteilte Stützstellen repräsentiert, sodass $x_1 = a$ und $x_n = b$ gilt. Die zugehörigen Funktionswerte an diesen Stützstellen bezeichnen wir mit $f_1, f_2, \ldots, f_n$. Dabei sind $f_1 = f(a)$ und $f_n = f(b)$ vorgegeben, während $f_2, f_3, \ldots, f_{n-1}$ als Variable behandelt werden, als Größen, die es zu berechnen gilt. Wie üblich bezeichnen wir die Diskretisierungslänge mit h, das heißt $h = x_2 - x_1 = x_3 - x_2 = \ldots$

Wir nähern die Ableitung durch den Differenzenquotienten an:

$$f''(x) \approx \frac{f'(x+h/2) - f'(x-h/2)}{h} \tag{2.72}$$

mit

$$f'(x+h/2) \approx \frac{f(x+h) - f(x)}{h} \tag{2.73}$$

---

[17] FDM, *finite difference method*

und
$$f'(x - h/2) \approx \frac{f(x) - f(x-h)}{h}. \tag{2.74}$$

Das läuft auf
$$f''(x) \approx \frac{f(x+h) - 2f(x) + f(x-h)}{h^2} \tag{2.75}$$

hinaus.

Bei x_2 gilt also
$$\frac{f_3 - 2f_2 + f_1}{h^2} - f_2 = 0, \tag{2.76}$$

bei $x_i = x_3, x_4, \ldots x_{n-2}$ haben wir es mit
$$\frac{f_{i+1} - 2f_i + f_{i-1}}{h^2} - f_i = 0 \tag{2.77}$$

zu tun, und bei x_{n-1} mit
$$\frac{f_n - 2f_{n-1} + f_{n-2}}{h^2} - f_{n-1} = 0. \tag{2.78}$$

Das ist ein lineares Gleichungssystem für die Variablen $f_2, f_3, \ldots, f_{n-1}$. Dabei muss f_1/h^2 in (2.74) auf die rechte Seite geschafft werden, und auch f_n/h^2 in (2.78). Dieses Gleichungssystem ist nach $f_2, f_3, \ldots, f_{n-1}$ aufzulösen.

Wir haben im Anhang das entsprechende MATLAB-Programm abgedruckt und kommentiert. Das Ergebnis ist in Abbildung 2.2 dargestellt. Ich empfehle, das Programm sehr genau zu studieren, weil die Methode der finiten Differenzen vor allem für partielle Differentialgleichungen eingesetzt wird. Das hier ist eine Fingerübung dafür.

2.3.4 Eigenwertprobleme

Manche Differentialgleichungen zusammen mit den Nebenbedingungen sind überhaupt nicht lösbar außer für ganz spezielle Werte eines Parameters Λ, der in der Differentialgleichung vorkommt. Die Werte von Λ, für die es eine Lösung gibt, nennt man Eigenwerte.

Ein ganz einfaches Beispiel ist
$$y'' + \Lambda y = 0 \text{ mit } f(-\pi) = f(\pi) = 0. \tag{2.79}$$

Bei negativem $\Lambda = -\kappa^2$ muss man $f(x) = a \cosh \kappa x + b \sinh \kappa x$ ansetzen. $f(\pi) = 0$ führt[18] auf $a + b \tanh \kappa \pi = 0$, und $f(-\pi) = 0$ auf $a - b \tanh \kappa \pi = 0$.

---
[18] Man darf immer durch $\cosh x$ dividieren.

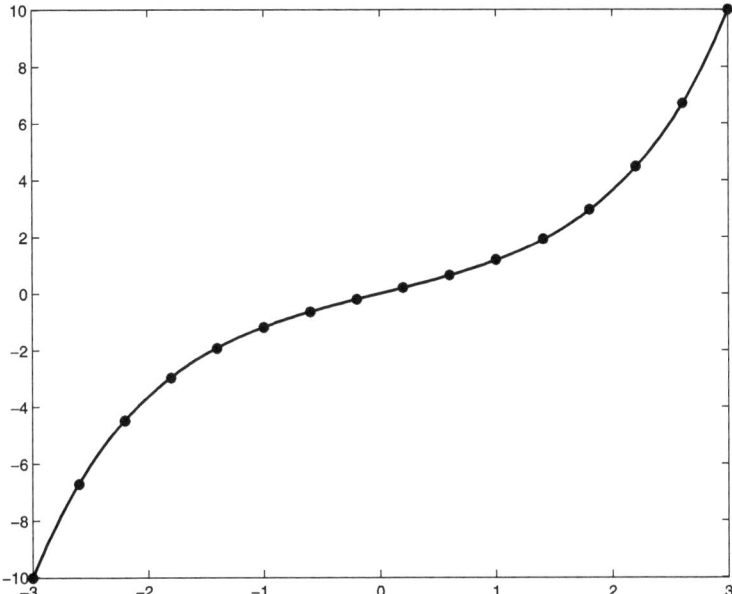

Abb. 2.2. Lösung der Differentialgleichung $y'' - y = 0$ mit vorgegebenen Werten am Rand. Die analytische Lösung (durchgezogene Linie) ist mit den numerisch ermittelten Werten (Marken) an den nur 14 Stützstellen im Inneren des Intervalles zu vergleichen

Daraus folgt dann $a = 0$ und entweder $b = 0$ oder $\kappa = 0$. Für negatives Λ gibt es also keine Lösung des Eigenwertproblems (2.79).

Bei positivem $\Lambda = k^2$ ist

$$f(x) = a\,\mathrm{e}^{\mathrm{i}kx} + b\,\mathrm{e}^{-\mathrm{i}kx} \tag{2.80}$$

anzusetzen. $f(\pi) = 0$ und $f(-\pi)$ führen auf

$$a + b\,\mathrm{e}^{-2\mathrm{i}k\pi} = 0 \text{ und } a + b\,\mathrm{e}^{2\mathrm{i}k\pi} = 0. \tag{2.81}$$

Subtrahiert man diese Bedingungen, so ergibt sich $\sin(2\pi k) = 0$. Die Lösung $k = 0$ ist zu verwerfen, weil sie der Nullfunktion entspricht. Daher kommen nur $k = 1/2, 1, 3/2, \ldots$ in Frage. Zu den halbzahligen k-Werten gehören die Eigenfunktionen $\cos kx$, während die ganzzahligen mit $\sin kx$ verknüpft sind.

Wir werden später darauf eingehen, warum jede auf $[-\pi, \pi]$ stetige Funktion, die an den Rändern verschwindet, als

$$f(x) = a_1 \cos\frac{x}{2} + a_2 \sin kx + a_3 \cos\frac{3x}{2} + \ldots \tag{2.82}$$

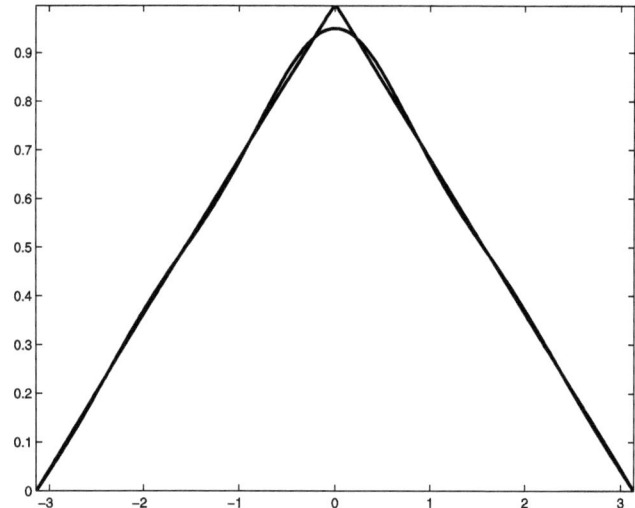

Abb. 2.3. Dreiecksfunktion und Näherung durch eine Fourier-Summe, hier mit lediglich vier Summanden. Wie zu erwarten war, ist die Abweichung an der Stelle am größten, bei der sich die Ableitung sprunghaft ändert

geschrieben werden kann, auch darauf, wie man die Koeffizienten a_j berechnet. (2.82) ist eine Fourier[19]-Reihe.

Wir verweisen auf den Abschnitt über *Fourier-Transformation* im Kapitel *Lineare Operatoren* und auf den Abschnitt zur *Fourier-Zerlegung* im Kapitel *Verschiedenes*.

Nur um den Appetit zu wecken, betrachten wir die Dreiecksfunktion

$$f(x) = 1 - \frac{|x|}{\pi}. \tag{2.83}$$

Sie wird durch die Fourier-Reihe

$$f(x) = \frac{8}{\pi^2}\left\{\cos\frac{x}{2} + \frac{1}{3^2}\cos\frac{3x}{2} + \frac{1}{5^2}\cos\frac{5x}{2} + \ldots\right\} \tag{2.84}$$

dargestellt. Abbildung 2.3 zeigt diese Dreiecksfunktion und die Näherung durch die ersten vier Terme.

Dieselbe Differentialgleichung mit anderen Randbedingungen bedeutet ein anderes Eigenwertproblem, mit anderen Eigenwerten und mit anderen Eigenfunktionen.

---

[19] Jean Baptiste Joseph Fourier, 1768–1830, französischer Mathematiker und Physiker

3
Felder

Um die Punkte im Raum zu charakterisieren, benutzen wir ein kartesisches Koordinatensystem[1]. Dieses Koordinatensystem kann man drehen und verschieben, es bleibt dabei ein kartesisches. Wenn man das Koordinatensystem wechselt, müssen die Felder umgerechnet werden, mit denen man die physikalischen Eigenschaften der Raumpunkte beschreibt. Wir befassen uns in der Hauptsache mit Skalar- und Vektorfeldern und ihren Ableitungen, soweit sie wieder Skalar- oder Vektorfelder sind.

Wir erörtern, wie man Wege, Flächen und Gebiete beschreibt, also ein-, zwei oder dreidimensionale Mannigfaltigkeiten im dreidimensionalen Raum. Felder kann man über Wege, Flächen und Gebiete integrieren. Dabei muss man zwar auf eine Parametrisierung zurückgreifen, die Integrale jedoch hängen nicht von der speziellen Wahl der Parametrisierung ab. Sowohl für Wegintegrale als auch für Flächen- und Gebietsintegrale gibt es jeweils einen Satz, der den Hauptsatz der Integral- und Differentialrechnung verallgemeinert.

3.1 Skalar- und Vektorfelder

Damit man mit den Punkten im Raum rechnen kann, müssen diese durch Zahlen gekennzeichnet werden, durch Koordinaten. Wir verwenden sowohl im *Physik-* als auch im *Mathematikbuch* fast ausschließlich kartesische Koordinaten. Felder ordnen den Punkten des Raumes Eigenschaften zu, und je nachdem, ob die Feldstärke eine Zahl ist oder Größe und Richtung hat, unterscheidet man zwischen skalaren und Vektorfeldern. Wir erörtern auch, welche Ableitungen von Skalar- und Vektorfeldern sinnvoll sind, nämlich Gradient, Divergenz und Rotation.

---

[1] nach René Descartes, latinisiert Renatus Cartesius, daher eingedeutscht kartesisch

3.1.1 Verschiebung und Drehung

Wir kennzeichnen Punkte im dreidimensionalen Raum[2] durch $\boldsymbol{x} = (x_1, x_2, x_3)$. Dabei bezieht man sich auf ein kartesisches[3] Koordinatensystem. Das sind drei senkrecht aufeinander stehende Achsen mit gleich weit entfernten Marken. Punkte und Koordinaten sind Antworten auf die Frage *wo*?

Dass man es mit einem kartesischen Koordinatensystem zu tun hat, merkt man am Satz des Pythagoras[4]. Zwei Punkte, die durch $\boldsymbol{x}$ und $\boldsymbol{y}$ beschrieben werden, haben den Abstand

$$d(\boldsymbol{x}, \boldsymbol{y}) = |\boldsymbol{y} - \boldsymbol{x}| = \sqrt{(y_1 - x_1)^2 + (y_2 - x_2)^2 + (y_3 - x_3)^2}\,. \tag{3.1}$$

Wenn man das kartesische Koordinatensystem starr verdreht und verschiebt, dann hat derselbe physikalische Punkt nicht mehr die Koordinaten $\boldsymbol{x}$, sondern neue, die wir mit $\boldsymbol{x}'$ bezeichnen wollen. Die Umrechnungsvorschrift ist

$$x'_i = \sum_{j=1}^{3} R_{ij} x_j + a_i\,, \tag{3.2}$$

mit einer orthogonalen Matrix R. Solche Matrizen sind durch

$$\sum_{j=1}^{3} R_{ji} R_{jk} = \delta_{ik} \tag{3.3}$$

charakterisiert, also durch

$$R^{\mathsf{T}} R = R R^{\mathsf{T}} = I\,. \tag{3.4}$$

Das Kronecker[5]-Symbol δ_{ik} hat den Wert 1, wenn die beiden Indizes übereinstimmen, ansonsten verschwindet es. R^{T} ist die zu R transponierte Matrix, sie entsteht durch Vertauschung der Bedeutung von Zeilen und Spalten. Mit I bezeichnen wir die Eins-Matrix, also $I_{ik} = \delta_{ik}$.

Wird beispielsweise um die 3-Achse gedreht, und zwar um den Winkel α, dann hat man es mit

$$R = \begin{pmatrix} \cos\alpha & -\sin\alpha & 0 \\ \sin\alpha & \cos\alpha & 0 \\ 0 & 0 & 1 \end{pmatrix} \tag{3.5}$$

---

[2] Die Menge aller Tripel (x_1, x_2, x_3) reeller Zahlen wird als $\mathbb{R} \times \mathbb{R} \times \mathbb{R}$ oder $\mathbb{R}^3$ bezeichnet.
[3] René Descartes, 1596–1650, französischer Mathematiker und Philosoph
[4] Pythagoras von Samos, etwa 570 v. Chr. bis etwa 510 v. Chr., altgriechischer Mathematiker und Philosoph
[5] Leopold Kronecker, 1823–1891, deutscher Mathematiker

zu tun. Die Koordinate x_3 verändert sich nicht, aus $\boldsymbol{x} = r(1,0,0)$ wird $\boldsymbol{x}' = r(\cos\alpha, -\sin\alpha, 0)$, und so weiter. Die drei reellen Zahlen a_i in (3.2) beschreiben die parallele Verschiebung des Koordinatensystem nach $\boldsymbol{a} = (a_1, a_2, a_3)$. Der alte Koordinatenursprung hat nach der Transformation die Koordinaten $\boldsymbol{a}$.

Wir betrachten zwei benachbarte Punkte $\boldsymbol{x} = (x_1, x_2, x_3)$ und $\boldsymbol{x} + \mathrm{d}\boldsymbol{x} = (x_1 + \mathrm{d}x_1, x_2 + \mathrm{d}x_2, x_3 + \mathrm{d}x_3)$. Nach dem Wechsel des Koordinatensystems mithilfe von (3.2) werden dieselben Punkte durch Koordinaten $\boldsymbol{x}'$ und $\boldsymbol{x}' + \mathrm{d}\boldsymbol{x}'$ gekennzeichnet, und es gilt

$$\mathrm{d}x_i' = \sum_{j=1}^{3} R_{ij} \mathrm{d}x_j \,. \tag{3.6}$$

Objekte, die sich wie $\mathrm{d}x_i$ beim Wechsel des Koordinatensystems in $\mathrm{d}x_i'$ gemäß (3.6) umrechnen, heißen Vektoren.

Für den Abstand der Punkte gilt

$$|\mathrm{d}\boldsymbol{x}| = |\mathrm{d}\boldsymbol{x}'| \,. \tag{3.7}$$

Wie es sein muss, verändert sich der Abstand zweier Punkte nicht, wenn man das kartesische Koordinatensystem gegen ein anderes auswechselt. Objekte, die sich wie (3.7) umrechnen, heißen Skalare.

3.1.2 Felder

Wir betrachten jetzt reellwertige Funktionen $f = f(x_1, x_2, x_3)$, die von drei reellen Variablen $\boldsymbol{x} = (x_1, x_2, x_3)$ abhängen. Wenn die drei Argumente die Bedeutung von Koordinaten in Bezug auf ein kartesisches Koordinatensystem haben, spricht man von einem Feld. Jeder Stelle des Raumes wird eine Eigenschaft zugeordnet, die Feldstärke.

Ein skalares Feld $S = S(\boldsymbol{x})$ rechnet sich beim Wechsel des Koordinatensystems wie

$$S'(\boldsymbol{x}') = S(\boldsymbol{x}) \tag{3.8}$$

in S' um. Das neue Feld soll bei den neuen Koordinaten denselben Wert haben wie das alte Feld bei den alten Koordinaten.

Ein Vektorfeld $\boldsymbol{V} = \boldsymbol{V}(\boldsymbol{x})$ hat drei Komponenten. Es transformiert sich unter (3.2) gemäß

$$V_i'(\boldsymbol{x}') = \sum_{j=1}^{3} R_{ij} V_j(\boldsymbol{x}) \,. \tag{3.9}$$

Die Vektorfeld-Stärke ist ein Vektor, sagt diese Gleichung.

3.1.3 Gradient

$S = S(\boldsymbol{x})$ sei ein skalares differenzierbares Feld. Wir definieren durch

$$G_i(\boldsymbol{x}) = (\nabla_i S)(\boldsymbol{x}) = \frac{\partial S(x_1, x_2, x_3)}{\partial x_i} \tag{3.10}$$

drei neue Felder. Um die partielle Ableitung $\partial S/\partial x_1$ nach dem ersten Argument zu berechnen, betrachtet man die Funktion $x_1 \to S(x_1, x_2, x_3)$ und differenziert sie wie üblich. Die anderen beiden Argumente werden als Konstante betrachtet. Entsprechendes gilt für $\partial S/\partial x_2$ und $\partial S/\partial x_3$.

Auf der linken Seite haben wir, für $i = 1, 2, 3$, die Funktionen $G_i = (\nabla_i S)$ geschrieben, die bei $\boldsymbol{x}$ auszuwerten sind. Die Klammern um $(\nabla_i S)$ lassen wir bald weg. Die Nabla-Operatoren[6] ∇_i verändern die Funktion S in $\nabla_i S$.

Die drei Felder $\nabla_i S$ bilden ein Vektorfeld, wenn S ein skalares ist. Das sieht man folgendermaßen ein. $R^\mathsf{T} R = I$ kann man auch als $R^{-1} = R^\mathsf{T}$ schreiben. Daher ist

$$x_j = \sum_{i=1}^{3} (x_i' - a_i) R_{ij} \tag{3.11}$$

zu (3.2) gleichwertig. Mit $S'(\boldsymbol{x}') = S(\boldsymbol{x})$ gilt

$$\frac{\partial S'(\boldsymbol{x}')}{\partial x_i'} = \sum_{j=1}^{3} \frac{\partial S(\boldsymbol{x})}{\partial x_j} \frac{\partial x_j}{\partial x_i'}. \tag{3.12}$$

Aus (3.11) liest man sofort $\partial x_j / \partial x_i' = R_{ij}$ ab, und daher gilt

$$(\nabla_i' S')(\boldsymbol{x}') = \sum_{j=1}^{3} R_{ij} (\nabla_j S)(\boldsymbol{x}). \tag{3.13}$$

Man nennt $\boldsymbol{\nabla} S$ den Gradienten des Skalarfeldes S. Das Gradientenfeld ist ein Vektorfeld, wie man dem Vergleich von (3.13) mit der Definitionsgleichung (3.9) entnimmt.

(3.10) schreibt man auch gelegentlich als $\boldsymbol{G} = \operatorname{grad} S$, wenn aus dem Kontext hervorgeht, dass S ein Skalarfeld ist. $\boldsymbol{G}$ ist dann ein Vektorfeld.

---

[6] Operatoren bearbeiten immer das rechts davon stehende Objekt. Im Falle von $S = AB$ muss man Klammern verwenden, um zwischen $\nabla_i (AB)$ und $(\nabla_i A) B$ zu unterscheiden. Auch die Wurzel ist ein Operatorzeichen, wobei ebenfalls zwischen $\sqrt{xy}$ und $\sqrt{x} y$ gut unterschieden wird.

3.1.4 Divergenz

Dem Vektorfeld $\boldsymbol{V} = \boldsymbol{V}(\boldsymbol{x})$ ordnet man die Divergenz D durch

$$D(\boldsymbol{x}) = (\boldsymbol{\nabla} \cdot \boldsymbol{V})(\boldsymbol{x}) = \sum_{i=1}^{3} \frac{\partial V_i(x_1, x_2, x_3)}{\partial x_i} \qquad (3.14)$$

zu. Es gilt

$$(\boldsymbol{\nabla}' \cdot \boldsymbol{V}')(\boldsymbol{x}') = \sum_{i=1}^{3} (\nabla_i' V_i')(\boldsymbol{x}') = \sum_{i=1}^{3}\sum_{j=1}^{3}\sum_{k=1}^{3} R_{ij} R_{ik} (\nabla_j V_k)(\boldsymbol{x}). \qquad (3.15)$$

Die Summe über i von $R_{ij} R_{ik}$ ergibt δ_{jk}, und damit haben wir

$$(\boldsymbol{\nabla}' \cdot \boldsymbol{V}')(\boldsymbol{x}') = (\boldsymbol{\nabla} \cdot \boldsymbol{V})(\boldsymbol{x}) \qquad (3.16)$$

gezeigt. Die Divergenz eines Vektorfeldes ist ein Skalarfeld.
Gelegentlich wird (3.14) auch als $D = \operatorname{div} \boldsymbol{V}$ geschrieben. Aus dem Kontext muss hervorgehen, dass $\boldsymbol{V}$ ein Vektorfeld ist und D demzufolge ein Skalarfeld.

3.1.5 Tensoren und Einsteinsche Summenkonvention

Das hier ist eine gute Stelle, um die Einsteinsche[7] Summenkonvention einzuführen. Wenn in einem Term, so wie auf der rechten Seite von (3.15), derselbe Index zweifach auftritt, so soll darüber automatisch summiert werden. Und zwar über den natürlichen Wertebereich, hier $1, 2, 3$. Das macht aber nur dann Sinn, wenn die Indizes auf das Transformationsverhalten eines Vektors schließen lassen. Beispielsweise schreibt sich (3.15) präziser und kürzer als

$$(\nabla_i' V_i')(\boldsymbol{x}') = R_{ij} R_{ik} (\nabla_j V_k)(\boldsymbol{x}). \qquad (3.17)$$

Auf der linken Seite ist über i, auf der rechten Seite über i, j, k zu summieren. Doppelt auftretende Indizes können ohne Bedeutungsverlust ausgewechselt werden.
Das Skalarprodukt $\boldsymbol{a} \cdot \boldsymbol{b}$ zweier Vektoren kann man kurz als $a_i b_i$ schreiben. Dass es sich um einen Skalar handelt, ist leicht einzusehen.
Wendet man eine Matrix A_{ij} auf einen Vektor b_j an, so ergibt sich ein Vektor $c_i = A_{ij} a_j$.
Die Multiplikation zweier Matrizen A_{ij} und B_{jk} ist die Matrix $C_{ik} = A_{ij} B_{jk}$.
Die Indexschreibweise für Vektoren und Matrizen zusammen mit der Einsteinschen Summenkonvention ist bequem und elegant, man muss sich aber ein wenig daran gewöhnen. Je früher, umso besser.

---
[7] Albert Einstein, 1879–1955, deutscher Physiker

Übrigens: den Begriff Vektor haben wir zweifach belegt. Einmal handelt es sich um Tripel von Zahlen, zum anderen um Objekte, die sich beim Wechsel des Koordinatensystems gemäß (3.6) umrechnen. Vektoren im letzteren Sinne sind Tensoren erster Stufe.

Ein Tensor T_{ij} zweiter Stufe ist eine Matrix, die sich wie

$$T'_{ij} = R_{ik} R_{jl} T_{kl} \tag{3.18}$$

transformiert, wenn man das Koordinatensystem wechselt. In Matrixschreibweise heißt das

$$T' = R T R^{\mathsf{T}}. \tag{3.19}$$

Die Eins-Matrix I mit $I' = R I R^{\mathsf{T}} = I$ entspricht offensichtlich einem unveränderlichen Tensor zweiter Stufe, den man zu Recht als δ_{ik} schreibt, also mit zwei Tensorindizes. Übrigens entspricht die Drehmatrix selber einem Tensor zweiter Stufe, wegen $R' = R R R^{\mathsf{T}} = R$.

3.1.6 Vektorprodukt

Das Vektorprodukt oder Kreuzprodukt c zweier Vektoren a und b ist durch

$$c = a \times b = \begin{pmatrix} a_2 b_3 - a_3 b_2 \\ a_3 b_1 - a_1 b_3 \\ a_1 b_2 - a_2 b_1 \end{pmatrix} \tag{3.20}$$

erklärt. Mit der Einsteinschen Summenkonvention lässt sich das auch als

$$c_i = \epsilon_{ijk} a_j b_k \tag{3.21}$$

darstellen. Dabei bedeutet ϵ_{ijk} das Levi-Civita[8]-Symbol. Sein Wert beträgt 1 für $(i,j,k) = (1,2,3), (2,3,1)$ und $(3,1,2)$, es hat den Wert -1 für $(i,j,k) = (3,2,1), (2,1,3)$ und $(1,3,2)$ und verschwindet, wenn Indizes gleich sind.

Um nachzuweisen, dass das Vektorprodukt zweier Vektoren wieder ein Vektor ist, muss man für eine beliebige Drehmatrix R

$$c'_i = \epsilon_{ijk} a'_j b'_k = \epsilon_{ijk} R_{jm} a_m R_{kn} b_n \tag{3.22}$$

ausrechnen. Bekanntlich ist die Determinante einer dreidimensionalen Matrix M durch

$$\epsilon_{ijk} M_{il} M_{jm} M_{kn} = \det(M) \epsilon_{lmn} \tag{3.23}$$

erklärt. Darin stecken alle Vorschriften über den Vorzeichenwechsel bei Vertauschung von Zeilen und Spalten.

---
[8] Tullio Levi-Civita, 1873–1941, italienischer Mathematiker

Indem man die Gleichung (3.21) mit R_{il} multipliziert und (3.23) verwendet, ergibt sich

$$c'_i R_{il} = \det(R) \epsilon_{lmn} a_m b_n \,. \tag{3.24}$$

R ist orthogonal, daher gilt $R^\mathsf{T} = R^{-1}$. Die linke Seite von (3.24) ist also nichts anderes als $(R^{-1} \boldsymbol{c}')_l$. Auf der rechten Seite steht das Produkt aus der Determinante und c_l. Damit haben wir nachgewiesen, dass

$$c'_i = \det(R) R_{il} c_l \tag{3.25}$$

für das Vektorprodukt $\boldsymbol{c} = \boldsymbol{a} \times \boldsymbol{b}$ zweier Vektoren $\boldsymbol{a}$ und $\boldsymbol{b}$ gilt. $\boldsymbol{c}$ wäre ein Vektor, wenn die Determinante der orthogonalen Matrix R den Wert 1 hätte. Wegen

$$\det(A) = \det(A^\mathsf{T}) \text{ sowie } \det(AB) = \det(A)\det(B) \tag{3.26}$$

kann man aber nur sagen, dass eine orthogonale Matrix entweder die Determinante $+1$ oder -1 hat.

Orthogonale Matrizen mit der Determinante $+1$ beschreiben echte Drehungen. Sie gehen stetig aus der Eins-Matrix hervor. Wenn die Determinante dagegen den Wert -1 hat, spricht man von einer Drehspiegelung. Die Raumspiegelung $R = -I$, die $\boldsymbol{a}$ in $-\boldsymbol{a}$ überführt, ist ein Beispiel.

Ein Objekt, das sich wie (3.25) transformiert, ist ein Pseudovektor. Bei echten Drehungen verhält es sich wie ein Vektor, bei Drehspiegelungen transformiert es sich wie ein Vektor mit einem zusätzlich Minuszeichen. Echte Vektoren nennt man oft auch polar, während Pseudovektoren als axial bezeichnet werden.

Wir halten fest: Das Vektorprodukt zweier polarer Vektoren ist ein axialer Vektor. Ebenso ist das Vektorprodukt aus einem polaren Vektor und einem axialen Vektor ein polarer Vektor, und das Vektorprodukt zweier axialer Vektoren transformiert sich als axialer Vektor. Das Wort *axial* sowie das Vektorprodukt $\times$ schleppen jeweils einen Faktor $\det(R)$ ein.

Der Ausdruck $\epsilon_{ijk}\epsilon_{ilm}$ hat vier Indizes. Dafür kommen nur die Ausdrücke $\delta_{jl}\delta_{km}$ und $\delta_{jm}\delta_{kl}$ in Frage, aber nicht $\delta_{jk}\delta_{lm}$. In der Tat gilt

$$\epsilon_{ijk}\epsilon_{ilm} = \delta_{jl}\delta_{km} - \delta_{jm}\delta_{kl} \,. \tag{3.27}$$

In einer üblichen Formelsammlung wird man wohl eher die Beziehung

$$(\boldsymbol{a} \times \boldsymbol{b}) \cdot (\boldsymbol{c} \times \boldsymbol{d}) = (\boldsymbol{a} \cdot \boldsymbol{c})(\boldsymbol{b} \cdot \boldsymbol{d}) - (\boldsymbol{a} \cdot \boldsymbol{d})(\boldsymbol{b} \cdot \boldsymbol{c}) \tag{3.28}$$

finden. (3.27) und (3.28) sagen dasselbe.

3.1.7 Rotation

Wir haben nun alles zusammengetragen, um über die Rotation eines Vektorfeldes zu reden. Zu einem differenzierbaren Vektorfeld gehört die Rotation[9]

$$W_i(\boldsymbol{x}) = \epsilon_{ijk}\nabla_j V_k(\boldsymbol{x})\,. \tag{3.29}$$

Das kann man auch als

$$\boldsymbol{W}(\boldsymbol{x}) = \boldsymbol{\nabla} \times \boldsymbol{V}(\boldsymbol{x}) \tag{3.30}$$

formulieren. Die Rotation eines polaren Vektorfeldes ist offensichtlich ein axiales Vektorfeld, weil sich der Nabla-Operator ∇_i wie ein polarer Vektor transformiert.

Die Definitionsgleichung (3.29) kürzt man gelegentlich durch $\boldsymbol{W} = \operatorname{rot} \boldsymbol{V}$ ab, wenn aus dem Kontext hervorgeht, dass $\boldsymbol{V}$ ein polares beziehungsweise axiales Vektorfeld bezeichnet. $\boldsymbol{W}$ ist dann ein axiales beziehungsweise polares Vektorfeld.

3.1.8 Zweifache Ableitungen von Feldern

Wenn S ein zweifach differenzierbares Skalarfeld ist, dann gilt

$$\operatorname{rot}\operatorname{grad} S = 0\,. \tag{3.31}$$

Das folgt unmittelbar aus

$$\epsilon_{ijk}\nabla_j\nabla_k S\,. \tag{3.32}$$

Schließlich wechselt ϵ_{ijk} das Vorzeichen, wenn man j und k vertauscht, während $\nabla_j\nabla_k S = \nabla_k\nabla_j S$ gilt. Auf die Reihenfolge partieller Ableitungen kommt es nicht an, die Operatoren ∇_j und ∇_k vertauschen. Die Doppelsumme $U_{jk}G_{jk}$ führt immer zu Null, wenn U ungerade und G gerade ist unter Vertauschung der Indizes. (3.31) sagt, dass die Rotation eines Gradientenfeld verschwindet. Ein Gradientenfeld ist wirbelfrei.

Aus demselben Grund ist ein Rotationsfeld divergenzfrei, denn es gilt

$$\epsilon_{ijk}\nabla_i\nabla_j V_k = 0\,, \tag{3.33}$$

also

$$\operatorname{div}\operatorname{rot} \boldsymbol{V} = 0\,. \tag{3.34}$$

---

[9] Die Benennung W spielt auf *Wirbel* an. Im Englischen spricht man von *curl*, Locke, und schreibt auch curl $\boldsymbol{V}$ anstelle von rot $\boldsymbol{V}$. Diese Benennungen werden später verständlich.

Der Laplace[10]-Operator Δ ist durch

$$\Delta = \boldsymbol{\nabla}\cdot\boldsymbol{\nabla} = \nabla_i \nabla_i \tag{3.35}$$

erklärt. Er transformiert sich als ein Skalar.
Für ein Skalarfeld S gilt offensichtlich

$$\operatorname{div}\operatorname{grad} S = \Delta S. \tag{3.36}$$

Für die Rotation der Rotation eines Vektorfeldes $\boldsymbol{V}$ berechnet man

$$\epsilon_{ijk}\nabla_j \epsilon_{klm}\nabla_l V_m = (\delta_{il}\delta_{jm} - \delta_{im}\delta_{lj})\nabla_j\nabla_l V_m = \nabla_i\nabla_j V_j - \Delta V_i, \tag{3.37}$$

das heißt

$$\operatorname{rot}\operatorname{rot}\boldsymbol{V} = \operatorname{grad}\operatorname{div}\boldsymbol{V} - \Delta\boldsymbol{V}. \tag{3.38}$$

Wir haben uns dabei auf (3.27) berufen.

3.1.9 Bedeutung von Gradient, Divergenz und Rotation

Dieser Unterabschnitt enthält Bemerkungen zur Bedeutung der verschiedenen Feldableitungen. Wir greifen auf bekannte Beispiele aus der Physik zurück.

Gradient

Sei $\boldsymbol{x}$ ein festgehaltener Punkt. Die Punkte in der Nähe werden durch $\boldsymbol{x}+\mathrm{d}\boldsymbol{x}$ gekennzeichnet. $\mathrm{d}\boldsymbol{x}=0$ charakterisiert also den Punkt $\boldsymbol{x}$, in dessen Umgebung wir das Skalarfeld S erkunden wollen. Es gilt

$$S(\boldsymbol{x}+\mathrm{d}\boldsymbol{x}) = S(\boldsymbol{x}) + G_1\mathrm{d}x_1 + G_2\mathrm{d}x_2 + G_3\mathrm{d}x_3 + \ldots. \tag{3.39}$$

Die $\mathrm{d}x_i$ sollen klein sein, der durch Punkte angedeutete Rest ist von zweiter oder höherer Ordnung und ist unerheblich in der näheren Umgebung von $\boldsymbol{x}$.
Nun ist $\boldsymbol{G}$ nichts anderes als der Gradient[11] des Skalarfeldes S an der Stelle $\boldsymbol{x}$, es gilt also $\boldsymbol{G} = \boldsymbol{\nabla} S(\boldsymbol{x})$. Der Zuwachs $\boldsymbol{G}\cdot\mathrm{d}\boldsymbol{x}$ ist am größten, wenn $\mathrm{d}\boldsymbol{x}$ parallel zu $\boldsymbol{G}$ ist. In Richtung des Gradienten geht es am steilsten bergauf. Sein Betrag gibt gerade die maximale Steigung an. Wir halten fest:
Die Richtung des Gradienten $\boldsymbol{\nabla} S$ ist die Richtung des größten Zuwachses von S, der Betrag $|\boldsymbol{\nabla} S|$ gibt die maximale Steigung an.
Beispielsweise ist Φ, das elektrische Potential, ein Skalarfeld. Ein Teilchen mit Ladung q im elektrischen Feld hat die potentielle Energie $q\Phi$. Es wird mit $q\boldsymbol{E} = -q\boldsymbol{\nabla}\Phi$ beschleunigt, also in Richtung maximal fallender potentieller

---
[10] Pierre-Simon Laplace, 1749–1827, französischer Mathematiker
[11] lateinisch *gradatio*: Steigung

Energie. Je steiler die potentielle Energie abfällt, umso kräftiger wird das Teilchen beschleunigt.

Die Gleichung

$$\nabla S \cdot \mathrm{d}\boldsymbol{x} = 0 \qquad (3.40)$$

definiert eine Ebene, auf der das skalare Feld S sich nicht ändert. Aufintegriert ergibt (3.40) eine Fläche, die man Iso-Fläche nennen sollte. Wenn es sich um ein Potential handelt, spricht man von einer Äquipotentialfläche. Hat man es mit dem Druck zu tun, spricht man von Isobaren, und so weiter. Bei Landkarten, mit $h = h(x,y)$ als Höhe an der Stelle (x,y), spricht man von Höhenlinien. Wo diese dicht beieinander verlaufen, ist das Gelände steil.

Der Gradient steht senkrecht auf den Iso-Flächen (Äquipotentialfläche, Isobare, Höhenlinie).

Divergenz

Wir stellen das Vektorfeld $\boldsymbol{V}$ in der Umgebung des Punktes $\boldsymbol{x}$ dar und verwenden die Einsteinsche Summenkonvention:

$$V_i(\boldsymbol{x} + \mathrm{d}\boldsymbol{x}) = V_i(\boldsymbol{x}) + D_{ij}\mathrm{d}x_j + \ldots . \qquad (3.41)$$

Der zweistufige Tensor D_{ij} beschreibt die ersten Ableitungen des Vektorfeldes V_i bei $\boldsymbol{x}$.

Die Spur $D = D_{ii}$ transformiert sich als ein Skalar. Deswegen zerlegt man die erste Ableitung gern gemäß $D_{ij} = \{D_{ij} - D\delta_{ij}/3\} + D\delta_{ij}/3$, in den spurlosen Anteil und in den Spuranteil. Die Spur ist nichts anderes als die Divergenz des Vektorfeldes, $D = \nabla \cdot \boldsymbol{V}$.

Aber was hat die Divergenz[12] mit der Bedeutung ‚auseinanderstreben' zu tun? Dazu muss man ein wenig auf die Kontinuumsphysik eingehen, insbesondere auf den Begriff der Stromdichte.

In der Kontinuumsphysik betrachtet man Quantitäten wie Masse, Impuls und so weiter, die sich addieren lassen und die räumlich verteilt sind. Mit ρ als Raumdichte, $\boldsymbol{j}$ als Flächenstromdichte und π als Erzeugungsrate (Quellstärke) gilt ganz allgemein die Bilanzgleichung $\dot{\rho} + \nabla \cdot \boldsymbol{j} = \pi$. Beschrieben wird die Veränderung pro Zeitintervall $\mathrm{d}t$ und pro Volumen $\mathrm{d}V$. Wenn $\pi\,\mathrm{d}t\mathrm{d}V$ an Quantität produziert wird, muss entweder der Inhalt um $\rho\,\mathrm{d}t\mathrm{d}V$ wachsen oder es muss $\nabla \cdot \boldsymbol{j}\,\mathrm{d}t\mathrm{d}V$ mehr ab- als zufließen. Die Divergenz gibt also an, wie viel pro Zeit- und Volumeneinheit mehr abfließt als zufließt.

Aus einem kleinen Würfel mit Kantenlänge h um $\boldsymbol{x}$ fließt pro Zeiteinheit die Menge $j_1(x_1 + h/2, x_2, x_3)\,h^2$ nach rechts ab. Entsprechende Ausdrücke gelten für links, vorn, hinten, oben und unten.

---

[12] lateinisch *divergere*: auseinanderstreben, im Gegensatz zu *convergere*: zusammenstreben.

Mit $j_1(x_1 + h/2, x_2, x_3) - j_1(x_1 - h/2, x_2, x_3) = h\nabla_1 j_1 + \ldots$ und so weiter ergibt sich der Nettoabfluss $h^3 \, \boldsymbol{\nabla} \cdot \boldsymbol{j}$ pro Zeiteinheit. Das war zu zeigen.

Übrigens, wenn man diesen Befund über ein Gebiet $\mathcal{G}$ aufintegriert, ergibt sich unmittelbar der Satz von Gauß: Der Abfluss I pro Zeiteinheit durch die Oberfläche $\partial \mathcal{G}$ stimmt überein mit dem Volumenintegral $\int \mathrm{d}V \, \boldsymbol{\nabla} \cdot \boldsymbol{j}$ der Divergenz der Stromdichte. Doch davon später.

Die Maxwell[13]-Gleichung $\boldsymbol{\nabla} \cdot \boldsymbol{D} = \rho$ besagt, dass eine Verteilung elektrischer Ladung dazu führt, dass die dielektrische Verschiebung eine entsprechende Divergenz hat. Ich vermag diesen Befund nicht anschaulich als Bilanzgleichung zu interpretieren. Die elektrische Ladungsdichte ρ tritt als Quellstärke einer Größe auf, deren Stromdichte die dielektrische Verschiebung $\boldsymbol{D}$ ist. Diese unbekannte Größe hat keinen Puffer, eine Zeitableitung fehlt. Die Kontinuitätsgleichung $\dot{\rho} + \boldsymbol{\nabla} \cdot \boldsymbol{j} = 0$ besagt, dass die Zuwachsrate an Ladung und der Ladungsabfluss sich ausgleichen. Elektrische Ladung wird also lediglich umverteilt, aber keinesfalls erzeugt oder vernichtet. Es gibt keine Quellstärke für elektrische Ladung.

Rotation

Wir erinnern uns: der Gradient eines Skalarfeldes ist ein Vektorfeld. Die Divergenz eines Vektorfeldes ergibt ein Skalarfeld. Die Rotation macht aus einem Vektorfeld ein anderes Vektorfeld. In jedem Falle handelt es sich um partielle Ableitungen nach den Ortskoordinaten.

Wir kommen auf die Darstellung (3.41) des Vektorfeldes $\boldsymbol{V}$ in der Umgebung des Punktes $\boldsymbol{x}$ zurück. Die D_{ij} kennzeichnen die ersten Ableitungen. Man kann mit ihnen den Pseudovektor

$$W_i = \epsilon_{ijk} D_{jk} \tag{3.42}$$

bilden, die Rotation $\boldsymbol{W} = \boldsymbol{\nabla} \times \boldsymbol{V}$.

Wir platzieren um den Punkt $\boldsymbol{x}$ ein kleines Quadrat und berechnen die Zirkulation des Vektorfeldes $\boldsymbol{V}$ darum. Die Feldstärke wird auf die Kanten projiziert, mit der kleinen Weglänge multipliziert, und alles aufgesammelt, und zwar entgegen dem Uhrzeigersinn. Das kleine Quadrat mit Seitenlänge h soll vorerst senkrecht auf der 3-Achse stehen. Es gibt vier Beiträge, nämlich $+h \, V_2(x_1 + h/2, x_2, x_3)$, $-h V_1(x_1, x_2 + h/2, x_3)$, $-h V_2(x_1 - h/2, x_2, x_3)$ und $+h \, V_1(x_1, x_2 - h/2, x_3)$. Das ergibt zusammen gerade $h^2 W_3$. Wenn die kleine Fläche senkrecht auf dem Einheitsvektor $\boldsymbol{n}$ steht, erhält man $h^2 \, \boldsymbol{n} \cdot \boldsymbol{W}$ als Zirkulation des Vektorfeldes $\boldsymbol{V}$. Wir werden später zeigen, dass man diese Beziehung aufintegrieren kann, das Ergebnis ist als Satz von Stokes[14] bekannt. Einmal ist von der Zirkulation des Vektorfeldes $\boldsymbol{V}$ um den Rand $\partial \mathcal{F}$

---
[13] James Clerk Maxwell, 1831–1879, schottischer Physiker
[14] George Gabriel Stokes, 1819–1903, irischer Mathematiker und Physiker

einer Fläche die Rede. Zum anderen gibt es das Flächenintegral der Rotation $\nabla \times V$ über die Fläche $\mathcal{F}$. Beide Integrale stimmen überein.

Wenn E das elektrische Feld ist und B das Induktionsfeld, dann beschreibt die Beziehung $\nabla \times E = -\dot{B}$ das Induktionsgesetz lokal, oder differentiell. Die integrale Version besagt, dass die Zirkulation der elektrischen Feldstärke (Ringspannung) entlang einer Leiterschleife bis aufs Vorzeichen übereinstimmt mit der Veränderungsrate des Induktionsflusses durch diese Schleife.

Zusammenfassung

Die Veränderung eines Skalarfeldes S in der Umgebung des Punktes x kann man als

$$\mathrm{d}S = G_i \mathrm{d}x_i + \ldots \tag{3.43}$$

schreiben. $G = \nabla \cdot S$ ist der Gradient.

Die Veränderung eines Vektorfeldes V in der Umgebung des Punktes x wird durch

$$\mathrm{d}V_i = D_{ij}\mathrm{d}x_j + \ldots \tag{3.44}$$

beschrieben und kann in drei Beiträge zerlegt werden,

$$D_{ij} = \frac{1}{3}\delta_{ij}D + \frac{1}{2}\epsilon_{ijk}W_k + S_{ij}\,. \tag{3.45}$$

Der erste Beitrag, mit $D = D_{kk} = \nabla \cdot V$ beschreibt die Divergenz. Der zweite Term, mit $W_k = \epsilon_{kij}D_{ij}$, berücksichtigt die Rotation $W = \nabla \times V$. Der dritte Beitrag ist der Rest,

$$S_{ij} = \frac{D_{ij} + D_{ji}}{2} - \frac{1}{3}\delta_{ij}D_{kk}\,, \tag{3.46}$$

ein spurloser symmetrischer Tensor zweiter Stufe. Wenn er allein das Wachstum des Vektorfeldes beschriebe, gäbe es bei x keine Divergenz und keine Rotation.

3.2 Wegintegrale

Wege sind Kurven im dreidimensionalen Raum. Sie werden durch Ortskoordinaten beschrieben, die differenzierbar von einem Parameter abhängen. Allerdings ist diese Parametrisierung nicht eindeutig. Ein Vektorfeld kann man über einen Weg integrieren, indem man die Projektion der Feldstärke auf die Tangentialrichtung aufsammelt. Der Wert des Wegintegrales hängt nicht von der Parametrisierung ab. Übrigens muss der Weg nicht überall differenzierbar sein, er kann aus endlich vielen aneinander gehängten glatten Wegstücken bestehen. Wir gehen auch auf die Länge einer Kurve[15] ein und rechnen ein Beispiel durch.

3.2.1 Parametrisierung

Ein Weg $\mathcal{C}$ ist nichts anderes als ein differenzierbar verzerrtes Intervall im $\mathbb{R}^3$, der Menge aller Tripel (x_1, x_2, x_3) reeller Zahlen. Es gibt drei stetig differenzierbare Funktionen $u \to \boldsymbol{\xi}(u)$ für $u_0 \leq u \leq u_1$. $\boldsymbol{\xi}(u_0) = \boldsymbol{x}_0$ ist der Anfangspunkt, $\boldsymbol{\xi}(u_1) = \boldsymbol{x}_1$ der Endpunkt. Wir verlangen, dass der Tangentialvektor

$$\boldsymbol{t}(u) = \boldsymbol{\xi}'(u) = \frac{\mathrm{d}\boldsymbol{\xi}(u)}{\mathrm{d}u} \tag{3.47}$$

nirgendwo verschwindet.

$f = f(\bar{u})$ sei eine streng monoton wachsende differenzierbare Funktion, die das Intervall $[\bar{u}_0, \bar{u}_1]$ auf $[u_0, u_1]$ abbildet. Die drei Funktionen

$$\bar{u} \to \bar{\boldsymbol{\xi}}(\bar{u}) = \boldsymbol{\xi}(f(\bar{u})) \tag{3.48}$$

beschreiben ebenfalls den Weg $\mathcal{C}$. Es werden dieselben Punkte in derselben Reihenfolge durchlaufen. $\boldsymbol{\xi} = \boldsymbol{\xi}(u)$ und $\bar{\boldsymbol{\xi}} = \bar{\boldsymbol{\xi}}(\bar{u})$ sind verschiedene Parametrisierungen derselben Kurve $\mathcal{C}$. Mit anderen Worten, $\boldsymbol{\xi}$ und $\bar{\boldsymbol{\xi}} = \boldsymbol{\xi} \circ f$ sind gleichwertige, äquivalente Parametrisierungen. Man beachte, dass $\bar{\boldsymbol{\xi}}(\bar{u}_0) = \boldsymbol{x}_0$ gilt und $\bar{\boldsymbol{\xi}}(\bar{u}_1) = \boldsymbol{x}_1$ und dass der Tangentialvektor $\bar{\boldsymbol{\xi}}'(\bar{u}) = \boldsymbol{\xi}'(f(\bar{u}))f'(\bar{u})$ nirgendwo verschwinden kann, weil f streng monoton wachsen soll und daher eine positive Ableitung hat. Siehe dazu Abbildung 3.1.

3.2.2 Wegintegral

$\boldsymbol{V} = \boldsymbol{V}(\boldsymbol{x})$ sei ein stetiges Vektorfeld. Das Wegintegral des Vektorfeldes über den Weg $\mathcal{C}$ ist als

$$\int_{u_0}^{u_1} \mathrm{d}\boldsymbol{\xi}(u) \cdot \boldsymbol{V}(\boldsymbol{\xi}(u)) = \int_{u_0}^{u_1} \mathrm{d}u\, \boldsymbol{t}(u) \cdot \boldsymbol{V}(\boldsymbol{\xi}(u)) \tag{3.49}$$

erklärt.

Da stellt sich sofort die Frage: Welches Wegintegral erhält man mit der äquivalenten Parametrisierung $\bar{\boldsymbol{\xi}}$? Wir rechnen:

$$\int_{\bar{u}_0}^{\bar{u}_1} \mathrm{d}\bar{u}\, \frac{\mathrm{d}\bar{\boldsymbol{\xi}}(\bar{u})}{\mathrm{d}\bar{u}} \cdot \boldsymbol{V}(\bar{\boldsymbol{\xi}}(\bar{u})) = \int_{\bar{u}_0}^{\bar{u}_1} \mathrm{d}\bar{u}\, \frac{\mathrm{d}\boldsymbol{\xi}(f(\bar{u}))}{\mathrm{d}\bar{u}} \cdot \boldsymbol{V}(\boldsymbol{\xi}(f(\bar{u}))) . \tag{3.50}$$

---
[15] Weg und Kurve werden als austauschbare Bezeichnungen verwendet.

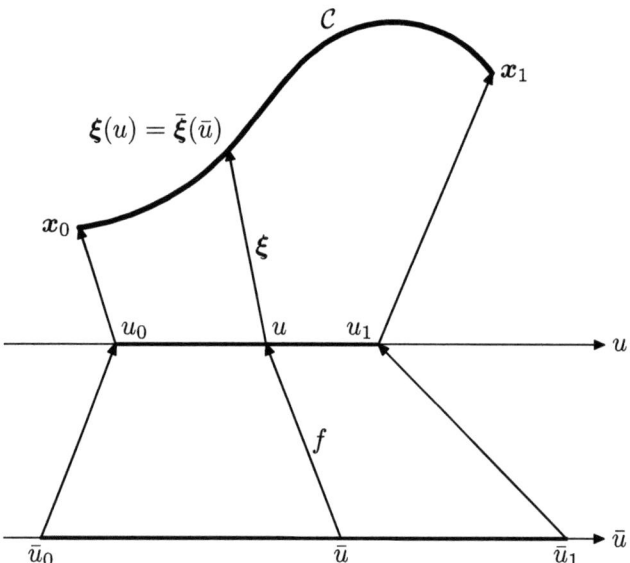

Abb. 3.1. Verschiedene Parametrisierungen desselben Weges $\mathcal{C}$

Mit $u = f(\bar{u})$ gilt

$$\frac{\mathrm{d}\boldsymbol{\xi}(u)}{\mathrm{d}\bar{u}} = \frac{\mathrm{d}\boldsymbol{\xi}(u)}{\mathrm{d}u} \frac{\mathrm{d}u}{\mathrm{d}\bar{u}}, \tag{3.51}$$

und daher kann die rechte Seite der Gleichung (3.50) umgeschrieben werden in

$$\int_{u_0}^{u_1} \mathrm{d}u \, \frac{\mathrm{d}\boldsymbol{\xi}(u)}{\mathrm{d}u} \cdot \boldsymbol{V}(\boldsymbol{\xi}(u)) \, . \tag{3.52}$$

Genau das aber steht in (3.49). Durch Umparametrisierung des Weges ändert sich der Wert des Wegintegrales nicht!

Ein Weg $\mathcal{C}$ ist also in Wirklichkeit die Klasse aller gleichwertigen Parametrisierungen. Zwar muss man eine spezielle Parametrisierung heranziehen, um das Wegintegral auszurechnen, aber jede andere liefert dasselbe Ergebnis. Man schreibt das Wegintegral des Vektorfeldes $\boldsymbol{V}$ über den Weg $\mathcal{C}$ deswegen gern als

$$\int_{\mathcal{C}} \mathrm{d}\boldsymbol{s} \cdot \boldsymbol{V} \, , \tag{3.53}$$

denn es hängt ja tatsächlich nur vom Weg $\mathcal{C}$ und vom Vektorfeld $\boldsymbol{V}$ ab, nicht aber von der speziellen Parametrisierung, die man braucht, um das Integral auszurechnen. Das Symbol d$\boldsymbol{s}$ deutet ein infinitesimales Wegstück an, der Punkt verweist auf das Skalarprodukt, die Projektion der Feldstärke auf die Tangente. Man vergleiche die Notation mit der linken Seite der Gleichung (3.49).

3.2.3 Bogenlänge

Übrigens, die Länge des Weges ist durch

$$\ell(\mathcal{C}) = \int_{\mathcal{C}} |\mathrm{d}\boldsymbol{\xi}| = \int_{u_0}^{u_1} \mathrm{d}u \, |\boldsymbol{t}(u)| \tag{3.54}$$

gegeben. Unter den vielen Parametrisierungen des Weges $\mathcal{C}$ ist genau eine dadurch ausgezeichnet, dass der Tangentialvektor überall ein Einheitsvektor ist.

Für $s \to \boldsymbol{\xi}(s), s \in [s_0, s_1]$ soll also

$$\left|\frac{\mathrm{d}\boldsymbol{\xi}(s)}{\mathrm{d}s}\right| = 1 \tag{3.55}$$

gelten. Man nennt den Parameter s dann die Bogenlänge, und es gilt

$$\ell(\mathcal{C}) = \int_{s_0}^{s_1} \mathrm{d}s = s_1 - s_0 \,. \tag{3.56}$$

3.2.4 Ein Beispiel

Wir betrachten eine Schraubenlinie. Die Koordinaten x_1 und x_2 bewegen sich auf einem Kreis mit Radius R, und bei jeder Umdrehung steigt die Koordinate x_3 gleichmäßig um die Ganghöhe H. Das wird durch

$$\boldsymbol{\xi}(\alpha) = \begin{pmatrix} R\cos\alpha \\ R\sin\alpha \\ H\alpha/2\pi \end{pmatrix} \tag{3.57}$$

ausgedrückt.
$\boldsymbol{V}$ sei ein Wirbelfeld[16]

$$\boldsymbol{V}(\boldsymbol{x}) = \begin{pmatrix} -\gamma x_2 \\ \gamma x_1 \\ 0 \end{pmatrix}. \tag{3.58}$$

Das Wegintegral über eine Windung ist

$$\int_{\mathcal{C}} \mathrm{d}\boldsymbol{s} \cdot \boldsymbol{V} = \int_0^{2\pi} \mathrm{d}\alpha \begin{pmatrix} -R\sin\alpha \\ R\cos\alpha \\ H/2\pi \end{pmatrix} \cdot \begin{pmatrix} -\gamma R\sin\alpha \\ \gamma R\cos\alpha \\ 0 \end{pmatrix} = 2\pi\gamma R^2 \,. \tag{3.59}$$

---
[16] ein Vektorfeld, dessen Rotation nicht verschwindet

Weil auf die Tangentialrichtung projiziert wird, geht die Ganghöhe H gar nicht ein.

Für die Weglänge einer Windung berechnet man

$$\ell = \int_0^{2\pi} d\alpha \ \sqrt{R^2 + (H/2\pi)^2} = \sqrt{(2\pi R)^2 + H^2} \,. \tag{3.60}$$

Ein plausibles Ergebnis. Wickelt man die Schraubenlinie auf einem Blatt Papier ab, dann liegt der Anfangspunkt bei $(0,0)$ und der Endpunkt bei $(2\pi R, H)$, und die beiden Punkte sind durch eine Gerade verbunden. Mit dem Satz des Pythagoras folgt (3.60) unmittelbar.

3.2.5 Wege und Wegstücke

Was wir bisher als Weg bezeichnet haben, hätten wir besser Wegstück nennen sollen. Ein Wegstück wird durch eine differenzierbare Parametrisierungen gekennzeichnet. Allerdings kann man an das Ende eines Wegstückes ein anderes Wegstück anhängen, sodass der Endpunkt des ersten mit dem Anfangspunkt des zweiten zusammenfällt. Endlich viele derartig aneinander gehängte Wegstücke ergeben dann einen Weg. Man sagt auch: ein Weg ist stetig und stückweise differenzierbar. Das Wegintegral ist dann als Summe der Wegintegrale über die Wegstücke definiert.

3.2.6 Wegintegral eines Gradientenfeldes

Wenn das Vektorfeld ein Gradientenfeld ist, $\boldsymbol{V}(\boldsymbol{x}) = \boldsymbol{\nabla} S(\boldsymbol{x})$, berechnet man

$$\int_{u_0}^{u_1} du \ \boldsymbol{\nabla} S(\boldsymbol{\xi}(u)) \cdot \frac{d\boldsymbol{\xi}(u)}{du} = \int_{u_0}^{u_1} du \ \frac{dS(\boldsymbol{\xi}(u))}{du} \,. \tag{3.61}$$

Der Weg $\mathcal{C}$ soll durch $u \to \boldsymbol{\xi}(u)$ parametrisiert werden und von $\boldsymbol{x}_0$ nach $\boldsymbol{x}_1$ führen. Mit dem Hauptsatz der Integral- und Differentialrechnung folgt daraus

$$\int_{\mathcal{C}} d\boldsymbol{s} \ \boldsymbol{\nabla} S = S(\boldsymbol{x}_2) - S(\boldsymbol{x}_1) \,. \tag{3.62}$$

Es ist über das Feld an den beiden Randpunkten zu summieren, wobei der Endwert positiv und der Anfangswert negativ gewichtet werden. Merkwürdig, dass dieser Satz keinen Namen hat.

3.3 Flächenintegrale und der Satz von Stokes

Flächenstücke sind differenzierbar verformte Abbildungen eines Rechteckes in den dreidimensionalen Raum. Flächen bestehen aus endlich vielen, stetig miteinander verbundenen Flächenstücken. Weil sich das Integral über eine Fläche aus den Integralen über die Flächenstücke zusammensetzt, beschränken wir die folgende Erörterung auf Flächenstücke. Flächen können unterschiedlich parametrisiert werden. Das Integral über ein Vektorfeld hängt jedoch nicht von der speziellen Parametrisierung ab, mit der man es berechnet. Der Rand einer Fläche ist eine geschlossene Kurve, also ein Weg, bei dem Anfangs- und Endpunkt zusammenfallen. Der Satz von Stokes verknüpft das Flächenintegral der Rotation eines Wirbelfeldes mit dem Randintegral über das ursprüngliche Feld.

3.3.1 Fläche

Wie es der Name schon sagt: Flächen sind flach in dem Sinne, dass sie nicht den Raum beanspruchen, sondern nur eine Schicht davon. Wer auf einer Fläche wandert, hat Bewegungsfreiheit in zwei, aber nicht in drei Dimensionen. Flächen[17] sind stetig differenzierbare Abbildungen einer Rechteckes in den $\mathbb{R}^3$. Das Rechteck sei $\mathcal{R} = [u_0, u_1] \times [v_0, v_1]$. Es hat einen Rand $\partial\mathcal{R}$, das ist der Weg aus den geraden Stücken von (u_0, v_0) bis (u_1, v_0), von dort weiter nach (u_1, v_1), weiter nach (u_0, v_1) und zurück nach (u_0, v_0). Der Rand ist eine geschlossene Kurve, weil Anfangs- und Endpunkt zusammenfallen. Siehe hierzu Abbildung 3.2.

Eine Fläche $\mathcal{F}$ ist ein differenzierbar verformtes Rechteck, sie wird durch drei differenzierbare Funktion $\boldsymbol{\xi} = \boldsymbol{\xi}(u, v)$ dargestellt, mit $(u, v) \in \mathcal{R}$.

---

[17] genauer gesagt: Flächenstücke

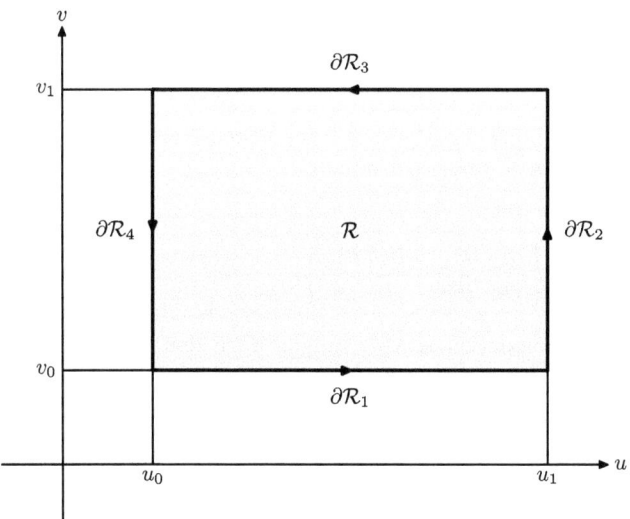

Abb. 3.2. Ein Rechteck $\mathcal{R}$ und sein Rand $\partial\mathcal{R}$

Wir haben nun zwei Tangentialvektoren, nämlich

$$\boldsymbol{t}_1(u,v) = \frac{\partial \boldsymbol{\xi}(u,v)}{\partial u} \text{ und } \boldsymbol{t}_2(u,v) = \frac{\partial \boldsymbol{\xi}(u,v)}{\partial v}. \tag{3.63}$$

Darauf senkrecht steht der Normalenvektor

$$\boldsymbol{n}(u,v) = \boldsymbol{t}_1(u,v) \times \boldsymbol{t}_2(u,v). \tag{3.64}$$

Die Parametrisierung $(u,v) \to \boldsymbol{\xi}(u,v)$ soll so sein, dass der Normalenvektor nirgendwo verschwindet.

3.3.2 Flächenintegral

Wir betrachten ein Vektorfeld $\boldsymbol{V} = \boldsymbol{V}(\boldsymbol{x})$. Sein Integral über die Fläche $\mathcal{F}$ ist als

$$\int_{\mathcal{F}} \mathrm{d}\boldsymbol{A} \cdot \boldsymbol{V} = \int_{u_0}^{u_1} \mathrm{d}u \int_{v_0}^{v_1} \mathrm{d}v \, \boldsymbol{n}(u,v) \cdot \boldsymbol{V}(\boldsymbol{\xi}(u,v)) \tag{3.65}$$

erklärt. Wir haben damit schon angedeutet, dass es nur auf die Fläche $\mathcal{F}$ und das Vektorfeld $\boldsymbol{V}$ ankommt, nicht aber auf die spezielle Parametrisierung $\boldsymbol{\xi}(u,v)$ der Fläche, die in den Ausdruck auf der rechten Seite von (3.65) eingeht, zusammen mit (3.64) und (3.63). Das müssen wir nun nachweisen. $\bar{\mathcal{R}} = [\bar{u}_0, \bar{u}_1] \times [\bar{v}_0, \bar{v}_1]$ sei ein anderes Rechteck. Es soll durch $u = f(\bar{u}, \bar{v})$ und $v = g(\bar{u}, \bar{v})$ differenzierbar auf das Rechteck $\mathcal{R} = [u_0, u_1] \times [v_0, v_1]$ abgebildet werden. Dabei verlangen wir, dass die Funktionaldeterminante

$$\frac{\partial(u,v)}{\partial(\bar{u},\bar{v})} = \frac{\partial f}{\partial \bar{u}} \frac{\partial g}{\partial \bar{v}} - \frac{\partial f}{\partial \bar{v}} \frac{\partial g}{\partial \bar{u}} \tag{3.66}$$

überall positiv sein soll. Damit wird die Abbildung $(\bar{u}, \bar{v}) \to (u,v)$ umkehrbar[18]. Außerdem muss der Rand $\partial \bar{\mathcal{R}}$ des neuen Rechteckes $\bar{\mathcal{R}}$ mit dem Rand $\partial \mathcal{R}$ des Rechteckes $\mathcal{R}$ übereinstimmen.

Wir schreiben

$$\mathrm{d}\bar{A}_1 = d\bar{u}\, d\bar{v} \left\{ \frac{\partial \bar{\xi}_2}{\partial \bar{u}} \frac{\partial \bar{\xi}_3}{\partial \bar{v}} - \frac{\partial \bar{\xi}_3}{\partial \bar{u}} \frac{\partial \bar{\xi}_2}{\partial \bar{v}} \right\} \tag{3.67}$$

und setzen für die partiellen Ableitungen nach den neuen Koordinaten Ausdrücke wie

$$\frac{\partial \bar{\xi}_2}{\partial \bar{u}} = \frac{\partial \xi_2}{\partial u} \frac{\partial f}{\partial \bar{u}} + \frac{\partial \xi_2}{\partial v} \frac{\partial g}{\partial \bar{u}} \tag{3.68}$$

---

[18] In einer Dimension reduziert sich das auf die Forderung, dass die Ableitung der Funktion $u = f(\bar{u})$ überall positiv sei.

ein. Die sorgfältige Buchführung ergibt

$$d\bar{A}_1 = d\bar{u}d\bar{v} \left\{ \frac{\partial u}{\partial \bar{u}} \frac{\partial v}{\partial \bar{v}} - \frac{\partial u}{\partial \bar{v}} \frac{\partial v}{\partial \bar{u}} \right\} \left\{ \frac{\partial \xi_2}{\partial u} \frac{\partial \xi_3}{\partial v} - \frac{\partial \xi_3}{\partial u} \frac{\partial \xi_2}{\partial v} \right\}. \tag{3.69}$$

Die zweite geschweifte Klammer beschreibt die 1-Komponente des alten Normalenvektors. Der Ausdruck davor ist nichts anderes als $du\, dv$. Selbstverständlich gilt die Rechnung auch für die übrigen Komponenten des Flächenelementes $d\boldsymbol{A}$.

Wir haben damit

$$\int_{\mathcal{F}} d\bar{\boldsymbol{A}} \cdot \bar{\boldsymbol{V}} = \int_{\mathcal{F}} d\boldsymbol{A} \cdot \boldsymbol{V} \tag{3.70}$$

nachgewiesen. Das Flächenintegral über ein Vektorfeld ist in der Tat von der speziellen Parametrisierung unabhängig.

3.3.3 Der Satz von Stokes

Wenn das zu integrierende Vektorfeld die Rotation eines anderen Vektorfeldes $\boldsymbol{V}$ ist, gilt

$$\int_{\mathcal{F}} d\boldsymbol{A} \cdot (\boldsymbol{\nabla} \times \boldsymbol{V}) = \int_{\partial \mathcal{F}} d\boldsymbol{s} \cdot \boldsymbol{V}. \tag{3.71}$$

Das Flächenintegral über die Rotation eines Feldes $\boldsymbol{V}$ stimmt überein mit dem Wegintegral des Feldes über den Rand der Fläche: das ist der Satz von Stokes.

Für eine rechteckige Fläche $\mathcal{F}$, die parallel zu den Koordinatenachsen liegt, lässt sich der Satz von Stokes einfach beweisen. Man kann dann nämlich $\xi_1(u,v) = u$, $\xi_2(u,v) = v$ und $\xi_3(u,v,) = 0$ wählen, sodass

$$\int_{\mathcal{F}} d\boldsymbol{A} \cdot (\boldsymbol{\nabla} \times \boldsymbol{V}) = \int_{u_0}^{u_1} du \int_{v_0}^{v_1} dv \left\{ \frac{\partial V_2(u,v,0)}{\partial u} - \frac{\partial V_1(u,v,0)}{\partial v} \right\} \tag{3.72}$$

gilt. Der erste Beitrag in der geschweiften Klammer führt auf

$$\int_{v_0}^{v_1} dv \, (V_2(u_1,v,0) - V_2(u_0,v,0)). \tag{3.73}$$

Das entspricht den Wegintegralen von $\boldsymbol{V}$ über die Stücke $\partial \mathcal{R}_2$ und $\partial \mathcal{R}_4$ der Abbildung 3.2. Der zweite Beitrag kann ebenso als die Summe der Wegintegrale von $\boldsymbol{V}$ über die Stücke $\partial \mathcal{R}_1$ und $\partial \mathcal{R}_3$ der Abbildung 3.2 nachgewiesen werden. Damit haben wir gezeigt, dass der Satz von Stokes für ein zu den Koordinatenachsen paralleles Rechteck in der 1,2-Ebene gilt.

Der nächste Beweisschritt ist zu zeigen, dass der Satz von Stokes auch dann gilt, wenn das Rechteck nicht parallel zum Koordinatensystem liegt. Das gilt, weil sich unter Drehungen $d\boldsymbol{A}$ und $\boldsymbol{\nabla} \times \boldsymbol{V}$ als Pseudovektoren und $d\boldsymbol{s}$ und $\boldsymbol{V}$ als Vektoren transformieren, die Skalarprodukte mithin unverändert bleiben.

Der dritte Beweisschritt besteht im Nachweis, dass für aneinander genähte Rechtecke sowohl die linke als auch die rechte Seite von (3.71) sich addieren. Für die Flächenintegrale ist das trivial. Für die Randintegrale muss man beachten, dass die Naht zweimal durchlaufen wird, in entgegengesetzter Richtung. Das hebt sich weg, und daher gilt der Stokessche Satz für aneinander genähte Rechtecke.

Weil die Flächen, die wir hier betrachten, glatt sind in dem Sinne, dass sie durch differenzierbare Abbildungen entstehen, dürfen wir jede Fläche als Grenzwert aus miteinander vernähten endlichen Rechtecken betrachten. Für jedes Rechteck gilt der Satz von Stokes, und es ist daher plausibel, dass er auch für die daraus zusammen genähte Fläche gilt.

Ein wirklicher Beweis würde uns weit weg in die Differentialgeometrie führen, in ein interessantes Gebiet, das für die Standard-Physikausbildung aber weniger relevant ist, bis auf die Sätze von Stokes und Gauß.

3.3.4 Ein Beispiel

Wir betrachten das konstante Induktionsfeld $\boldsymbol{B} = (0,0,B)$. Es ist die Rotation des Vektorpotentiales[19] $\boldsymbol{V}(\boldsymbol{x}) = B(-x_2/2, x_1/2, 0)$. Als Fläche betrachten wir eine kreisförmige Leiterschleife, die sich mit Winkelgeschwindigkeit ω um die 1-Achse dreht:

$$\boldsymbol{\xi}(r,\phi) = \begin{pmatrix} r\cos\phi \\ r\sin\phi\cos\omega t \\ r\sin\phi\sin\omega t \end{pmatrix}, \tag{3.74}$$

mit $r \in [0,R]$ und $\phi \in [0,2\pi]$. Das Flächenelement ist

$$d\boldsymbol{A} = dr d\phi \begin{pmatrix} 0 \\ -r\sin\omega t \\ r\cos\omega t \end{pmatrix}. \tag{3.75}$$

Für den Induktionsfluss erhält man

$$\Phi = \int_{\mathcal{F}} d\boldsymbol{A} \cdot \boldsymbol{B} = \pi R^2 B \cos\omega t. \tag{3.76}$$

Wie es sein muss, kommt für

$$\int_{\partial F} d\boldsymbol{s} \cdot \boldsymbol{V} = \frac{B}{2} \int_0^{2\pi} d\phi \begin{pmatrix} -R\sin\phi \\ R\cos\phi\cos\omega t \\ R\cos\phi\sin\omega t \end{pmatrix} \cdot \begin{pmatrix} -R\sin\phi\cos\omega t \\ R\cos\phi\cos\omega t \\ 0 \end{pmatrix} \tag{3.77}$$

dasselbe heraus.

---
[19] in der Physik meist mit $\boldsymbol{A}$ bezeichnet

3.4 Gebietsintegrale und der Satz von Gauß

Unter einem Gebiet versteht man einen differenzierbar verformten Quader. Das Gebietsintegral über ein Skalarfeld ist so definiert, dass sein Wert sich nicht ändert, wenn man die Parametrisierung wechselt. Der Rand eines Gebietes, seine Oberfläche, ist eine geschlossene Fläche. Wenn das zu integrierende Feld die Divergenz eines Vektorfeldes ist, dann stimmt das Gebietsintegral über die Divergenz überein mit dem Oberflächenintegral des Vektorfeldes (Satz von Gauß).

3.4.1 Gebiet

Wir bezeichnen mit $\mathcal{Q} = [u_0, u_1] \times [v_0, v_1] \times [w_0, w_1]$ einen Quader. Das Gebiet $\mathcal{G}$ wird durch drei differenzierbare Funktionen $\boldsymbol{\xi} = \boldsymbol{\xi}(u, v, w)$ beschrieben, mit $(u, v, w) \in \mathcal{Q}$. Die Oberfläche des Quaders $\mathcal{Q}$ besteht aus sechs Rechtecken. Diese Rechtecke werden mithilfe von $\boldsymbol{\xi}$ auf die Oberfläche $\partial \mathcal{G}$ des Gebietes abgebildet. Im Allgemeinen besteht die Oberfläche eines Gebietes also aus sechs Flächenstücken.

Wir illustrieren das an einer Kugel $\mathcal{K}$ mit Radius R. Die Abbildung

$$\boldsymbol{\xi}(r, \phi, \theta) = \begin{pmatrix} r \cos\phi \cos\theta \\ r \sin\phi \cos\theta \\ r \sin\theta \end{pmatrix} \tag{3.78}$$

bildet den Quader $\mathcal{Q} = [0, R] \times [-\pi, \pi] \times [-\pi/2, \pi/2]$ in die Kugel ab[20]. Die sechs Stücke der Oberfläche sind:

- $r = 0$: Kugelmittelpunkt
- $r = R$: die Kugeloberfläche im engeren Sinne
- $\phi = -\pi$: Halbkreisscheibe Erdachse–Längenhalbkreis ±180 Grad
- $\phi = +\pi$: dasselbe, jedoch mit der entgegen gesetzten Flächennormalen
- $\theta = -\pi/2$: Weg auf der Erdachse vom Erdmittelpunkt zum Südpol und zurück
- $\theta = +\pi/2$: Weg auf der Erdachse vom Erdmittelpunkt zum Nordpol und zurück

Man sieht, dass sich der dritte und vierte Beitrag aufheben, wenn ein Integral über die Kugeloberfläche zu berechnen ist. Die anderen Stücke sind Linien

---

[20] Geographische Koordinaten, mit ϕ als Länge und θ als Breite. Positive θ-Werte verbindet man mit der nördlichen Halbkugel, positive ϕ-Werten meinen östlich von Greenwich.

oder Punkte, also entartete Flächen, sie tragen zum Flächenintegral sowieso nichts bei. Die Kugeloberfläche $\partial\mathcal{K}$ wird also durch

$$\boldsymbol{\xi}(\theta,\phi) = R \begin{pmatrix} \cos\phi\cos\theta \\ \sin\phi\cos\theta \\ \sin\theta \end{pmatrix} \qquad (3.79)$$

parametrisiert, mit $(\phi,\theta) \in [-\pi,\pi] \times [-\pi/2,\pi/2]$.

3.4.2 Gebietsintegral

Wir definieren das Integral eines Skalarfeldes $S = S(\boldsymbol{x})$ über das Gebiet $\mathcal{G}$ durch

$$\int_{\mathcal{G}} \mathrm{d}V\, S = \int_{u_0}^{u_1} \mathrm{d}u \int_{v_0}^{v_1} \mathrm{d}v \int_{w_0}^{w_1} \mathrm{d}w\, \frac{\partial(\xi_1,\xi_2,\xi_3)}{\partial(u,v,w)}\, S(\boldsymbol{\xi}(u,v,w))\,. \qquad (3.80)$$

Der Bruch auf der rechten Seite ist die Funktionaldeterminante,

$$\frac{\partial(\xi_1,\xi_2,\xi_3)}{\partial(u,v,w)} = \det \begin{pmatrix} \frac{\partial \xi_1}{\partial u} & \frac{\partial \xi_1}{\partial v} & \frac{\partial \xi_1}{\partial w} \\ \frac{\partial \xi_2}{\partial u} & \frac{\partial \xi_2}{\partial v} & \frac{\partial \xi_2}{\partial w} \\ \frac{\partial \xi_3}{\partial u} & \frac{\partial \xi_3}{\partial v} & \frac{\partial \xi_3}{\partial w} \end{pmatrix}\,. \qquad (3.81)$$

Für die Kugel ergibt das[21]

$$\mathrm{d}V = \mathrm{d}u\,\mathrm{d}v\,\mathrm{d}w\, \frac{\partial(\xi_1,\xi_2,\xi_3)}{\partial(u,v,w)} = \mathrm{d}r\,\mathrm{d}\phi\,\mathrm{d}\theta\, r^2 \cos\theta\,. \qquad (3.82)$$

Übrigens berechnet man für die Kugeloberfläche

$$\mathrm{d}\boldsymbol{A} = \mathrm{d}\phi\,\mathrm{d}\theta\, R^2 \cos\theta \begin{pmatrix} \cos\phi\cos\theta \\ \sin\phi\cos\theta \\ \sin\theta \end{pmatrix} \qquad (3.83)$$

als Flächenelement.

---

[21] Diese und die folgende Formel beziehen sich auf geographische Koordinaten. In der Physik wird die Breite oft vom Nordpol ($\theta = 0$) bis zum Südpol ($\theta = \pi$) gerechnet. $\sin\theta$ und $\cos\theta$ müssen dann ausgetauscht werden.

3.4.3 Wechsel der Parametrisierung

Man kann einen anderen Quader $\bar{\mathcal{Q}}$ differenzierbar auf $\mathcal{Q}$ abbilden: $u = f(\bar{u}, \bar{v}, \bar{w})$, $v = g(\bar{u}, \bar{v}, \bar{w})$ und $w = h(\bar{u}, \bar{v}, \bar{w})$. Dabei soll die Funktionaldeterminante überall positiv sein,

$$\frac{\partial(f, g, h)}{\partial(\bar{u}, \bar{v}, \bar{w})} > 0 \,. \tag{3.84}$$

Das garantiert, dass die Abbildung $\bar{\mathcal{Q}} \to \mathcal{Q}$ umkehrbar eindeutig ist. Wir verlangen außerdem, dass der Rand $\partial\bar{\mathcal{Q}}$ auf den Rand $\partial\mathcal{Q}$ abgebildet wird. Damit ist $\bar{\boldsymbol{\xi}}(\bar{u}, \bar{v}, \bar{w}) = \boldsymbol{\xi}(f(\bar{u}, \bar{v}, \bar{w}), g(\bar{u}, \bar{v}, \bar{w}), h(\bar{u}, \bar{v}, \bar{w}))$ eine andere Parametrisierung desselben Gebietes.

Nun ist bekanntlich die Determinante eines Produktes zweier Matrizen das Produkt der Determinanten, und es gilt daher

$$\frac{\partial(\bar{\xi}_1, \bar{\xi}_2, \bar{\xi}_3)}{\partial(\bar{u}, \bar{v}, \bar{w})} = \frac{\partial(\xi_1, \xi_2, \xi_3)}{\partial(u, v, w)} \frac{\partial(f, g, h)}{\partial(\bar{u}, \bar{v}, \bar{w})} \,. \tag{3.85}$$

Damit haben wir gezeigt, dass

$$\int_{\bar{u}_0}^{\bar{u}_1} d\bar{u} \int_{\bar{v}_0}^{\bar{v}_1} d\bar{v} \int_{\bar{w}_0}^{\bar{w}_1} d\bar{w} \, \frac{\partial(\bar{\xi}_1, \bar{\xi}_2, \bar{\xi}_3)}{\partial(\bar{u}, \bar{v}, \bar{w})} \bar{S}(\bar{\boldsymbol{\xi}}(\bar{u}, \bar{v}, \bar{w})) \tag{3.86}$$

dasselbe ist wie

$$\int_{u_0}^{u_1} du \int_{v_0}^{v_1} dv \int_{w_0}^{w_1} dw \, \frac{\partial(\xi_1, \xi_2, \xi_3)}{\partial(u, v, w)} S(\boldsymbol{\xi}(u, v, w)) \,. \tag{3.87}$$

Das Gebietsintegral[22] $\int_{\mathcal{G}} dV \, S$ ändert sich nicht, wenn man das Gebiet G anders parametrisiert.

3.4.4 Der Gaußsche Satz

Für ein beliebiges Vektorfeld $\boldsymbol{V}$ und ein beliebiges Gebiet $\mathcal{G}$ gilt

$$\int_{\mathcal{G}} dV \, \boldsymbol{\nabla} \cdot \boldsymbol{V} = \int_{\partial\mathcal{G}} d\boldsymbol{A} \cdot \boldsymbol{V} \,. \tag{3.88}$$

Dieser Satz ist einfach zu beweisen, wenn das Gebiet $\mathcal{G}$ ein Quader ist, dessen Kanten parallel zum Koordinatensystem liegen. In diesem Falle kann man das Gebiet durch $\xi_1(u,v,w) = u$, $\xi_2(u,v,w) = v$ und $\xi_3(u,v,w) = w$ parametrisieren, und die Funktionaldeterminante hat den Wert 1. Man muss also

$$\int_{u_0}^{u_1} du \int_{v_0}^{v_1} dv \int_{w_0}^{w_1} dw \left\{ \frac{\partial V_1}{\partial u} + \frac{\partial V_2}{\partial v} + \frac{\partial V_3}{\partial w} \right\} \tag{3.89}$$

---
[22] gelegentlich auch als Volumenintegral bezeichnet

ausrechnen. Der erste Beitrag beispielsweise ergibt

$$\int_{v_0}^{v_1} dv \int_{w_0}^{w_1} dw \ \{V_1(u_1,v,w) - V_1(u_0,v,w)\} \ , \qquad (3.90)$$

die Oberflächenintegrale von $\boldsymbol{V}$ über die beiden Stirnseiten $u = u_1$ und $u = u_0$. Die beiden anderen Beiträge zu (3.89) ergeben die restlichen Oberflächenintegrale, sodass der Satz von Gauß für einen zum Koordinatensystem parallel liegenden Quader bewiesen ist.

Klebt man zwei Quader zusammen, dann addieren sich die Gebietsintegrale. Es addieren sich aber auch die Oberflächenintegrale, weil über die Klebefläche zweimal integriert wird, mit entgegengesetzter Richtung des Normalenvektors, sodass sich diese Beiträge wegheben. Der Gaußsche Satz gilt also auch für alle Gebiete, die sich aus parallelen Quadern zusammensetzen lassen. Weil die Gebiete, die wir hier betrachten, über differenzierbare Funktionen erklärt werden, also hinreichend glatt sind, gilt der Satz von Gauß überhaupt.

4

Partielle Differentialgleichungen

Wenn die durch ihre Veränderung beschriebene Funktion $u = u(x, y, \ldots)$ von mehr als einer Variablen abhängt, kommen die partiellen Ableitungen ins Spiel, und man spricht von partiellen Differentialgleichungen. Wir können uns hier nur mit den allereinfachsten Problemen beschäftigen, das Gebiet ist riesig und von allergrößter Bedeutung für Naturwissenschaft und Technik.

Falls Symmetrieüberlegungen es erlauben, die partielle auf eine gewöhnliche Differentialgleichung zurückzuführen, kann man häufig eine analytische Lösung finden. Oft ist es möglich, durch Reihenentwicklung nach einer oder mehreren Variablen den Schwierigkeitsgrad herab zu setzen. Wir führen ein auch historisch bedeutsames Beispiel vor: das Problem der Temperaturverteilung im Erdboden, das Fourier gründlich studiert hat und an Hand dessen er die Entwicklung in harmonische Funktionen erfunden hat.

Analytisch lösbare Aufgaben sind die Ausnahme, numerische Verfahren spielen daher eine wichtige Rolle. Wir stellen die Allerwelts-Methode der finiten Differenzen vor und das Arbeitspferd für ernsthafte Anwendungen, die Methode der finiten Elemente. Wir beschreiben auch das Crank-Nicolson-Verfahren für Anfangswertprobleme, weil es Anlass dazu gibt, nach der Stabilität eines Rechenschemas zu fragen.

4.1 Problemarten

Mit einer partiellen Differentialgleichung hat man es dann zu tun, wenn partielle Ableitungen vorkommen. Die gesuchte Funktion hängt also von mehr als einem Argument ab. Wir kommentieren die übliche Bezeichnung und gehen auf die am häufigsten auftretenden Nebenbedingungen ein, die dann eine bestimmte Lösung festnageln.

P. Hertel, *Mathematikbuch zur Physik*,
DOI 10.1007/978-3-540-89044-7, © Springer-Verlag Berlin Heidelberg 2009

4.1.1 Notation

Es ist üblich, die gesuchte Funktion mit u zu bezeichnen. Variable mit der Bedeutung von Raumkoordinaten können x, y, z, r, θ oder ϕ sein. Wenn es sich um eine Zeit handelt, wird meist t geschrieben. Die entsprechenden partiellen Ableitungen bezeichnet man traditionell durch tief gestellte Symbole für die Variablen. Nur wenn es sich um die Zeit handelt, wird auch der Punkt verwendet. Hier zwei gleichwertige, in Mathematik übersetzte Fassungen der Wärmeleitungsgleichung $\dot{T} = \kappa \Delta T$:

$$\dot{u} = u_{xx} + u_{yy} + u_{zz} \tag{4.1}$$

oder

$$u_t = u_{xx} + u_{yy} + u_{zz}. \tag{4.2}$$

In der Nähe solcher Gleichungen sollte man immer einen Ausdruck wie $u = u(t, x, y, z)$ vorfinden. Wir gehen wie üblich davon aus, dass ein Problem so aufbereitet worden ist, dass physikalische Konstante wie die Wärmeleitfähigkeit κ den Wert 1 haben. Das kann man meist durch passende Wahl der Einheiten erreichen.

Wenn allerdings die Wärmeleitfähigkeit von Ort zu Ort verschieden ist, wird

$$u_t = \kappa(x, y, z) \{u_{xx} + u_{yy} + u_{zz}\} \tag{4.3}$$

geschrieben. Bei der gesuchten Funktion u lässt man die Argumente weg, bei den Faktoren – hier $\kappa(x, y, z)$ – schreibt man sie an. Von welchen Argumenten die gesuchte Funktion abhängen soll, kann man den Ableitungsoperatoren entnehmen, also den tief gestellten Indizes. Ob jedoch die Wärmeleitfähigkeit örtlich konstant ist, also zu 1 gemacht werden kann, oder ob sie von x und nur von x abhängt, oder von x und y, oder sogar von allen drei Raumargumenten, das definiert jeweils ein ganz anderes Problem.

4.1.2 Randwertprobleme

Ω sei ein zusammenhängendes Gebiet des $\mathbb{R}^3$. Zusammenhängend in dem Sinne, dass man jeden Punkt mit jedem anderen Punkt des Gebietes durch einen stetigen Weg verbinden kann, der ganz im Gebiet verläuft. Im Inneren soll eine partielle Differentialgleichung erfüllt werden, wie beispielsweise

$$u_{xx} + u_{yy} + u_{zz} = 0 \text{ für } (x, y, z) \in \Omega \backslash \partial \Omega. \tag{4.4}$$

Im Allgemeinen gibt es dazu viele Lösungen.

Auf dem Rand $\partial \Omega$ können weitere Bedingungen gestellt werden, damit die Lösung eindeutig wird.

Wenn der Funktionswert der gesuchten Funktion auf dem Rand vorgegeben wird, $u(x,y,z) = f(x,y,z)$ für $(x,y,z) \in \partial\Omega$, dann spricht man von einer Dirichlet-Randbedingung[1].

Die Potentialgleichung (4.4) mit Dirichlet-Randbedingung ist eindeutig lösbar.

Man kann aber auch die Ableitung in Normalenrichtung am Rand vorschreiben. Das ist eine von Neumann-Randbedingung[2]. Damit wird die Lösung bis auf eine Konstante festgelegt.

Weitere Möglichkeiten sind eine Linearkombination einer Dirichlet- und einer von Neumann-Randbedingung, und diese Linearkombination kann sich von Punkt zu Punkt auf dem Rande ändern. Der Phantasie sind keine Grenzen gesetzt, alles kommt irgendwann einmal vor, wir können hier aber nicht alles erörtern.

4.1.3 Anfangswertprobleme

Bei der Wärmeleitungsgleichung (4.2) hat man es mit einer anderen Aufgabe zu tun. Die gesuchte Lösung $u = u(t,x,y,z)$ ist im Inneren eines Gebietes $(x,y,z) \in \Omega$ erklärt und hängt von einem Zeit-Parameter t ab. Man braucht also Randbedingungen auf $\partial\Omega$ und eine Anfangsbedingung $u(0,x,y,z) = u_0(x,y,z)$.

Schwieriger ist die Wellengleichung

$$u_{tt} = u_{xx} + u_{yy} + u_{zz}.\qquad(4.5)$$

Wenn man $u(0,x,y,z)$ kennt und $u_t(0,x,y,z)$, dann ist die Lösung berechenbar. Oft hat man aber nur die Anfangsbedingung $u(0,x,y,z) = u_0(x,y,z)$ zur Verfügung und eine schlecht handhabbare andere Vorschrift, zum Beispiel dass die Welle aus dem Bereich Ω nur auslaufen darf (Sommerfeldsche[3] Strahlungsbedingung).

4.1.4 Eigenwertprobleme

Der Laplace-Operator $\Delta u = u_{xx} + u_{yy} + u_{zz}$ ist ein typisches Beispiel für einen linearen Differentialoperator L. Oft wird danach gefragt, für welche Funktionen der lineare Operator L lediglich eine Streckung oder Stauchung verursacht:

$$Lu = \lambda u.\qquad(4.6)$$

Die Konstante λ heißt Eigenwert, die von der Nullfunktion verschiedene Lösung u ist die zugehörige Eigenfunktion. Der Operator L kann näher durch

---

[1] Peter Gustav Lejeune Dirichlet, 1805–1859, deutscher Mathematiker
[2] John von Neumann, 1903–1957, Mathematiker deutsch-ungarischer Herkunft
[3] Arnold Sommerfeld, 1868–1951, deutscher Mathematiker und Physiker

Randbedingungen charakterisiert werden, aber auch durch eine Forderung, dass die Lösungen quadratintegrabel sein sollen,

$$\int dV\, |u(x,y,z)|^2 < \infty. \tag{4.7}$$

Besonders wenn der lineare Operator L selbstadjungiert ist, das heißt wenn

$$\int dV\, (Lv)^* u = \int dV\, v^*(Lu) \tag{4.8}$$

für beliebige Funktionen u und v gilt, wird es interessant. Man kann dann nämlich jede Funktion mit den passenden Nebenbedingungen in Eigenfunktionen entwickeln. Diese saloppe Formulierung wird im Kapitel *Lineare Operatoren* präzisiert.

4.1.5 Stephan-Probleme

Es gibt noch interessantere Randbedingungen: der Rand selber verändert sich gemäß einer Differentialgleichung, die von der gesuchten Lösung abhängt. Hier ein Beispiel, das wir allerdings nicht weiter verfolgen wollen.

Sei x die Tiefe unter der Oberfläche eines Gewässers und t die Zeit. Wenn das Gewässer mit Eis der Dicke $d(t)$ bedeckt ist, dann gilt die Wärmeleitungsgleichung $u_t = u_{xx}$ für $x \in (0, d(t))$. Bei $x = 0$, an der Oberfläche, ist die Temperatur $u(t, 0) = T(t)$ vorgeschrieben. Die Randbedingung bei $x = d(t)$ beschreibt das Schmelzen oder Wachsen der Eisschicht. Pro Zeiteinheit wird eine gewisse Wärmemenge zugeführt oder abgegeben. Das ergibt eine gewöhnliche Differentialgleichung $\dot{d} = u_x(t, d)$ für die Dicke $d = d(t)$ der Eisschicht, die vom Temperaturverlauf $u(t, x)$ in der Eisschicht abhängt.

4.2 Reduktion auf gewöhnliche Differentialgleichungen

Partiellen Differentialgleichungen geht man wenn irgend möglich aus dem Weg. Analytische Lösungen gibt es kaum, und auch der Rechenaufwand steigt gewaltig mit jeder zusätzlichen Variablen. Wir führen einige Situationen vor, wie man die partielle Differentialgleichung auf eine oder mehrere gewöhnliche Differentialgleichungen zurückführen kann. Die zu lösen ist dann meist ein Kinderspiel.

4.2.1 Symmetrie

Wenn ein Problem – Differentialgleichung und Randbedingungen – eine Symmetrie hat, sollte man diese sofort ausnutzen. Als Beispiel führen wir

$$\Delta u = 0 \text{ mit } u \to 0 \text{ für } |x| \to \infty \tag{4.9}$$

an, für $u = u(x_1, x_2, x_3)$. Die Differentialgleichung zeichnet keine Richtung aus, und die Randbedingung auch nicht. Wir suchen daher nach einer radialsymmetrischen Lösung.

Wir führen die Variable $r = \sqrt{x_1^2 + x_2^2 + x_3^2}$ ein und schreiben $u(x_1, x_2, x_3) = f(r)$. Damit haben wir (4.9) auf

$$f'' + \frac{2}{r} f' = 0 \ \text{ mit } \ f \to 0 \ \text{ bei } \ r \to \infty \tag{4.10}$$

zurückgeführt.

Diese lineare Differentialgleichung zweiter Ordnung hat zwei linear unabhängige Lösungen, die man mit dem Ansatz $f \propto r^\alpha$ ermittelt: $\alpha = 0$ und $\alpha = -1$. Die Konstante ist wegen der Randbedingung zu verwerfen, also verbleibt

$$u(x_1, x_2, x_3) = \frac{1}{\sqrt{x_1^2 + x_2^2 + x_3^2}} \,. \tag{4.11}$$

Diese Lösung ist allerdings bei $\boldsymbol{x} = 0$ singulär. Und zwar so singulär, dass gerade

$$\int \mathrm{d}V \, \Delta \frac{1}{r} = \int \mathrm{d}V \, \boldsymbol{\nabla} \cdot \boldsymbol{\nabla} \frac{1}{r} = -\lim_{R \to \infty} \int_{|\boldsymbol{x}|=R} \frac{\mathrm{d}\boldsymbol{A} \cdot \boldsymbol{x}}{R^3} = -4\pi \tag{4.12}$$

herauskommt. Wir haben dafür den Gaußschen Satz herangezogen. (4.11) löst das Problem (4.9) daher nur im Bereich $|\boldsymbol{x}| > 0$. Man kann das auch anders ausdrücken: (4.11) löst in Wirklichkeit die Differentialgleichung

$$\Delta u = -4\pi \delta^3(\boldsymbol{x}) \,. \tag{4.13}$$

Die δ-Distribution für den $\mathbb{R}^3$ ist durch

$$\int_{\boldsymbol{x} \in \mathbb{R}^3} \mathrm{d}V \, \delta^3(\boldsymbol{y} - \boldsymbol{x}) \, f(\boldsymbol{x}) = f(\boldsymbol{y}) \tag{4.14}$$

charakterisiert. Siehe dazu den Abschnitt über *Verallgemeinerte Funktionen* im Kapitel *Tiefere Einsichten*.

4.2.2 Reihenentwicklung

Wir führen an einem auch für die Physik- und Mathematikgeschichte bedeutsamen Beispiel vor, wie man aus einer partiellen Differentialgleichung auf einen Satz von unendlich vielen gewöhnlichen Differentialgleichungen kommt, die man dann sogar analytisch lösen kann. Dabei erweist sich der Umweg über komplexe Zahlen als überaus nützlich.

Die gesuchte Lösung $u = u(t, x)$ soll die Wärmeleitungsgleichung

$$u_t = u_{xx} \tag{4.15}$$

erfüllen mit der Randbedingung

$$\lim_{x\to\infty} u(t,x) = 0 \qquad (4.16)$$

und

$$u(t,0) = f(t) \text{ mit } f(0) = f(2\pi). \qquad (4.17)$$

u bedeutet die Temperaturabweichung vom konstanten Wert in großer Tiefe x, die Oberflächentemperatur soll sich periodisch ändern (Tag oder Jahr). Fourier hat sich seinerzeit intensiv mit dieser Aufgabe beschäftigt und dabei die heute nach ihm benannte Methode der Entwicklung periodischer Funktionen in harmonische Funktionen erfunden.

Man setzt

$$u(t,x) = \sum_{n\in\mathbb{Z}} a_n(x)\,\mathrm{e}^{\mathrm{i}nt} \qquad (4.18)$$

an. Aus (4.16) wird

$$\mathrm{i}n a_n(x) = a_n''(x). \qquad (4.19)$$

Die Randbedingung bei $x = 0$ führt auf

$$f(t) = \sum_{n\in\mathbb{Z}} a_n(0)\,\mathrm{e}^{\mathrm{i}nt} \text{ mit } a_n(0) = \frac{1}{2\pi}\int_0^{2\pi} \mathrm{d}t\, f(t)\,\mathrm{e}^{-\mathrm{i}nt}. \qquad (4.20)$$

Die Randbedingung im Unendlichen bedeutet $a_n(\infty) = 0$.

$a_0(x)$ muss verschwinden, was lediglich bedeutet, dass die Temperatur in großer Tiefe gerade der zeitliche Mittelwert an der Oberfläche ist, den wir zu Null festgesetzt haben.

Die beiden Lösungen zu (4.19) sind $a_n(0)\exp(\pm\sqrt{\mathrm{i}n}x)$. Nur eine davon ist brauchbar, nämlich die, bei der das Vorzeichen des Realteils der Wurzel negativ ist. Nur diese fällt mit wachsendem x ab. Mit

$$q_n = \sqrt{\frac{|n|}{2}} \qquad (4.21)$$

berechnet man[4]

$$a_n(x) = a_n(0)\,\mathrm{e}^{-q_n x}\,\mathrm{e}^{-\mathrm{i}q_n x} \text{ für } n > 0, \qquad (4.22)$$

und

$$a_n(x) = a_n(0)\,\mathrm{e}^{-q_n x}\,\mathrm{e}^{+\mathrm{i}q_n x} \text{ für } n < 0. \qquad (4.23)$$

---
[4] $\sqrt{\mathrm{i}} = \pm(1+\mathrm{i})/\sqrt{2}$ und $\sqrt{-\mathrm{i}} = \pm(1-\mathrm{i})/\sqrt{2}$

Weil die Temperatur an der Oberfläche eine reelle Funktion ist, gilt $a_{-n}(0) = a_n^*(0)$. Das folgt unmittelbar aus $f(t) = f^*(t)$. Damit kann man die Lösung vereinfachen zu

$$u(t,x) = 2 \sum_{n=1}^{\infty} e^{-q_n x} \operatorname{Re} a_n(0) e^{-i q_n x} . \tag{4.24}$$

Sie ist offensichtlich reell. $a_n(0)$ ist in (4.20) erklärt, q_n in (4.21).

Ein anderes aufschlussreiches Beispiel ist die Schrödinger[5]-Gleichung

$$-\frac{1}{2} \Delta u + V(|\boldsymbol{x}|) u = \Lambda u . \tag{4.25}$$

Die komplexwertige Funktion $u = u(x_1, x_2, x_3)$ beschreibt die gebundenen Zustände in einem radialsymmetrischen Potential. Sie muss der Nebenbedingung

$$\int_{\boldsymbol{x} \in \mathbb{R}^3} dV \, |u(\boldsymbol{x})|^2 < \infty \tag{4.26}$$

genügen.

Man führt zweckmäßig Kugelkoordinaten r, θ, ϕ ein und entwickelt gemäß

$$u(r, \theta, \phi) = \sum_{l=0}^{\infty} \sum_{m=-l}^{l} v_{lm}(r) \, Y_{lm}(\theta, \phi) \tag{4.27}$$

in Kugelfunktionen. Diese werden im Abschnitt *Drehimpuls* des Kapitels *Lineare Operatoren* erörtert.

Die vom Abstand r abhängigen Entwicklungskoeffizienten $y = v_{lm}(r)$ genügen einer gewöhnlichen Differentialgleichung[6]:

$$-\frac{1}{2} \left\{ y'' + \frac{2y'}{r} - \frac{l(l+1)y}{r^2} \right\} + V(r) \, y = \Lambda y . \tag{4.28}$$

Die so genannten radialen Eigenfunktionen sollten bei $r = 0$ nicht-singulär und gemäß

$$\int_0^{\infty} dr \, r^2 \, |y(r)|^2 < \infty \tag{4.29}$$

normierbar sein.

4.3 Methode der Finiten Differenzen

Wir erläutern, wie man die Ableitung, also den Differentialquotienten, durch einen Bruch aus endlichen Differenzen ersetzt. Am Beispiel der linearen Wel-

---
[5] Erwin Schrödinger, 1887–1961, österreichischer Physiker
[6] radiale Schrödinger-Gleichung

lengleichung, die sich in ein Eigenwertproblem umformen lässt, wird gezeigt, wie man mit der Methode der finiten Differenzen eine partielle Differentialgleichung in eine Aufgabe für die lineare Algebra umwandeln kann, natürlich nur näherungsweise. Wir konkretisieren das für ein L-förmiges Gebiet. Die niedrigste Schwingungsmode für dieses Gebiet ist gerade das MATLAB-Logo. Wie schon mehrfach gesagt, müssen wir hier an der Oberfläche bleiben und können das Thema nicht so vertiefen, wie es wünschenswert wäre.

4.3.1 Differenzen anstelle von Differentialen

Bekanntlich kann man die Ableitung einer Funktion $f = f(x)$ als Grenzwert

$$f'(x) = \lim_{h \to 0} \frac{f(x+h/2) - f(x-h/2)}{h} \qquad (4.30)$$

ausrechnen.
Die Methode der finiten Differenzen besteht darin, die Ableitung nicht mit einem beliebig kleinem h auszurechnen, sondern mit einem endlichen, wenn auch kleinem Wert. Die Ableitung wird nicht als Quotient von Differentialen, sondern als Quotient von endlichen, finiten Differenzen dargestellt.
Für die zweite Ableitung rechnet man dann

$$f''(x) \approx \frac{f'(x+h/2) - f'(x-h/2)}{h} \qquad (4.31)$$

aus, und das bedeutet

$$f''(x) \approx \frac{f(x+h) - 2f(x) + f(x-h)}{h^2}. \qquad (4.32)$$

Wenn man es mit einer Funktion $u = u(x,y)$ von zwei Variablen zu tun hat, dann bewirkt der Laplace-Operators $u_{xx} + u_{yy}$ bei (x,y) näherungsweise also gerade

$$\frac{u(x+h,y) + u(x,y+h) + u(x-h,y) + u(x,y-h) - 4u(x,y)}{h^2}. \qquad (4.33)$$

Die Verallgemeinerung auf mehr als zwei Dimensionen ist offensichtlich.

4.3.2 Schwingungsmoden

Wir erklären das weitere Vorgehen an einem Beispiel.
Sei Ω ein beschränktes, zusammenhängendes Gebiet in der x,y-Ebene. Wir wollen die Eigenschwingungen einer am Rand $\partial\Omega$ eingespannten Membran berechnen. Zu lösen ist die Wellengleichung $a_{tt} = a_{xx} + a_{yy}$ für die Auslenkung a

von der Ruhelage (Amplitude). Wir nehmen an dass die Lösung harmonisch von der Zeit abhängt,

$$a(t, x, y) = e^{i\omega t} u(x, y)\,, \tag{4.34}$$

sodass wir es mit der Eigenwertgleichung

$$u_{xx} + u_{yy} = \Lambda u \text{ mit } \Lambda = -\omega^2 \tag{4.35}$$

zu tun haben. $u = u(x, y)$ soll auf dem Rand $\partial \Omega$ und außerhalb von Ω verschwinden.

(4.34) beschreibt eine Mode, eine bestimmte Art, sich zu bewegen, nämlich harmonisch. Die Lösungen der Eigenwertaufgabe (4.35) charakterisieren die räumliche Struktur der Moden. Nur für bestimmte Kreisfrequenzen ω gibt es von Null verschiedene Lösungen.

4.3.3 Äquidistante Stützstellen

Wir diskretisieren die x-Achse, indem wir sie durch äquidistante (gleich weit voneinander entfernte) Stützstellen $x_j = jh$ beschreiben. j ist eine ganze Zahl, h die Maschenweite. Ebenso wird die y-Achse durch $y_k = kh$ dargestellt, mit $k \in \mathbb{Z}$. Diejenigen Punkte $p_l = (x_j, y_k)$, die im Inneren von Ω liegen, nummerieren wir fortlaufend mit $l = 1, 2, \ldots N$ durch. Zu jedem inneren Punkt p_l gehört ein Feldwert $u_l = u(x_j, y_k)$. Das sind unsere Variablen, die es zu bestimmen gilt. In der Näherung (4.33) wird aus der Differentialgleichung ein System linearer Gleichungen mit den u_l als Unbekannten. Es hat die Gestalt

$$Lu = \Lambda u\,. \tag{4.36}$$

Dabei ist L eine $N \times N$-Matrix und u eine $N \times 1$-Matrix, also ein Spaltenvektor der Länge N. Das ist in numerischer Hinsicht ein einfaches Problem.

4.3.4 Der Laplace-Operator

Die Bedingung

$$|x| < 1 \text{ und } |y| < 1 \text{ und } (x > 0 \text{ oder } y > 0) \tag{4.37}$$

beschreibt das Gebiet, auf dem die Wellengleichung zu lösen ist. Wir stellen das Intervall $x = [-1, 1]$ durch M Stützstellen dar, $y = [-1, 1]$ ebenso:

```
1   M=40;
2   h=2/(M-1);
3   x=linspace(-1,1,M);
```

Abb. 4.1. Das Rechenfenster, wie es durch die Matrix Ω beschrieben wird. Offene Marken stehen für den Wert $u = 0$, gefüllte Marken bedeuten Variable

```
4    y=linspace(-1,1,M);
5    [X,Y]=meshgrid(x,y);
6    Omega=(abs(X)<1)&(abs(Y)<1)&((X>0)|(Y>0));
```

meshgrid erzeugt aus den beiden Vektoren x,y der Stützstellen die beiden $M \times M$-Matrizen X,Y, sodass X(j,k)=x(j) gilt und Y(j,k)=y(k). Das Matrixelement Omega(j,k) hat den Wert 1, wenn (x_j, y_k) ein innerer Stützpunkt ist. Auf dem Rand und außerhalb verschwindet es. Abbildung 4.1 illustriert das.

Wir schreiben eine Funktion, die den zu Omega gehörigen Laplace-Operator L und die Indizierung J,K ermittelt,

```
7    [L,J,K]=laplace(Omega,h);
```

l=1:N nummeriert die Stützpunkte fortlaufend, j=J(l) und k=K(l) charakterisieren die Stützstellen $p_l = (x_j, y_k)$. Das Programm laplace.m ist im Anhang abgedruckt und kommentiert.

4.3.5 Dünn besetzte Matrizen

Aus (4.33) folgt, dass jede Zeile oder jede Spalte der Matrix L nur fünf von Null verschiedene Einträge hat. Insgesamt gibt es 1083 Variable. In jeder Zeile oder Spalte der Matrix L stehen bis auf fünf Einträge nur Nullen. Das ist eine schlimme Verschwendung von Speicherplatz. Solch eine Matrix speichert man besser nicht wie üblich ab, sondern als dünn besetzte Matrix[7]. Das ist eine Liste von Datensätzen (j, k, L_{jk}) für die von Null verschiedenen Matrixelemente. Auf diese Weise reduziert sich der Speicherbedarf für L von etwa 10 MB auf etwa 70 kB, also um den Faktor 130. Der Speicherbedarf von voll besetzten Matrizen[8] wächst wie N^2 mit der Dimension N des Raumes, der von dünn besetzten Matrizen nur linear mit N.

Unsere Funktion `laplace` gibt eine dünn besetzte Matrix zurück. Dementsprechend müssen wir auch

```
8   [u,d]=eigs(-L,1,'sm');
```

aufrufen. `eigs` berechnet Eigenwerte und Eigenvektoren für dünn besetzte Matrizen. Das erste Argument ist die dünn besetzte Matrix, hier -L. Das zweite Argument gibt die Anzahl der gewünschten Eigenwerte an, hier 1. Das dritte Argument legt fest, dass wir nach dem betragsmäßig kleinsten Eigenwerten fahnden (*smallest*). Wir erinnern uns, dass L negative Eigenwerte hat, deswegen wird $-L$ diagonalisiert. Zurückgegeben wird der Eigenvektor u und der Eigenwert d.

4.3.6 Die Lösung

Mit den folgenden Programmzeilen wird die Lösung in ein Bild umgesetzt:

```
9   s=sign(sum(u));
10  uu=zeros(size(Omega));
11  for l=1:size(u)
12    uu(J(l),K(l))=s*u(l);
13  end;
14  mesh(uu);
15  axis off;
```

Abbildung 4.2 stellt die Grundmode dar. Dieses Problem war früher ein Prüfstein für Verfahren zur numerischen Lösung partieller Differentialgleichungen. Heute braucht man dafür 13 Programmzeilen für das Hauptprogramm und einige mehr, um ein Bild der Lösung zu erzeugen. Früher wären das zig-Tausende gewesen, die meisten davon für `eigs`.

Das Unterprogramm `laplace` erfordert weitere 36 Programmzeilen. Man kann das noch erheblich verkürzen, wenn auch auf Kosten der Lesbarkeit. Es macht keinen Sinn, das hier vorgestellte Programm in Bezug auf die Ausführungszeit zu optimieren, es braucht ohnehin nur einige Sekunden.

---

[7] *sparse matrix*
[8] wenn also auch die Nulleinträge abgespeichert werden

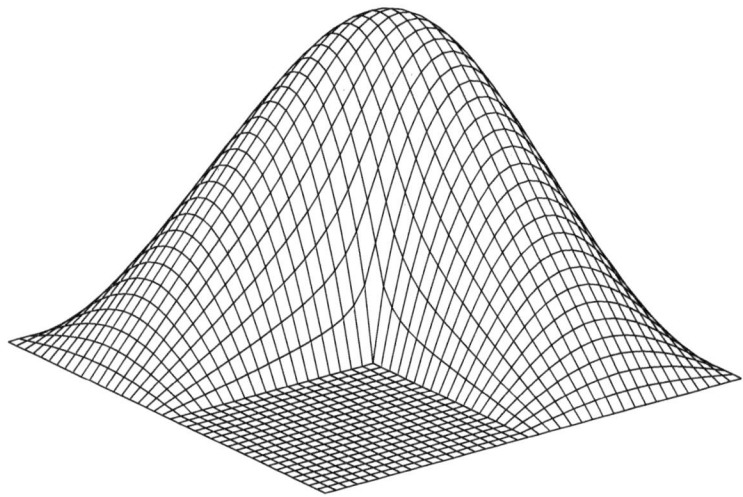

Abb. 4.2. Dargestellt ist die Amplitude der am langsamsten schwingenden Mode (Grundmode) einer Membran, die am Rand des L-förmigen Gebietes eingespannt ist

Wir hören hier auf und müssen zugeben, wiederum nur an der Oberfläche zu schaben. Wir haben lediglich den Laplace-Operator in zwei Dimensionen behandelt. Die Verallgemeinerung auf drei oder mehr ist allerdings nicht wirklich schwierig. Schwerer wiegt die Einschränkung auf Dirichlet-Randbedingungen, und dazu noch auf Null. Die gesuchte Funktion, das wurde einprogrammiert, soll auf dem Rand $\partial\Omega$ des Gebietes Ω und außerhalb verschwinden. Was ist da nicht alles an Verallgemeinerungen und Erschwernissen denkbar! Allerdings: wer das einfache oder vereinfachte Problem nicht lösen kann, soll an dem schwierigeren gar nicht erst seine Kräfte vergeuden. Und deswegen wollten wir wenigstens zeigen, wie man ein einfaches Schwingungsproblem numerisch angeht.

4.4 Methode der Finiten Elemente

Die Methode der finiten Differenzen mit äquidistanten Stützstellen kann leicht implementiert werden, sie hat aber deutliche Schwächen. Sie ist fast immer die zweite Wahl. Die Methode der finiten Elemente[9], die wir in diesem Abschnitt vorstellen wollen, ist inzwischen unangefochten führend. Die Entwickler von Programmen für die Wettervorhersage und Autobauer setzen sie ein. Allerdings ist der Programmieraufwand erheblich. Wir werden daher hier nur die Methode erläutern. Wer sich ernsthaft mit partiellen Differentialgleichungen beschäftigen muss, kann auf kommerzielle Programmpakete nicht verzichten.

---

[9] FEM, *Finite Element Method*

Für MATLAB gibt es einen FEM-Werkzeugkasten, mit dem man recht weit kommt.

4.4.1 Schwache Form einer partiellen Differentialgleichung

Wir behandeln hier die folgende Klasse partieller Differentialgleichungen[10]:

$$-\boldsymbol{\nabla} c \boldsymbol{\nabla} u + au = f \tag{4.38}$$

für $u = u(x,y)$. Diese Gleichung soll im Inneren eines Gebietes $\Omega \subseteq \mathbb{R}^2$ erfüllt werden. $\boldsymbol{\nabla} = (\partial_x, \partial_y)$ ist der Nabla-Operator für zwei Dimensionen[11], und c, a sowie f sind hinreichend glatte komplexwertige Funktionen $\Omega \to \mathbb{C}$.

Für den Rand $\partial\Omega$ fordern wir

$$\boldsymbol{n} c \boldsymbol{\nabla} u + qu = g. \tag{4.39}$$

Dabei ist $\boldsymbol{n}$ der nach außen zeigende Normalenvektor auf dem Rand $\partial\Omega$, und q sowie g sind dort erklärte hinreichend glatte Funktionen.

Mit $c = 1$, $a = \omega^2$, $f = 0$, $q \to \infty$ und $g = 0$ ist beispielsweise das zuvor erörterte Problem der Schwingungsmoden einer eingespannten Membran in dieser Klasse vertreten.

Wir wählen eine beliebige Testfunktion $v : \Omega \to \mathbb{C}$. Mit $\mathrm{d}\Omega = \mathrm{d}x\mathrm{d}y$ können wir (4.38) umschreiben in

$$-\int_\Omega \mathrm{d}\Omega\, v \boldsymbol{\nabla} c \boldsymbol{\nabla} u + \int_\Omega \mathrm{d}\Omega\, vau = \int_\Omega \mathrm{d}\Omega\, vf. \tag{4.40}$$

Man integriert partiell und erhält

$$-\int_{\partial\Omega} \mathrm{d}s\, \boldsymbol{n} vc\boldsymbol{\nabla} u + \int_\Omega \mathrm{d}\Omega\, (\boldsymbol{\nabla} v)c(\boldsymbol{\nabla} u) + \int_\Omega \mathrm{d}\Omega\, vau = \int_\Omega \mathrm{d}\Omega vf. \tag{4.41}$$

Wir setzen die Randbedingung (4.39) ein und berechnen

$$\int_\Omega \mathrm{d}\Omega\, \{(\boldsymbol{\nabla} v)c(\boldsymbol{\nabla} u) + vau - vf\} = \int_{\partial\Omega} \mathrm{d}s\, \{vg - vqu\}. \tag{4.42}$$

Diese Beziehung muss für alle Testfunktionen $v : \Omega \to \mathbb{C}$ gelten. Dann und nur dann löst u das Problem.

4.4.2 Galerkin-Methode

Galerkin[12] (sprich Galjorkin) hat vorgeschlagen, aus (4.42) ein numerisches Verfahren zu machen, indem man die Forderung nach <u>allen</u> Testfunktio-

---
[10] Die Notation lehnt sich an die Dokumentation des FEM-Werkzeugkastens an. Die Ausweitung auf mehr als zwei Variable ist offensichtlich.
[11] ∂_x und ∂_y bezeichnen die partiellen Ableitungen nach x und nach y.
[12] Boris Galerkin, 1871–1945, russischer Ingenieur und Mathematiker

4 Partielle Differentialgleichungen

nen v dadurch ersetzt, dass nur noch Testfunktionen aus einem endlichdimensionalen Raum einzusetzen sind. Der soll durch linear unabhängige Funktionen $\phi_1, \phi_2, \ldots, \phi_n$ aufgespannt werden. Auch die gesuchte Lösung u soll eine Linearkombination dieser Funktionen sein[13].

Indem man die gesuchte Lösung gemäß

$$u(x,y) = \sum_{j=1}^{n} U_j \, \phi_j(x,y), \qquad (4.43)$$

entwickelt, ergibt sich ein lineares Gleichungssystem

$$\sum_{j=1}^{n} K_{ij} \, U_j = F_i. \qquad (4.44)$$

Die Matrix K ist durch

$$K_{ij} = \int_\Omega \mathrm{d}\Omega \, (\boldsymbol{\nabla}\phi_i) \, c \, (\boldsymbol{\nabla}\phi_j) + \int_\Omega \mathrm{d}\Omega \, \phi_i \, a \, \phi_j + \int_{\partial\Omega} \mathrm{d}s \, \phi_i \, q \, \phi_j \qquad (4.45)$$

gegeben, die rechte Seite F durch

$$F_i = \int_\Omega \mathrm{d}\Omega \, \phi_i \, f + \int_{\partial\Omega} \mathrm{d}s \, \phi_i \, g. \qquad (4.46)$$

4.4.3 Finite Elemente

Die Matrixelemente K_{ij} sowie die Komponenten F_i der rechten Seite in der Gleichung (4.45) bestehen aus Integralen. Es liegt daher nahe, das Gebiet Ω und den Rand $\partial\Omega$ in kleine Elemente zu zerlegen und das Integral über jedes dieser finiten Elemente zu nähern.

Am einfachsten ist die Zerlegung in Simplizes[14]. Das sind Intervalle in einer Dimension, Dreiecke in zwei Dimensionen, Tetraeder in drei Dimensionen und so weiter. Abbildung 4.3 zeigt ein Beispiel für eine Triangulation[15] des Einheitskreises.

Es gibt Dreiecke, Knoten und Kanten. Jedes Dreieck hat drei Kanten. Die Endpunkte der Kanten heißen Knoten. Zu jedem Knoten mit den Koordinaten $p_i = (x_i, y_i)$ gehört eine Zeltfunktion $\phi_i = \phi_i(x, y)$. Sie hat am Knoten selber den Wert 1, fällt in den angrenzenden Dreiecken linear ab und verschwindet außerhalb der angrenzenden Dreiecke. Abbildung 4.4 illustriert das genauer.

---

[13] Die endlich-dimensionalen Räume für Test- und Entwicklungsfunktionen dürfen sich aber auch unterscheiden.
[14] Plural von Simplex
[15] Zerlegung einer Fläche in Dreiecke

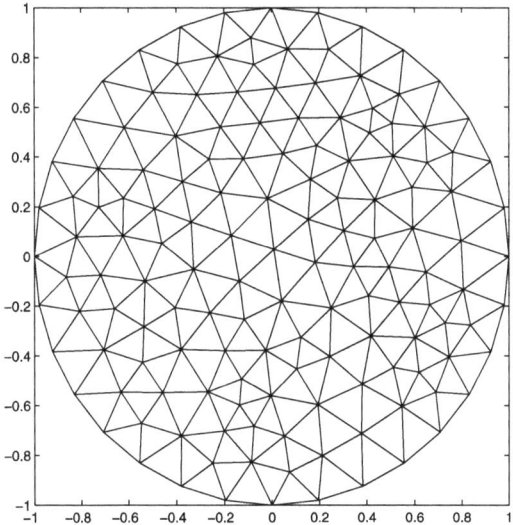

Abb. 4.3. Triangulation einer Kreisscheibe. Es gibt 254 Dreiecke und 144 Knoten. Der Rand besteht aus 32 Kanten

Man überlegt sich leicht, dass

$$\phi_i(x_j, y_j) = \delta_{ij} \tag{4.47}$$

gilt, und daraus folgt sofort

$$U_i = u(x_i, y_i). \tag{4.48}$$

Bei Zeltfunktionen sind die Entwicklungskoeffizienten gerade die Feldwerte an den Knoten!

Wir beschäftigen uns nun mit einem der Dreiecke, auf denen die Zeltfunktion lebt, etwa Dreieck A in Abbildung 4.4. Für die Fläche Δ dieses Dreieckes gilt

$$2\Delta = x_1 y_2 + x_2 y_3 + x_3 y_1 - x_1 y_3 - x_2 y_1 - x_3 y_2. \tag{4.49}$$

Wir definieren

$$s(x, y) = \frac{(y_2 - y_3)(x - x_3) + (x_3 - x_2)(y - y_3)}{2\Delta}. \tag{4.50}$$

s ist linear in x und in y. Die Funktion verschwindet bei p_2 und p_3, und damit auf der Kante $p_2 - p_3$. Außerdem gilt $s(x_1, y_1) = 1$. Damit beschreibt $s = s(x, y)$ die Funktion $\phi_1 = \phi_1(x, y)$ auf dem Dreieck A. Indem man die Indizes richtig auswechselt, erhält man ähnliche Ausdrücke für die Zeltfunktion ϕ_1 auf den Dreiecken C, D und E. Ebenso kann man durch bloßes Auswechseln der Indizes die Zeltfunktionen ϕ_2 und ϕ_3 auf dem Dreieck A ausrechnen. Alle anderen Zeltfunktionen verschwinden auf A.

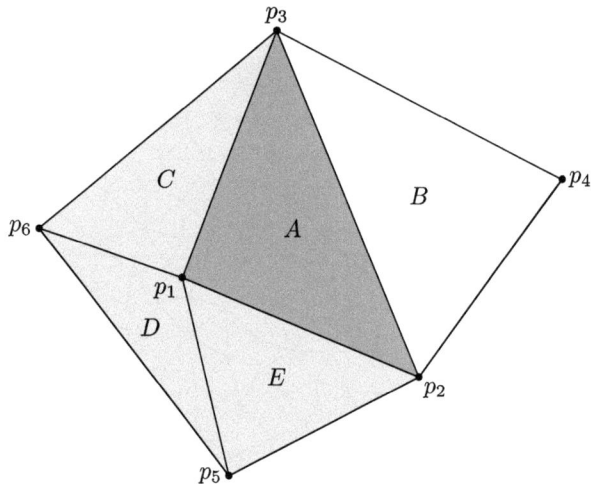

Abb. 4.4. Die Umgebung des Knotens p_1. Die Zeltfunktion ϕ_1 hat bei p_1 den Wert 1 und fällt linear auf 0 ab in Richtung auf die Kanten p_3-p_6, p_6-p_5, p_5-p_2 und p_2-p_3. Außerhalb der grau markierten Dreiecke verschwindet sie. Als Beispiel wird die Auswertung von Integralen auf dem Dreieck A (dunkelgrau unterlegt) erörtert

Die partiellen Ableitung der Zeltfunktion ϕ_1 auf A sind

$$\partial_x \phi_1 = \frac{y_2 - y_3}{2\Delta} \text{ und } \partial_y \phi_1 = \frac{x_3 - x_2}{2\Delta}. \tag{4.51}$$

Damit trägt das finite Element A zum Matrixelement K_{11} mit

$$\int_A d\Omega \, (\boldsymbol{\nabla}\phi_1) c (\boldsymbol{\nabla}\phi_1) = \bar{c}\Delta \left\{ \left(\frac{y_2 - y_3}{2\Delta}\right)^2 + \left(\frac{x_3 - x_2}{2\Delta}\right)^2 \right\} \tag{4.52}$$

bei. $\bar{c}$ ist der Wert der Funktion $c = c(x,y)$ im Mittelpunkt des Dreieckes A[16].

Dieses Beispiel sollte ausreichen zu zeigen, wie man die verschiedenen Beiträge zur Matrix K und zur rechten Seite F ausrechnet:

- Die Funktionen c, a und f werden im Mittelpunkt des aktuellen Dreiecks ausgewertet.
- Die Funktionen q und g werden im Mittelpunkt der aktuellen Kante ausgewertet.
- Die partiellen Ableitungen sind in (4.51) erklärt.

Das Dreieck A beispielsweise mit den Knoten p_1, p_2 und p_3 trägt zu K_{11}, K_{12}, K_{13}, K_{21}, K_{22}, K_{23}, K_{13}, K_{23}, K_{33} sowie zu F_1, F_2 und F_3 bei. Andererseits wird K_{11} von den finiten Elementen A, C, D und E beeinflusst.

---

[16] dort, wo in Abbildung 4.4 das Symbol A steht

Wir raten dringend davon ab, die Methode der Finiten Elemente selbst zu implementieren. Es gibt ausgefeilte Programme, die die mühsame Buchführung übernehmen, die am Ende zur Matrix K und zur rechten Seite F des linearen Gleichungssystems $KU = F$ führen. Dieses wird übrigens durch das MATLAB-Kommando U=K\F gelöst. Dahinter stecken viele Zentner von Software, die man besser auch nicht nacherfinden sollte, wenn man in seinem Leben noch etwas anderes vorhat.

4.5 Crank-Nicolson-Verfahren

Wir behandeln in diesem Abschnitt das Ausbreitungsproblem. Um konkret zu bleiben, studieren wir zwei sehr verschiedene Aufgaben, die Wärmeleitungsgleichung für die zeitliche Entwicklung einer Temperaturverteilung und die Fresnel-Gleichung für die Ausbreitung von Licht in einem Streifenwellenleiter oder im Vakuum. Wie wir sehen werden, sind nicht alle Ausbreitungsverfahren stabil. Stabil und genauer als die anderen ist das Crank-Nicolson-Verfahren.

4.5.1 Zwei Ausbreitungsprobleme

Die Wärmeleitungsgleichung[17]

$$u_t = \Delta u \tag{4.53}$$

haben wir bereits erwähnt. Sie ist auf dem Gebiet $(t, \boldsymbol{x}) \in [0, \infty] \times \Omega$ erklärt mit $\Omega \subseteq \mathbb{R}^3$. Es gibt Randbedingungen auf $\partial \Omega$ und eine Anfangsbedingung $u(0, \boldsymbol{x}) = u_0(\boldsymbol{x})$.

Wir führen noch ein zweites Beispiel an, die Ausbreitung von einfarbigem Licht. Dafür ist die Wellengleichung

$$\Delta E = \epsilon(\boldsymbol{x}) E \tag{4.54}$$

zuständig. Dabei beschreibt $\epsilon = \epsilon(\boldsymbol{x})$ die Permittivität des Mediums[18], und E ist eine Komponente des elektromagnetischen Feldes. Nähere Einzelheiten dazu findet man im *Physikbuch*.

Wenn sich das Licht in z-Richtung nahezu als ebene Welle ausbreiten kann, weil ϵ nicht von z abhängt[19], dürfen wir

$$E(x, y, z) = u(x, y, z)\,e^{i\beta z} \tag{4.55}$$

---

[17] Die Temperaturleitfähigkeit wurde auf 1 gesetzt.
[18] Die Wellenzahl $k_0 = \omega/c = 2\pi/\lambda$ des Vakuums – mit ω als Kreisfrequenz des Lichtes, c als Lichtgeschwindigkeit und λ als Lichtwellenlänge im Vakuum – haben wir auf 1 gesetzt.
[19] Streifenwellenleiter

schreiben, wobei

$$|u_{zz}| \ll |u_z| \tag{4.56}$$

gilt. u verändert sich nur schwach in z-Richtung. Damit berechnet man

$$\mathrm{i}u_z = \frac{-u_{xx} - u_{yy} + (\beta^2 - \epsilon(x,y))u}{2\beta}. \tag{4.57}$$

Das ist die bekannte Fresnel[20]-Gleichung der Optik. Wir wählen im Folgenden Einheiten für z so, dass auch $2\beta = 1$ gilt und befassen uns mit dem Prototypen

$$-\mathrm{i}u_z = u_{xx} + u_{yy} + \eta(x,y)u \tag{4.58}$$

der Fresnel-Gleichung. $\eta(x,y) = 0$ beschreibt die Ausbreitung von Licht im homogenen Medium.

4.5.2 Stabilitätsüberlegungen

Um die Dinge so einfach wie möglich zu machen, beschränken wir uns im folgenden auf eine Raumdimension x. In beiden Fällen soll die Ausbreitungskoordinate t heißen. Auch der Zusatz zum Laplace-Operator in (4.58) ist ohne Bedeutung. Wir untersuchen also die prototypischen partiellen Differentialgleichungen

$$u_t = u_{xx} \text{ (Wärmeleitungsgleichung)} \tag{4.59}$$

und

$$-\mathrm{i}u_t = u_{xx} \text{ (Fresnel-Gleichung)} . \tag{4.60}$$

Das Feld $u = u(t,x)$ wird durch Variable auf einem Gitter dargestellt:

$$u_r^n = u(n\tau, rh) \text{ mit } n, r \in \mathbb{Z}. \tag{4.61}$$

Es wäre voreilig, die Diskretisierungsweiten τ für t und h für x gleich groß zu wählen, wie wir gleich sehen werden.
Dem Polynom in Differentialoperatoren rückt man am besten mit einer Fourier-Zerlegung zu Leibe. Für eine bestimmte Raumfrequenz k gilt

$$u_r^n = \xi(k)^n \, \mathrm{e}^{\mathrm{i}krh} . \tag{4.62}$$

Das Ausbreitungsschema $u_r^n \to u_r^{n+1}$ ist stabil, wenn $|\xi(k)| \leq 1$ für alle Raumfrequenzen $k \in \mathbb{R}$ gilt.

---
[20] Augustin Jean Fresnel, 1788–1827, französischer Physiker

Explizit vorwärts

$u(t+\tau) = u(t) + \tau \dot{u}(t)$ ist das erste, was einem einfällt.
Für die Wärmeleitungsgleichung heißt das

$$\frac{u_r^{n+1} - u_r^n}{\tau} = \frac{u_{r+1}^n - 2u_r^n + u_{r-1}^n}{h^2}. \tag{4.63}$$

Die neuen Feldwerte kann man direkt, also explizit, aus den alten berechnen. Wir setzen (4.62) ein und berechnen

$$\xi(k) = 1 - \frac{4\tau}{h^2}\sin^2\frac{kh}{2} \text{ (Wärmeleitungsgleichung)}. \tag{4.64}$$

Für die Fresnel-Gleichung kommt

$$\xi(k) = 1 - \mathrm{i}\frac{4\tau}{h^2}\sin^2\frac{kh}{2} \text{ (Fresnel-Gleichung)} \tag{4.65}$$

heraus.

Das Ausbreitungsschema ‚explizit vorwärts' ist stabil für die Wärmeleitungsgleichung, solange $2\tau \leq h^2$ gewählt wird. Für die Fresnel-Gleichung ist es niemals stabil, es kommt überhaupt nicht in Frage.

Implizit vorwärts

Man kann natürlich auch die Ableitung an der Stelle verwenden, wohin man will, also $u(t+\tau) = u(t) + \tau \dot{u}(t+\tau)$.
Für die Wärmeleitungsgleichung heißt das

$$\frac{u_r^{n+1} - u_r^n}{\tau} = \frac{u_{r+1}^{n+1} - 2u_r^{n+1} + u_{r-1}^{n+1}}{h^2}. \tag{4.66}$$

Die neuen Feldwerte kann man aus den alten berechnen, indem ein lineares Gleichungssystem gelöst wird. Daher heißt dieses Ausbreitungsschema ‚implizit vorwärts'.

Wir setzen wieder (4.62) ein und erhalten

$$\frac{1}{\xi(k)} = 1 + \frac{4\tau}{h^2}\sin^2\frac{kh}{2} \text{ (Wärmeleitungsgleichung)} \tag{4.67}$$

sowie

$$\frac{1}{\xi(k)} = 1 + \mathrm{i}\frac{4\tau}{h^2}\sin^2\frac{kh}{2} \text{ (Fresnel-Gleichung)}. \tag{4.68}$$

Für beide Typen ist das Rechenschema ‚implizit vorwärts' immer stabil.

Crank-Nicolson-Verfahren

Die beiden vorgestellten Ausbreitungsformeln sind offensichtlich unsymmetrisch in Bezug auf die Ausbreitungsrichtung. Dieser Mangel lässt sich beheben, indem man sie mittelt. Dieses nach den Erfindern Crank[21] und Nicolson[22] genannte Ausbreitungsverfahren bedeutet für die Wärmeleitungsgleichung

$$u_r^n + \frac{\tau}{2}\frac{u_{r+1}^n - 2u_r^n + u_{r-1}^n}{h^2} = u_r^{n+1} - \frac{\tau}{2}\frac{u_{r+1}^{n+1} - 2u_r^{n+1} + u_{r-1}^{n+1}}{h^2}. \quad (4.69)$$

Das ist ein System linearer Gleichungen, das die neuen und die alten Feldwerte verbindet.

Wir setzen wiederum (4.62) ein und berechnen

$$\xi(k) = \frac{1 - (2\tau/h^2)\sin^2(kh/2)}{1 + (2\tau/h^2)\sin^2(kh/2)} \quad \text{(Wärmeleitungsgleichung)} \quad (4.70)$$

und

$$\xi(k) = \frac{1 - \mathrm{i}(2\tau/h^2)\sin^2(kh/2)}{1 + \mathrm{i}(2\tau/h^2)\sin^2(kh/2)} \quad \text{(Fresnel-Gleichung)}. \quad (4.71)$$

In beiden Fällen ist das Ausbreitungsschema stabil. Es ist zudem eine Ordnung in τ genauer als die vorher vorgestellten. Für Ausbreitungsrechnungen ist das Crank-Nicolson-Verfahren die Methode der Wahl.

4.5.3 Wärmeleitungsgleichung

Wir lösen die Wärmeleitungsgleichung $u_t = u_{xx}$ auf $(t,x) \in [0,\infty) \times [-\pi,\pi]$ mit der Anfangsbedingung

$$u(0,x) = 1 - |x|/\pi \quad (4.72)$$

und den Randbedingungen

$$u(t,\pi) = u(t,-\pi) = 0. \quad (4.73)$$

Im Kapitel über *Gewöhnliche Differentialgleichung* haben wir im Abschnitt *Eigenwertprobleme* gezeigt, dass man (4.72) als

$$u(0,x) = \frac{8}{\pi^2}\left\{\cos\frac{x}{2} + \frac{1}{3^2}\cos\frac{3x}{2} + \frac{1}{5^2}\cos\frac{5x}{2} + \ldots\right\} \quad (4.74)$$

---

[21] John Crank, 1916–2006, britischer Mathematiker
[22] Phylis Nicolson, 1917–1968, britische Mathematikerin

in eine Fourier-Reihe entwickeln kann. Daraus folgt sofort

$$u(t,x) = \frac{8}{\pi^2} \left\{ \cos\frac{x}{2} \, e^{-t/4} + \frac{1}{3^2} \cos\frac{3x}{2} \, e^{-9t/4} + \ldots \right\}. \qquad (4.75)$$

Jeder einzelne Term erfüllt die Randbedingung sowie die Wärmeleitungsgleichung. Die Summe genügt dann auch der Anfangsbedingung. An dieser analytischen Lösung können wir das numerische Verfahren überprüfen.

Wir kommentieren ein kurzes MATLAB-Programm:

```
1   Nx=65;
2   x=linspace(-pi,pi,Nx);
3   h=x(2)-x(1);
4   Nt=40;
5   u=zeros(Nx,Nt);
6   tau=0.15;
7   t=0:tau:(Nt-1)*tau;
```

Damit wird die Diskretisierung festgelegt und ein Feld u reserviert.

```
8   u(:,1)=1-abs(x')/pi;
```

trägt die Anfangsbedingung ein. Nun stellen wir die linearen Operatoren (Matrizen) bereit, mit denen man die inneren Punkte bearbeitet. I und L haben deswegen Nx-2 Zeilen und Spalten. Mit der Funktion diag(d,j) wird ein Diagonalenvektor d eingebaut, der j Plätze von der Hauptdiagonalen entfernt ist:

```
9   L=(diag(ones(1,Nx-3),-1)...
10  -2*diag(ones(1,Nx-2),0)...
11  +diag(ones(1,Nx-3),1));
12  I=eye(Nx-2);
13  z=0.5*tau/h^2;
```

Und jetzt wird iteriert. Man nimmt das alte Feld uo und berechnet mit der Anweisung ui=(I+zL)*uo das intermediäre Feld, also bei $t+\tau/2$. Das neue Feld un ist die Lösung des linearen Gleichungssystem (I-zL)*un=ui. Das neue Feld muss anschließend mit den Randbedingungen in die Lösung u eingebaut werden. Und so steht es auch im Programm:

```
14  for n=1:Nt-1
15      uo=u(2:Nx-1,n);
16      ui=(I+z*L)*uo;
17      un=(I-z*L)\ui;
18      u(:,n+1)=[0;un;0];
19  end;
```

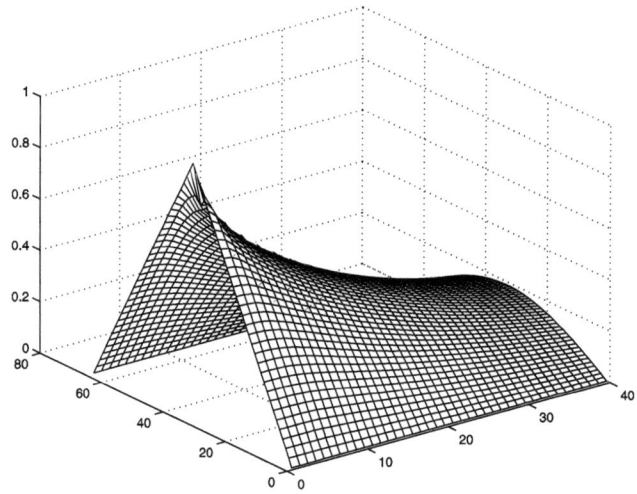

Abb. 4.5. Lösung der Wärmeleitungsgleichung $u_t = u_{xx}$ für $t \geq 0$ und $x \in [-\pi, \pi]$. Die Anfangsbedingung ist $u(0,x) = 1 - |x|/\pi$, an den Rändern gilt $u(t, -\pi) = u(t, \pi) = 0$. Die Achsen sind mit den Indizes der Stützstellen beziehungsweise der Ausbreitungsschritte beschriftet

Das ist der Kern des Crank-Nicolson-Verfahrens. Die Programmzeile

```
20   mesh(u);
```

erzeugt dann Abbildung 4.5.

Wer das Programm sorgfältig studiert, wird feststellen, dass man die Ausbreitungsmatrix

$$P = \left(I - \frac{\tau}{2h^2}L\right)^{-1}\left(I + \frac{\tau}{2h^2}L\right) \text{ für } u_r^{n+1} = \sum_s P_{rs} u_s^n \qquad (4.76)$$

eigentlich nur ein einziges Mal berechnen muss. Stattdessen haben wir programmiert, dass bei jedem Ausbreitungsschritt ein lineares Gleichungssystem gelöst werden muss. Das ist jedoch nicht zu umgehen, wenn sich die Randbedingungen zeitlich verändern oder wenn ein Koeffizient der Differentialgleichung von der Zeit abhängt. Wir haben hier lediglich aus pädagogischen Gründen den denkbar einfachsten Fall implementiert, nämlich dass das Feld auf dem Rand verschwinden soll.

Man sollte ein numerisches Verfahren immer erst einmal an einem analytisch lösbaren Beispiel überprüfen. Oft hört man nämlich mit der Fehlersuche auf, wenn die Lösung so aussieht, wie man sie sich vorstellt. In unserem Fall ist der Vergleich mit (4.75) gut ausgegangen.

5
Lineare Operatoren

Lineare Operatoren bilden einen linearen Raum linear in sich selber oder in einen anderen linearen Raum ab. Das heißt, dass man erst linear kombinieren und dann abbilden kann oder erst abbildet und dann linear kombiniert, mit demselben Ergebnis. Das erklären wir genauer im Abschnitt über *lineare Abbildungen*. Wir führen dann das Skalarprodukt ein, damit wird ein linearer Raum zu einem *Hilbert-Raum*. Dessen lineare Teilräume kennzeichnen wir durch *Projektoren auf Teilräume*. Die wichtige Klasse der *normalen Operatoren* ist dadurch ausgezeichnet, dass sie mit ihrem Adjungierten vertauschen. Selbstadjungierte, unitäre und positive Operatoren sind normal. Für sie kann man sehr einfach *Funktionen von Operatoren* definieren, nicht nur als konvergente Potenzreihen. Wir decken auf, was *Translationen* und die *Fourier-Transformation* miteinander zu tun haben. Der nächste Abschnitt behandelt *Ort und Impuls*, redet von Schwankungen und begründet die Heisenbergsche Unschärfebeziehung, allein mit der algebraischen Struktur der Vertauschungsregeln. Gleichfalls nur mit den Vertauschungsregeln leiten wir die Eigenschaften von *Leiter-Operatoren* her und studieren mit diesem Werkzeug die irreduziblen unitären Darstellungen der *Drehgruppe*.

5.1 Lineare Abbildungen

Wir erinnern an die Definition des linearen Raumes und gehen auf lineare Teilräume ein. Lineare Teilräume werden von Mengen linear unabhängiger Vektoren aufgespannt, deren Mächtigkeit die Dimension definiert. Im Vordergrund des Interesses stehen lineare Abbildungen zwischen linearen Räumen. Die linearen Abbildungen eines linearen Raumes auf sich bilden einen Ring: lineare Abbildungen kann man addieren, mit Skalaren multiplizieren, und multiplizieren. Die Multiplikation ist im Allgemeinen nicht kommutativ.

5.1.1 Lineare Räume

Ein linearer Raum besteht aus Objekten, die man addieren und mit Zahlen multiplizieren kann. Man spricht auch von einem Vektorraum. Die Objekte heißen oft Vektoren, die Zahlen Skalare. Das können reelle oder komplexe Zahlen sein. Wir bezeichnen den linearen Raum mit $\mathcal{L}$. Wenn nichts anderes gesagt wird, sind die Skalare immer komplexe Zahlen.

Die Addition von Vektoren und die Multiplikation mit Skalaren soll den folgenden Regeln genügen:

$$x + (y + z) = (x + y) + z \tag{5.1}$$
$$x + y = y + x \tag{5.2}$$
$$\alpha(\beta x) = (\alpha\beta)x \tag{5.3}$$
$$\alpha(x + y) = \alpha x + \alpha y \tag{5.4}$$

für $x, y, z \in \mathcal{L}$ und $\alpha, \beta \in \mathbb{C}$. In $\mathcal{L}$ gibt es einen Nullvektor 0, der durch $0x = 0$ für alle $x \in \mathcal{L}$ charakterisiert wird. Der Skalar vor x ist die Zahl 0.

Eine Menge $\{x_1, x_2, \ldots, x_n\}$ von Vektoren in $\mathcal{L}$ ist linear unabhängig, wenn die Gleichung

$$\alpha_1 x_1 + \alpha_2 x_2 + \ldots + \alpha_n x_n = 0 \tag{5.5}$$

nur die Lösung $\alpha_1 = \alpha_2 = \ldots = \alpha_n = 0$ hat.

Mit

$$\mathcal{L}' = \mathcal{L}'\{x_1, x_2, \ldots, x_n\} = \left\{ x \,|\, x = \sum_{i=1}^{n} \alpha_i x_i \text{ mit } \alpha_i \in \mathbb{C} \right\} \tag{5.6}$$

bezeichnen wir den durch die linear unabhängigen Vektoren $\{x_1, x_2, \ldots, x_n\}$ aufgespannten Teilraum von $\mathcal{L}$. Die Menge $\{x_1, x_2, \ldots, x_n\}$ ist eine Basis für $\mathcal{L}'$, wenn es sich um linear unabhängige Vektoren handelt. Nur dann.

Wenn man denselben Teilraum $\mathcal{L}'$ einmal aus den linear unabhängigen Vektoren $\{x_1, x_2, \ldots x_n\}$ erzeugt und zum anderen aus den linear unabhängigen Vektoren $\{y_1, y_2, \ldots y_m\}$, dann muss $m = n$ gelten, und man nennt $m = n$ die Dimension des Raumes. $\mathcal{L}$ selber ist ein endlich-dimensionaler Raum, wenn er durch eine endliche Menge linear unabhängiger Vektoren erzeugt werden kann.

Wenn man eine abzählbar unendliche Menge $\{x_1, x_2, \ldots\}$ von Vektoren aus $\mathcal{L}$ angeben kann, sodass jede Teilmenge linear unabhängig ist, dann hat der lineare Raum die Dimension abzählbar-unendlich[1].

Die Polynome vom Grade $k < n$, also komplexwertige Funktionen einer komplexen Variablen der Gestalt

---

[1] Es gibt höhergradig unendlich-dimensionale lineare Räume, mit denen wir uns hier aber nicht befassen möchten.

$$p(z) = a_0 + a_1 z + \ldots + a_{n-1} z^{n-1} \tag{5.7}$$

bilden einen n-dimensionalen linearen Raum $\mathcal{P}_n$. Der lineare Raum $\mathcal{P}$ aller Polynome hat die Dimension abzählbar-unendlich.

5.1.2 Lineare Abbildungen

Wir betrachten zwei lineare Räume $\mathcal{L}_1$ und $\mathcal{L}_2$. Eine Abbildung $L : \mathcal{L}_1 \to \mathcal{L}_2$ heißt linear, wenn

$$L(\alpha x + \beta y) = \alpha L(x) + \beta L(y) \tag{5.8}$$

gilt für alle $x, y \in \mathcal{L}_1$ und für alle $\alpha, \beta \in \mathbb{C}$.

Wenn man ein Polynom p differenziert, erhält man wiederum ein Polynom. Also ist die Operation ‚Ableiten' eine Abbildung von $\mathcal{P}$ in sich selber. Diese Operation ist offensichtlich linear.

$\mathbb{C}$ selber kann man als einen eindimensionalen linearen Raum auffassen. Damit ist die Integration eines Polynoms, etwa

$$I_{[a,b]}(p) = \int_a^b \mathrm{d}x\, p(x)\,, \tag{5.9}$$

eine lineare Abbildung $\mathcal{P} \to \mathbb{C}$, wie man leicht zeigen kann. Diese Aussage gilt generell für Integrale.

5.1.3 Ring der linearen Abbildungen

Wir betrachten jetzt lineare Abbildungen eines linearen Raumes $\mathcal{L}$ in sich. Mit $\mathfrak{A}$ bezeichnen wir die Menge aller solcher linearen Abbildungen.
Auf $\mathfrak{A}$ kann man addieren,

$$(M + N)(x) = M(x) + N(x) \quad \text{wobei} \quad M, N \in \mathfrak{A} \quad \text{und} \quad x \in \mathcal{L}. \tag{5.10}$$

Auf $\mathfrak{A}$ kann man auch mit Skalaren multiplizieren,

$$(\alpha M)(x) = \alpha M(x) \quad \text{für} \quad M \in \mathfrak{A} \quad \text{und} \quad \alpha \in \mathbb{C}. \tag{5.11}$$

$\mathfrak{A}$ ist also ein linearer Raum, denn die entsprechenden Verträglichkeitsregeln sind erfüllt.
Auf $\mathfrak{A}$ kann man zudem multiplizieren[2],

$$(NM)(x) = N(M(x))\,. \tag{5.12}$$

---
[2] im Sinne von nacheinander abbilden

Weil das Assoziativgesetz

$$N(ML) = (NM)L \qquad (5.13)$$

und die Verträglichkeitsregel

$$L(M + N) = LM + LN \qquad (5.14)$$

für lineare Abbildungen $L, M, N \in \mathfrak{A}$ erfüllt sind, haben wir in $\mathfrak{A}$ einen Ring vor uns.

Dieser Ring ist ab Dimension 2 nicht-kommutativ, man kann sich also nicht auf $MN = NM$ verlassen.

Der einfachste interessante Vektorraum hat zwei Dimensionen. Die Menge $\mathfrak{A}$ der zugehörigen linearen Transformationen kann mit den komplexen 2×2-Matrizen identifiziert werden. Man findet leicht zwei Matrizen M und N, sodass sich MN und NM unterscheiden.

5.2 Lineare Operatoren im Hilbert-Raum

Indem man den linearen Raum mit einem Skalarprodukt ausstattet, kann man Begriffe wie ‚senkrecht‘, ‚Länge eines Vektors‘, damit ‚Norm‘ und ‚Konvergenz‘, also die Topologie ins Spiel bringen. Hilbert-Räume haben eine reiche Struktur, der wir uns im Folgenden widmen wollen.

5.2.1 Hilbert-Raum

Ein Hilbert[3]-Raum $\mathcal{H}$ ist ein linearer Raum, der mit einem Skalarprodukt ausgestattet und in der entsprechenden Norm vollständig ist. Wir erklären das jetzt.

Zu je zwei Vektoren $x, y \in \mathcal{H}$ gibt es eine komplexe Zahl (y, x), das Skalarprodukt. Für das Skalarprodukt gilt

$$(y, x) = (x, y)^* \quad \text{und} \quad (z, \alpha x + \beta y) = \alpha(z, x) + \beta(z, y). \qquad (5.15)$$

$\|x\| = \sqrt{(x, x)}$ soll eine Norm sein. Daher muss man zusätzlich

$$(x, x) \geq 0 \qquad (5.16)$$

und

$$(x, x) = 0 \quad \text{nur für} \quad x = 0 \qquad (5.17)$$

fordern. Das Skalarprodukt eines Vektors mit sich selber ist niemals negativ, und es verschwindet nur für den Nullvektor.

---
[3] David Hilbert, 1862–1943, deutscher Mathematiker

Aus den Regeln für das Skalarprodukt folgen die Schwarzsche Ungleichung und die Dreiecksungleichung. Die Schwarzsche[4] Ungleichung wird auch als Cauchy-Schwarz-Ungleichung oder als Bunjakowski[5]-Cauchy-Schwarz-Ungleichung bezeichnet. Sie besagt

$$|(x,y)| \leq \|x\|\|y\|. \tag{5.18}$$

Daraus folgt die Dreiecksungleichung

$$\|x+y\| \leq \|x\| + \|y\|. \tag{5.19}$$

Für $y = 0$ ist (5.18) erfüllt, wir kümmern uns daher nur noch um $y \neq 0$. Es gilt für jede komplexe Zahl α die Ungleichung

$$0 \leq (x - \alpha y, x - \alpha y) = (x,x) - \alpha^*(y,x) - \alpha(x,y) + \alpha^*\alpha(y,y). \tag{5.20}$$

Wir wählen $\alpha = (x,y)/(y,y)$ und multiplizieren (5.20) mit (y,y). Das Ergebnis

$$0 \leq (x,x)(y,y) - (x,y)(y,x) \tag{5.21}$$

ist dasselbe wie die Schwarzsche Ungleichung. Die haben wir also soeben bewiesen.

Es gilt

$$\|x+y\|^2 = \|x\|^2 + \|y\|^2 + 2\operatorname{Re}(x,y) \leq \|x\|^2 + \|y\|^2 + 2|(x,y)|. \tag{5.22}$$

Mit der Schwarzschen Ungleichung kann man gemäß

$$\|x+y\|^2 \leq \|x\|^2 + \|y\|^2 + 2\|x\|\|y\| \tag{5.23}$$

abschätzen, und genau das ist die Dreiecksungleichung (5.19).

Zurück zum Hilbert-Raum. Am schwierigsten ist meistens der Beweis, dass der vermutete Hilbert-Raum vollständig ist in dem Sinne, dass jede Cauchy-Folge einen Grenzwert hat. Eine Cauchy-Folge x_n ist dadurch gekennzeichnet, dass für jedes $\epsilon > 0$ eine natürliche Zahl N existiert, sodass $\|x_m - x_n\| \leq \epsilon$ ausfällt für alle $m, n \geq N$. Abgeschlossen bedeutet: zu der Cauchy-Folge gehört ein $x \in \mathcal{H}$ sodass $\lim x_n = x$ gilt.

Man betrachte beispielsweise den linearen Raum der auf $[-1, 1]$ stetigen Funktionen, und

$$(g,f) = \int_{-1}^{1} \mathrm{d}x\, g^*(x) f(x) \tag{5.24}$$

soll das Skalarprodukt sein. Damit wird <u>kein</u> Hilbert-Raum erklärt, weil eine konvergente Folge stetiger Funktionen nicht unbedingt wieder stetig ist.

---
[4] Hermann Schwarz, 1843–1921, deutscher Mathematiker
[5] Wiktor Jakowlewitsch Bunjakowski, 1804–1889, russischer Mathematiker

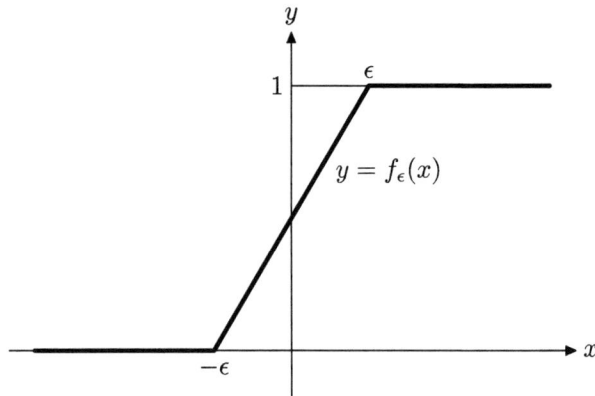

Abb. 5.1. Die Familie $y = f_\epsilon(x)$ stetiger Funktionen konvergiert mit $\epsilon \to 0$ gegen die unstetige Sprungfunktion $y = \theta(x)$

Abbildung 5.1 stellt das für eine Folge stetiger Funktionen dar, die gegen die Sprungfunktion konvergiert.

Auf einem Gebiet[6] Ω definierte komplexwertige Funktionen heißen quadratintegrabel, wenn

$$\int_\Omega \mathrm{d}x\, |f(x)|^2 < \infty \tag{5.25}$$

ausfällt. Wegen (5.18) existiert dann auch

$$(g, f) = \int_\Omega \mathrm{d}x\, g^*(x) f(x) \tag{5.26}$$

für quadratintegrable Funktionen f und g. Da der Limes integrierbarer Funktionen integrierbar ist, haben wir einen Hilbert-Raum vor uns. Dieser Hilbert-Raum wird üblicherweise mit $L_2(\Omega)$ bezeichnet. Das L steht für das Lebesgue[7]-Integral. Die tief gestellte 2 besagt, dass das Betragsquadrat der Funktion zu integrieren ist, und Ω kennzeichnet das Integrationsgebiet. Wir gehen unter *Tiefere Einsichten* im Abschnitt über *Maß und Lebesgue-Integral* auf den subtilen Unterschied zum Riemann-Integral des Grundlagenkapitels ein.

Der endlich-dimensionale Raum $\mathbb{C}^n$ besteht aus n-Tupeln komplexer Zahlen. Mit den üblichen Rechenoperationen ist das ein linearer Raum. Wir definieren das Skalarprodukt als

$$(y, x) = \sum_{i=1}^n y_i^* x_i . \tag{5.27}$$

---

[6] fast immer ein Intervall, nicht notwendig endlich
[7] Henri Léon Lebesgue, 1875–1941, französischer Mathematiker

Man sieht leicht ein, dass damit $\mathbb{C}^n$ zu einem Hilbert-Raum wird.

Wir beschäftigen uns meistens mit den Hilbert-Räumen $\mathbb{C}^n$ und $L_2(\Omega)$.

5.2.2 Lineare Operatoren

Als linearen Operator bezeichnen wir von nun an eine lineare Abbildung des Hilbert-Raumes $\mathcal{H}$ auf sich. Es ist üblich, das Argument nicht in Klammern zu setzen. $x \in \mathcal{H}$ wird zu $y = Lx \in \mathcal{H}$, mit dem linearen Operator L.

Die Abbildung $x \to (y, Lx)$ von $\mathcal{H}$ in $\mathbb{C}$ ist linear. Es gibt dann einen Vektor z sodass $(y, Lx) = (z, x)$ gilt. Alle Linearformen sind Skalarprodukte, so das Lemma von Riesz[8]. Dieses z hängt wiederum linear von y ab, $z = L^\dagger y$. Auf diese Weise wird jedem linearen Operator L ein adjungierter Operator $L^\dagger$ zugeordnet, und es gilt

$$(L^\dagger y, x) = (y, Lx) \tag{5.28}$$

für beliebige $x, y \in \mathcal{H}$.

Die linearen Operatoren des $\mathbb{C}^n$ sind $n \times n$-Matrizen aus komplexen Zahlen. Wegen

$$(y, Lx) = \sum_{i=1}^n y_i^* \sum_{k=1}^n L_{ik} x_i = \sum_{i=1}^n \left(\sum_{k=1}^n y_i L_{ik}^* \right)^* x_i \tag{5.29}$$

folgt sofort

$$L^\dagger{}_{ki} = L_{ik}^* . \tag{5.30}$$

Die adjungierte Abbildung wird durch die adjungierte Matrix vermittelt: Zeilen mit Spalten vertauschen und komplex konjugieren.

Für zwei lineare Operatoren M und N gilt

$$(y, NMx) = (N^\dagger y, Mx) = (M^\dagger N^\dagger y, x), \tag{5.31}$$

also

$$(NM)^\dagger = M^\dagger N^\dagger . \tag{5.32}$$

Das muss man sich gut merken.

5.3 Projektoren auf Teilräume

Lineare Teilräume des Hilbert-Raumes kennzeichnet man durch entsprechende Projektoren. Der Begriff von der Zerlegung der Eins in paarweise orthogonale Projektoren wird später eine wichtige Rolle spielen.

---
[8] Frigyes Riesz, 1880–1956, ungarischer Mathematiker

5.3.1 Teilräume

Unter einem linearen Teilraum $\mathcal{L}$ des Hilbert-Raumes $\mathcal{H}$ versteht man eine Untermenge des Hilbert-Raumes, die selber ein linearer Raum ist. $\mathcal{L}$ ist nicht unbedingt vollständig und damit selbst nicht unbedingt ein Hilbert-Raum.

Zwei Vektoren $x, y \in \mathcal{H}$ sind zueinander orthogonal, wenn das Skalarprodukt (y,x) verschwindet. Das kann man auf Teilräume ausdehnen. Zwei Teilräume $\mathcal{L}_1$ und $\mathcal{L}_2$ des Hilbert-Raumes $\mathcal{H}$ sind zueinander orthogonal, wenn

$$(y,x) = 0 \quad \text{für} \quad x \in \mathcal{L}_1 \quad \text{und} \quad y \in \mathcal{L}_2 \tag{5.33}$$

gilt. Dafür schreiben wir auch $(\mathcal{L}_2, \mathcal{L}_1) = 0$.

Als Basis für einen linearen Teilraum $\mathcal{L} \subseteq \mathcal{H}$ wählt man zweckmäßig ein vollständiges Orthonormalsystem, eine Menge $\{x_1, x_2, \ldots\}$ von normierten und paarweise orthogonalen Vektoren,

$$(x_j, x_k) = \delta_{jk} . \tag{5.34}$$

Jeder Vektor $x \in \mathcal{L}$ kann als

$$x = \sum \alpha_j x_j \tag{5.35}$$

dargestellt werden.

5.3.2 Projektoren

Wir betrachten einen n-dimensionalen Teilraum $\mathcal{L}$ des Hilbert-Raumes. $\mathcal{L}$ soll durch das vollständige Orthonormalsystem $\{x_1, x_2, \ldots, x_n\}$ aufgespannt werden. Einem beliebigen Vektor x ordnen wir die Projektion

$$y = \sum_{j=1}^{n} (x_j, x) \, x_j \tag{5.36}$$

zu. Wegen $(x_i, y) = (x_i, x)$ schließen wir $(x_i, x - y) = 0$. Damit haben wir den beliebigen Vektor x in einen Anteil y in $\mathcal{L}$ und den Rest $x - y$ zerlegt, der senkrecht auf y steht.

Weil y linear von x abhängt, können wir die Projektion auf $\mathcal{L}$ durch einen linearen Operator beschreiben, $y = \Pi x$. Π ist ein Projektor.

Ein Projektor ist selbstadjungiert und idempotent[9],

$$\Pi = \Pi^\dagger \quad \text{und} \quad \Pi^2 = \Pi . \tag{5.37}$$

Um das zu zeigen, muss man den Ausdruck $(z, \Pi x) = \sum_j (x_j, x)(z, x_j)$ mit $(\Pi z, x) = \sum_j (x_j, z)^* (x_j, x)$ vergleichen: dasselbe. Außerdem gilt $\Pi \Pi x = \Pi x$, wegen $\Pi x_i = x_i$.

---
[9] mehrfache Anwendung bewirkt dasselbe wie einfache Anwendung

Jeder lineare Teilraum $\mathcal{L} \subseteq \mathcal{H}$ wird durch seinen Projektor Π beschrieben, und umgekehrt definiert ein Projektor Π gemäß (5.37) einen linearen Teilraum $\mathcal{L} = \Pi\mathcal{H}$. Die Dimension des Teilraumes ist zugleich die Dimension des Projektors. Wir haben das zwar nur für endlich-dimensionale Projektoren gezeigt, die Aussage bleibt aber richtig, wenn der Teilraum $\mathcal{L}$ vollständig ist in dem Sinne, dass konvergente Folgen $f_1, f_2, \ldots$ von Vektoren in $\mathcal{L}$ einen Grenzwert in $\mathcal{L}$ haben.

Ein linearer Operator M' ist kleiner oder gleich einem anderen linearen Operator M'', wenn

$$(x, M'x) \leq (x, M''x) \quad \text{für alle } x \in \mathcal{H} \tag{5.38}$$

gilt. In diesem Sinne gilt $0 \leq \Pi \leq I$. Jeder Projektor ist positiv[10] und wird durch den Eins-Operator nach oben beschränkt.

Wir wollen noch eine Unzulänglichkeit der Definition (5.36) beseitigen. Der betrachtete lineare Teilraum wird durch das Orthonormalsystem $x_1, x_2, \ldots, x_n$ aufgespannt, und damit wird auch die Projektion Πx eines beliebigen Vektors auf den Teilraum erklärt. Sei nun $\bar{x}_1, \bar{x}_2, \ldots, \bar{x}_n$ ein anderes Orthonormalsystem, das denselben Teilraum aufspannt. Es muss dann

$$x_i = \sum_{k=1}^{n} u_{ik} \bar{x}_k \tag{5.39}$$

gelten, mit

$$\delta_{ij} = (x_i, x_j) = \sum_{k=1}^{n} \sum_{l=1}^{n} u_{ik}^* u_{jl} (\bar{x}_k, \bar{x}_l) = \sum_{k=1}^{n} u_{jk} u_{ik}^*, \tag{5.40}$$

also $uu^\dagger = I$ für die $n \times n$-Matrix u. Das zieht bekanntlich $u^\dagger u = I$ nach sich. Die Matrix u ist unitär.

Es gilt:

$$\Pi x = \sum_{i=1}^{n}(x_i, x)x_i = \sum_{i=1}^{n}\sum_{j=1}^{n} u_{ij}^*(\bar{x}_j, x) \sum_{k=1}^{n} u_{ik}\bar{x}_k = \sum_{j=1}^{n}(\bar{x}_j, x)\bar{x}_j. \tag{5.41}$$

Dabei haben wir von $\sum_i u_{ij}^* u_{ik} = \delta_{jk}$ Gebrauch gemacht.

Das Ergebnis (5.41) besagt, dass es bei der Berechnung der Projektion nicht darauf ankommt, durch welches Orthonormalsystem der Teilraum aufgespannt wird.

5.3.3 Zerlegung der Eins

Π sei ein Projektor. Für beliebiges x gilt $(\Pi x, (I-\Pi)x) = 0$. $\Pi\mathcal{H}$ und $(I-\Pi)\mathcal{H}$ stehen also senkrecht aufeinander. Das ist mit $\Pi(I-\Pi) = 0$ gleichbedeutend.

---
[10] im Sinne von nicht-negativ

$I = \Pi + (I - \Pi)$ mit $\Pi(I - \Pi) = 0$ stellt eine Zerlegung der Eins dar, eine Zerlegung des Hilbert-Raumes in zwei zueinander orthogonale Teilräume. Das kann man fortsetzen, indem der zu $\Pi\mathcal{H}$ orthogonale Teilraum weiter zerlegt wird, und so weiter.

Unter einer Zerlegung der Eins versteht man eine Menge $\{\Pi_1, \Pi_2, \ldots\}$ von zueinander orthogonalen Projektoren,

$$\Pi_j \Pi_k = \delta_{jk} I, \tag{5.42}$$

sodass

$$\Pi_1 + \Pi_2 + \ldots = I \tag{5.43}$$

gilt. Dem entspricht eine Zerlegung des Hilbert-Raumes in zueinander orthogonale Teilräume $\mathcal{H}_j = \Pi_j \mathcal{H}$. Wie wir gleich sehen werden, ist eine interessante Klasse von linearen Operatoren dadurch gekennzeichnet, dass sie normal sind. Normal in dem Sinne, dass die Abbildung in jedem Teilraum $\mathcal{H}_j$ als simple Multiplikation der Vektoren mit einem Skalar ν_j wirkt.

5.4 Normale Operatoren

Ein linearer Operator heißt normal, wenn er mit seinem Adjungierten vertauscht. Solch ein normaler Operator kann stets als Summe über Vielfaches von Projektoren geschrieben werden, die eine Zerlegung der Eins bilden. Diese Faktoren, mit denen die Projektoren multipliziert werden, sind die Eigenwerte des Operators, und die Projektoren projizieren auf Eigenräume. Sind alle Eigenwerte reell, ist der Operator selbstadjungiert. Liegen die Eigenwerte auf dem Einheitskreis, hat man einen unitären Operator vor sich. Positive Operatoren sind durch positive Eigenwerte ausgezeichnet. Dichteoperatoren haben Wahrscheinlichkeiten als Eigenwerte, nicht-negative reelle Zahlen, die sich zu Eins aufsummieren.

5.4.1 Spektralzerlegung

Wir betrachten eine Zerlegung der Eins in paarweise orthogonale Projektoren,

$$I = \sum_j \Pi_j \quad \text{mit} \quad \Pi_j \Pi_k = \delta_{jk}. \tag{5.44}$$

$\nu_1, \nu_2, \ldots$ sei eine Folge komplexer Zahlen. Wir definieren mit

$$N = \sum_j \nu_j \Pi_j, \tag{5.45}$$

einen linearen Operator. Der dazu adjungierte Operator ist

$$N^\dagger = \sum_j \nu_j^* \Pi_j \,. \tag{5.46}$$

Sowohl $NN^\dagger$ als auch $N^\dagger N$ ergeben

$$NN^\dagger = N^\dagger N = \sum_j |\nu_j|^2 \Pi_j \,, \tag{5.47}$$

daher gilt $N^\dagger N = NN^\dagger$. N ist normal in dem Sinne, dass er mit seinem adjungierten Operator $N^\dagger$ vertauscht.

Umgekehrt kann man zeigen, dass jeder durch $N^\dagger N = NN^\dagger$ charakterisierte normale Operator die Gestalt (5.45) hat. Wir zeigen das am Ende dieses Abschnittes wenigstens für endlich-dimensionale Hilbert-Räume.

Man nennt ν_j einen Eigenwert, dazu gehört ein Teilraum $\mathcal{L}_j = \Pi_j \mathcal{H}$ von Eigenvektoren. In der Tat, für $x \in \mathcal{L}_j$ gilt

$$Nx = \nu_j x \,. \tag{5.48}$$

Nicht alle linearen Operatoren sind normal. Ein ganz triviales Beispiel ist

$$L = \begin{pmatrix} 0 & 1 \\ 0 & 0 \end{pmatrix} \text{ mit } L^\dagger = \begin{pmatrix} 0 & 0 \\ 1 & 0 \end{pmatrix} \,. \tag{5.49}$$

Man überzeugt sich einfach davon, dass $LL^\dagger$ und $L^\dagger L$ nicht übereinstimmen.

5.4.2 Selbstadjungierte Operatoren

Ein selbstadjungierter Operator A stimmt mit seinem Adjungierten $A^\dagger$ überein. Es gilt $A = A^\dagger$. Damit ist A auch normal und kann als

$$A = \sum_j a_j \Pi_j \text{ mit } a_j \in \mathbb{R} \tag{5.50}$$

geschrieben werden, mit einer Zerlegung $\Pi_1, \Pi_2 \ldots$ in paarweise orthogonale Projektoren. Aus (5.45) und (5.46) folgt, dass die Eigenwerte a_j reell sind.

Wenn wir einen endlich-dimensionalen Hilbert-Raum vor uns haben, werden selbstadjungierte lineare Operatoren durch hermitesche[11] Matrizen dargestellt. Sie sind durch $A_{jk} = (A_{kj})^*$ charakterisiert. Die Matrix ändert sich nicht, wenn man sie transponiert und dann komplex-konjugiert.

In der Quantentheorie werden Messgrößen (Observable) durch selbstadjungierte Operatoren beschrieben. Die möglichen Messwerte einer Observablen sind gerade die Eigenwerte. Die sind reell, wie wir nun wissen.

---
[11] Charles Hermite, 1822–1901, französischer Mathematiker

Übrigens kann jeder lineare Operator L gemäß $L = X + \mathrm{i}Y$ mit selbstadjungierten Operatoren X und Y dargestellt werden. Man muss lediglich $X = (L^\dagger + L)/2$ wählen und $Y = (L^\dagger - L)/2\mathrm{i}$.

Hier ein ganz einfaches Beispiel aus dem $\mathbb{C}^2$: Die Matrix L des Gegenbeispiels (5.49) kann als $L = X + \mathrm{i}Y$ geschrieben werden mit

$$X = \frac{1}{2}\begin{pmatrix} 0 & 1 \\ 1 & 0 \end{pmatrix} \quad \text{sowie} \quad Y = \frac{1}{2}\begin{pmatrix} 0 & -\mathrm{i} \\ \mathrm{i} & 0 \end{pmatrix}. \tag{5.51}$$

5.4.3 Positive Operatoren

Ein positiver[12] Operator P ist durch

$$P = B^\dagger B \tag{5.52}$$

gekennzeichnet. Damit gleichwertig ist

$$(x, Px) \geq 0 \quad \text{für alle } x \in \mathcal{H}. \tag{5.53}$$

Die Eigenwerte eines positiven Operators sind niemals negativ,

$$P = \sum_j p_j \Pi_j \quad \text{mit } p_j \geq 0. \tag{5.54}$$

Er ist insbesondere normal.

Aus $P = B^\dagger B$ folgt $P^\dagger = B^\dagger B$. Bekanntlich ist das Adjungierte eines Produktes von linearen Operatoren das Produkt der adjungierten Operatoren in umgekehrter Reihenfolge. Folglich ist P selbstadjungiert und damit normal. Für (x, Px) rechnet man $(x, B^\dagger Bx) = (Bx, Bx) \geq 0$ aus. Wählt man $x \in \Pi_j \mathcal{H}$ aus, so gilt $(x, Px) = p_j(x, x) \geq 0$. Die Eigenwerte p_j können also nicht negativ sein.

5.4.4 Unitäre Operatoren

Eine lineare Abbildung $U : \mathcal{H} \in \mathcal{H}$, die die Skalarprodukte nicht ändert, heißt unitär. Aus $(y, x) = (Uy, Ux)$ folgt

$$U^\dagger U = I. \tag{5.55}$$

Weil U nur den Nullvektor in den Nullvektor abbilden kann, ist eine unitäre Transformation umkehrbar. Indem man (5.55) von rechts mit U^{-1} und von links mit U multipliziert, erhält man die gleichwertige Definitionsgleichung

$$UU^\dagger = I. \tag{5.56}$$

---

[12] positiv immer im Sinne von nicht-negativ

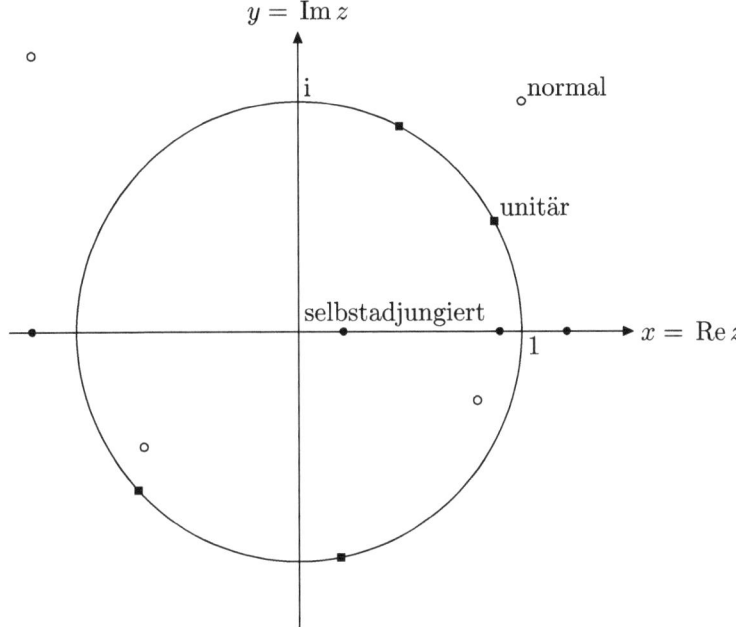

Abb. 5.2. In der komplexen Zahlenebene $z = x + iy$ sind die Eigenwerte typischer normaler Operatoren aufgetragen. Normale Operatoren habe komplexe Eigenwerte, diese sind durch offene Kreise dargestellt. Die Eigenwerte selbstadjungierter Operatoren liegen auf der reellen Achse, sie werden durch gefüllte Kreise repräsentiert. Die Eigenwerte unitärer Operatoren (gefüllte Quadrate) liegen auf dem Einheitskreis. Die Eigenwerte positiver Operatoren liegen auf der positiven x-Achse, Dichteoperatoren sind auf den Bereich $0 \leq x \leq 1$ beschränkt und summieren sich zu 1 auf

Damit steht fest, dass ein unitärer Operator normal ist. Er kann stets als

$$U = \sum_j u_j \Pi_j \text{ mit } |u_j| = 1 \tag{5.57}$$

geschrieben werden. Die Eigenwerte unitärer Operatoren liegen auf dem Einheitskreis in der komplexen Zahlenebene. Von unitären Operatoren ist meist im Zusammenhang mit Symmetrien die Rede.

Das Spektrum der normalen Operatoren haben wir schematisch in Abbildung 5.2 veranschaulicht.

5.4.5 Dichteoperatoren

Dichteoperatoren W beschreiben Wahrscheinlichkeiten. Sie sind normal,

$$W = \sum_j w_j \Pi_j, \tag{5.58}$$

mit der Zerlegung $\Pi_1, \Pi_2 \ldots$ der Eins in paarweise orthogonale Projektoren. Die Eigenwerte sind Wahrscheinlichkeiten, $0 \leq w_j \leq 1$, die sich gemäß

$$\operatorname{tr} W = \sum_j w_j \dim(\Pi_j) = 1 \qquad (5.59)$$

zu Eins aufsummieren. Jeder Eigenwert wird mit der Dimension des zugehörigen Eigenraumes multipliziert, mit seiner Multiplizität.

Die Spur $\operatorname{tr} L$ eines linearen Operators lässt sich ermitteln, indem man ein vollständiges Orthonormalsystem $f_1, f_2 \ldots$ hernimmt und

$$\operatorname{tr} L = \sum_j (f_j, L f_j) \qquad (5.60)$$

berechnet, die Summe über die Diagonale der Matrix $L_{kj} = (f_k, L f_j)$. Man kann zeigen, dass jedes andere vollständige Orthonormalsystem denselben Wert liefert. In (5.59) hat man ein vollständiges Orthonormalsystem benutzt, dass die jeweiligen Eigenräume von W aufspannt.

5.4.6 Normale Operatoren im $\mathbb{C}^n$

Es bleibt nachzutragen, warum normale Operatoren spektral zerlegt werden können. Wir wollen das hier nur für den endlich-dimensionalen Hilbert-Raum zeigen.

Lineare Operatoren im endlich-dimensionalen Hilbert-Raum $\mathcal{H} = \mathbb{C}^n$ kann man durch komplexe $n \times n$-Matrizen N beschreiben. Die Eigenwertgleichung

$$Nf = \nu f \quad \text{bzw.} \quad (N - \nu I)f = 0 \qquad (5.61)$$

hat genau dann vom Nullvektor verschiedene Lösungen f, wenn das charakteristische Polynom

$$\chi(\nu) = \det(N - \nu I) = 0 \qquad (5.62)$$

eine Nullstelle hat. Das ist immer der Fall, wenn man $\nu \in \mathbb{C}$ zulässt. Das sagt der Hauptsatz der Algebra.

Mit $\mathcal{L}$ bezeichnen wir den Eigenraum zum Eigenwert ν:

$$\mathcal{L} = \{f \in \mathcal{H} \,|\, Nf = \nu f\}. \qquad (5.63)$$

Bis jetzt war N irgendein linearer Operator. Wir verwenden nun, dass er normal ist. Dann gilt für $f \in \mathcal{L}$ nämlich

$$NN^\dagger f = N^\dagger N f = \nu N^\dagger f, \qquad (5.64)$$

also
$$N^\dagger \mathcal{L} \subseteq \mathcal{L}. \tag{5.65}$$

Für alle $g, f \in \mathcal{L}$ gilt
$$0 = (g, (N - \nu I)f) = ((N^\dagger - \nu^* I)g, f), \tag{5.66}$$

und das heißt: $\mathcal{L}$ ist zugleich der Eigenraum von $N^\dagger$ zum Eigenwert ν^*.
Wir beschreiben $\mathcal{L}$ durch den Projektor Π. Auf $\mathcal{L} = \Pi \mathcal{H}$ wirkt N wie νI und $N^\dagger$ wie $\nu^* I$.
$\mathcal{L}_\perp = (I - \Pi)\mathcal{H}$ ist der zu $\mathcal{L}$ senkrechte lineare Raum. Für $g \in \mathcal{L}$ und $f \in \mathcal{L}_\perp$ gilt
$$(g, Nf) = (N^\dagger g, f) = (\nu^* g, f) = \nu(g, f) = 0, \tag{5.67}$$

also $N\mathcal{L}_\perp \subseteq \mathcal{L}_\perp$. N bildet den zum Eigenraum $\mathcal{L}$ senkrechten linearen Raum $\mathcal{L}_\perp$ in sich ab. Dasselbe gilt für $N^\dagger$. Auf $\mathcal{L}_\perp$ ist N ebenfalls normal.
Damit kann man auf $\mathcal{L}_\perp$ dasselbe Spiel wie auf $\mathcal{H}$ beginnen, nur dass die Dimension inzwischen kleiner geworden ist. Nach endlich vielen Schritten ist man beim Nullraum angelangt und damit am Ziel:
$$N = \sum_j \nu_j \Pi_j \quad \text{und} \quad N^\dagger = \sum_j \nu^* \Pi_j \tag{5.68}$$

mit einer Zerlegung $I = \sum_j \Pi_j$ der Eins in paarweise orthogonale Projektoren. Das war nachzutragen.

5.5 Funktionen von Operatoren

Es gibt zwei Möglichkeiten, Funktionen von linearen Operatoren zu definieren: als Potenzreihe und über die Spektralzerlegung. Wenn beide Möglichkeiten gegeben sind, stimmen die Ergebnisse überein. Wir gehen auch auf Gruppen unitärer Operatoren ein, die durch einen selbstadjungierten Operator erzeugt werden.

5.5.1 Potenzreihe eines Operators

Lineare Operatoren kann man addieren, mit Skalaren multiplizieren und multiplizieren. Damit lassen sich beliebige Polynome eines linearen Operators definieren. Um auch Potenzreihen erklären zu können, braucht man Begriff des

Betrages (der Norm) eines linearen Operators L. Wir definieren[13]

$$\|L\| = \sup_{\|x\| \leq 1} \|Lx\|. \tag{5.69}$$

Man kann also jederzeit $\|Lx\| \leq \|L\| \|x\|$ abschätzen. Es gilt

$$\|\alpha L\| = |\alpha| \, \|L\| \,, \|L_1 + L_2\| \leq \|L_1\| + \|L_2\| \,, \|L_1 L_2\| \leq \|L_1\| \, \|L_2\|. \tag{5.70}$$

Nicht alle linearen Operatoren haben eine Norm, sind also im Sinne von (5.69) beschränkt. Wir zeigen später am Beispiel des Impulsoperators, wie man mit dieser Komplikation fertig wird.

Die Potenzreihe

$$F = \sum_{k=1}^{\infty} c_k L^k \tag{5.71}$$

erklärt eine linearen Operator F, wenn

$$\sum_{k=1}^{\infty} |c_k| \, \|L\|^k < \infty \tag{5.72}$$

ausfällt.

5.5.2 Funktion eines normalen Operators

Ein normaler Operator L kann stets als

$$L = \sum_j \lambda_j \Pi_j \tag{5.73}$$

geschrieben werden mit einer Zerlegung $I = \Pi_1 + \Pi_2 + \ldots$ der Eins in orthogonale Projektoren, $\Pi_j \Pi_k = \delta_{jk}$. Der Hilbert-Raum zerfällt in zueinander orthogonale Teilräume $\mathcal{H}_j = \Pi_j$, und in jedem Teilraum $\mathcal{H}_j$ bewirkt der Operator die Multiplikation der Vektoren mit dem Faktor λ_j. L^2 bedeutet dann die Multiplikation der Vektoren $x \in \mathcal{H}_j$ mit dem Faktor λ_j^2, und so weiter. Wenn f ein Polynom ist, bewirkt $f(L)$ die Multiplikation mit $f(\lambda_j)$ in $\mathcal{H}_j$. Wir erweitern das auf beliebige Funktionen $f : \mathbb{C} \to \mathbb{C}$ und erklären

$$f(L) = \sum_j f(\lambda_j) \Pi_j. \tag{5.74}$$

Im Überlappungsbereich der Definitionen (5.71) und (5.74) stimmen diese überein.

---
[13] Das Supremum sup ist die kleinste obere Schranke.

Die Norm eines normalen Operators ist übrigens

$$\|L\| = \sup_j |\lambda_j|, \tag{5.75}$$

der betragsmäßig größte Eigenwert, wie man sich leicht klar macht. Falls f nämlich eine Potenzreihe $f(z) = \sum_k c_k z^k$ ist, muss $f(\lambda_j)$ für alle λ_j konvergieren. Die Eigenwerte λ_j müssen also im Konvergenzkreis der Potenzreihe liegen, und genau das besagt (5.72).

5.5.3 Ein Beispiel

Wir betrachten die drei Pauli[14]-Matrizen

$$\sigma_1 = \begin{pmatrix} 0 & 1 \\ 1 & 0 \end{pmatrix}, \sigma_2 = \begin{pmatrix} 0 & -i \\ i & 0 \end{pmatrix} \text{ und } \sigma_3 = \begin{pmatrix} 1 & 0 \\ 0 & -1 \end{pmatrix} \tag{5.76}$$

als Operatoren im zweidimensionalen Hilbert-Raum $\mathbb{C}^2$. Alle drei Operatoren sind selbstadjungiert, was man an $\sigma_{jk} = \sigma_{kj}^*$ erkennt.

σ_3 beispielsweise kann als

$$\sigma_3 = \Pi_+ - \Pi_- = \begin{pmatrix} 1 & 0 \\ 0 & 0 \end{pmatrix} - \begin{pmatrix} 0 & 0 \\ 0 & 1 \end{pmatrix} \tag{5.77}$$

geschrieben werden. Die beiden Matrizen Π_+ und Π_- sind zueinander orthogonale Projektoren, σ_3 hat also die beiden Eigenwerte $+1$ und -1.

Wir wollen $U = e^{i\phi\sigma_3}$ ausrechnen. Über die Spektralzerlegung ist das ganz einfach:

$$U = e^{i\phi} \begin{pmatrix} 1 & 0 \\ 0 & 0 \end{pmatrix} + e^{-i\phi} \begin{pmatrix} 0 & 0 \\ 0 & 1 \end{pmatrix} = \begin{pmatrix} e^{i\phi} & 0 \\ 0 & e^{-i\phi} \end{pmatrix}. \tag{5.78}$$

Dabei hat man die Exponentialfunktion als beliebige Funktion aufgefasst und ausgenutzt, dass σ_3 ein normaler Operator ist.

Nun nutzen wir aus, dass die Exponentialfunktion eine Potenzreihe ist, die immer konvergiert. Dass σ_3 auch normal ist, spielt jetzt keine Rolle. Wir schreiben

$$U = I + \frac{i\phi}{1!}\sigma_3 + \frac{(i\phi)^2}{2!}\sigma_3^2 + \ldots \tag{5.79}$$

und arbeiten $\sigma_3^2 = I$ ein. Das ergibt

$$U = \cos\phi\, I + i\sin\phi\, \sigma_3 = \begin{pmatrix} e^{i\phi} & 0 \\ 0 & e^{-i\phi} \end{pmatrix}. \tag{5.80}$$

Wie man sieht: die Ergebnisse stimmen überein.

---
[14] Wolfgang Pauli, 1900–1958, österreichisch-schweizerischer Physiker

5.5.4 Abelsche Gruppen und Erzeugende

Symmetrien werden durch unitäre Operatoren dargestellt. Oft hängen diese unitären Operatoren $U = U(a)$ von einem reellen Parameter a ab, und zwar derart, dass

$$U(a_1)\,U(a_2) = U(a_1 + a_2) \tag{5.81}$$

gilt. Man denke etwa an die Verschiebung eines Systems um die Strecke a. Es gilt $U(0) = I$ und $U(-a) = U(a)^{-1}$. Die unitären Operatoren $U = U(a)$ mit $a \in \mathbb{R}$ bilden eine Gruppe. Wegen $a_1 + a_2 = a_2 + a_1$ vertauschen die Gruppenelemente $U(a_1)$ und $U(a_2)$, die Gruppe ist damit abelsch, nach Abel[15]. Wenn die Gruppe in der Nähe der Eins stetig ist[16], darf man

$$U(a) = \mathrm{e}^{iaA} \tag{5.82}$$

schreiben, mit einem selbstadjungierten linearen Operator A. Der schon im Grundlagenkapitel vorgestellte Satz $\exp(x+y) = \exp(x)\exp(y)$ gilt also nicht nur für Zahlen, sondern auch für vertauschende Operatoren.

Fast alle selbstadjungierten Operatoren A, mit denen man es in der Quantentheorie zu tun hat, sind Erzeugende einparametriger Symmetriegruppen oder Funktionen davon, so wie in (5.82).

5.6 Translationen

Das Kontinuum $x \in \mathbb{R}$ ist problematisch, weil der entsprechende Operator X nicht beschränkt ist. Wir behandeln daher den Ort zuerst als einen Punkt auf einem Kreisring mit Radius R. Mit $R \to \infty$ nähert man sich immer mehr der Wirklichkeit.

5.6.1 Periodische Randbedingungen

Wir beginnen unsere Untersuchungen mit dem Fall $R = 1$. Wir betrachten quadratintegrable komplexwertige Funktionen auf $\Omega = [-\pi, \pi]$ mit periodischen Randbedingungen, $f(x) = f(x + 2\pi)$. Damit wird eingebracht, dass es keinen Rand gibt und jeder Punkt *a priori* gleich wichtig ist. Funktionsargumente sind grundsätzlich *modulo* 2π gemeint, sodass sie in das Intervall Ω fallen. Unser Hilbert-Raum ist also

$$\mathcal{H} = \{f : [-\pi, \pi] \to \mathbb{C} \,\big|\, f(x) = f(x + 2\pi),\ \int_{-\pi}^{\pi} \mathrm{d}x\, |f(x)|^2 < \infty\}. \tag{5.83}$$

---
[15] Niels Henrik Abel, 1802–1829, norwegischer Mathematiker
[16] $\|U(a) - I\| \to 0$ mit $a \to 0$, mit der in (5.75) erklärten Norm

Cauchy-Folgen periodischer Funktionen aus $\mathcal{H}$ konvergieren gegen Funktionen, die wiederum periodisch sind, deswegen ist $\mathcal{H}$ vollständig.
Wegen

$$\int_{-\pi}^{\pi} dx\, g^*(x)f(x) = \int_{-\pi}^{\pi} dx\, g^*(x+a)f(x+a) \tag{5.84}$$

lässt die Verschiebung

$$f \to f_a = U_a f \quad \text{mit} \quad f_a(x) = f(x+a) \tag{5.85}$$

alle Skalarprodukte $(g_a, f_a) = (g, f)$ ungeändert.
Wir entwickeln f_a nach a in eine Taylor-Reihe,

$$(U_a f)(x) = f(x+a) = f(x) + \frac{a}{1!}f'(x) + \frac{a^2}{2!}f''(x) + \ldots \tag{5.86}$$

und erkennen unschwer die Potenzreihe für die Exponentialfunktion. Mit dem Operator

$$P = -i\frac{d}{dx} \tag{5.87}$$

dürfen wir

$$U_a = e^{iaP} \tag{5.88}$$

schreiben.

5.6.2 Definitionsbereich des Impulses

Der durch

$$(Xf)(x) = xf(x) \tag{5.89}$$

definierte Ortsoperator ist auf dem gesamten Hilbert-Raum definiert, weil die Werte $x \in [-\pi, \pi]$ beschränkt sind. Der Impulsoperator P, der die Verschiebungen U_a erzeugt, kann dagegen nicht auf dem gesamten Hilbert-Raum erklärt werden. Nicht jede quadratintegrable Funktion ist differenzierbar.
Für $f \in \mathcal{H}$ definieren wir

$$F(x) = \int_{-\pi}^{x} ds\, f(s). \tag{5.90}$$

Solch eine Funktion – man nennt sie absolut-stetig – gehört zu $\mathcal{H}$. Sie ist stetig und im Sinne von

$$F'(x) = f(x) \tag{5.91}$$

differenzierbar, sodass die Ableitung wieder in $\mathcal{H}$ liegt.

Wir vereinbaren, dass der Impulsoperator P auf der Menge D der absolutstetigen periodischen Funktionen definiert sein soll, einem linearen Raum. Dieser Raum D ist im Hilbert-Raum dicht in dem Sinne, dass jede quadratintegrable Funktion beliebig gut durch absolut-stetige Funktionen approximiert werden kann[17].

Wir wollen nun den adjungierten Operator $P^\dagger$ ausrechnen. Zu jedem G wird eine quadratintegrable Funktion g gesucht, die $(G, PF) = (g, F)$ bewirkt, für alle $F \in D$. Das bedeutet

$$-\mathrm{i} \int_{-\pi}^{\pi} \mathrm{d}x\, G^*(x) F'(x) = -\mathrm{i}\Delta + \mathrm{i} \int_{-\pi}^{\pi} \mathrm{d}x\, G'^*(x) F(x)\,, \tag{5.92}$$

mit $\Delta = G^*(\pi)F(\pi) - G^*(-\pi)F(-\pi)$. Die Funktion G muss periodisch sein, $G(-\pi) = G(\pi)$, damit Δ verschwindet. Zugleich muss G differenziert werden können, also absolut stetig sein. Damit haben wir gezeigt, dass der zu P adjungierte Operator $P^\dagger$ ebenfalls auf D definiert ist und dort mit P übereinstimmt. D ist die größte Menge, sodass für alle $G \in D$ die Beziehung $(g, F) = (G, PF)$ gilt, für alle $F \in D$. Dabei ist $g = -\mathrm{i}G'$.

Wir stellen hier fest: Operatoren, die nicht auf dem gesamten Hilbert-Raum definiert werden können, sondern nur auf einem dichten Teilraum, bereiten Schwierigkeiten. Verkleinert man den Definitionsbereich des Operators, wächst der Definitionsbereich des Adjungierten. Nur wenn Abbildungsvorschrift und Definitionsbereich übereinstimmen, sind zwei Operatoren dieselben.

5.6.3 Spektralzerlegung des Impulses

Wir suchen nach den Eigenfunktionen des Impulses. Das müssen absolutstetige periodische Funktionen f sein, die der Eigenwertgleichung

$$Pf = -\mathrm{i}f' = pf \tag{5.93}$$

genügen. Die Lösungen sind einfach auszurechnen:

$$f_j(x) = \frac{1}{\sqrt{2\pi}}\, \mathrm{e}^{\mathrm{i}jx} \tag{5.94}$$

für $j = \ldots, -1, 0, 1, \ldots$ Dazu gehören die Eigenwerte

$$p_j = j\,. \tag{5.95}$$

Wenn der Ring den Radius R hat, dann sind die Eigenfunktionen durch

$$f_j(x) = \frac{1}{\sqrt{2\pi R}}\, \mathrm{e}^{\mathrm{i}jx/R} \tag{5.96}$$

---
[17] Jede quadratintegrable Funktion kann sogar durch beliebig oft differenzierbare Funktionen genähert werden.

gegeben, die Eigenwerte durch

$$p_j = \frac{j}{R}. \tag{5.97}$$

Man sieht, dass im Grenzfall $R \to \infty$ jede reelle Zahl in Frage kommt. Die Lösungen der Eigenwertgleichung (5.93), nämlich

$$f_p(x) \propto e^{ipx}, \tag{5.98}$$

sind aber keine Eigenfunktionen, weil nicht im Sinne von

$$\int_{-\infty}^{\infty} dx |f(x)|^2 < \infty \tag{5.99}$$

quadratintegrabel. Man spricht von Quasi-Eigenfunktionen, und die Summe über Eigenfunktionen muss durch ein Integral ersetzt werden. Darauf wollen wir hier allerdings nicht weiter eingehen: ein zu großer mathematischer Aufwand für zu wenig Zugewinn an Erkenntnis.

5.7 Fourier-Transformation

Die Ergebnisse des voran stehenden Abschnittes sind so bedeutsam, dass wir sie hier noch einmal im Detail ausbreiten.

5.7.1 Fourier-Reihe

Wir betrachten quadratintegrable periodische Funktionen,

$$\mathcal{H} = \{f : [-\pi, \pi] \to \mathbb{C} \,|\, f(x+2\pi) = f(x), \int_{-\pi}^{\pi} dx\, |f(x)|^2 < \infty\}. \tag{5.100}$$

Der durch $f_a = U_a f$ mit $f_a(x) = f(x+a)$ definierte unitäre Verschiebungsoperator kann als $U_a = e^{iaP}$ geschrieben werden, und P ist selbstadjungiert. Die normierten Eigenfunktionen von P sind

$$f_j(x) = \frac{1}{\sqrt{2\pi}} e^{ijx} \tag{5.101}$$

für $j \in \mathbb{Z}$.

Jede periodische quadratintegrable Funktion f kann also als Fourier-Reihe dargestellt werden:

$$f(x) = \sum_{j \in \mathbb{Z}} \hat{f}_j\, f_j(x) = \frac{1}{\sqrt{2\pi}} \sum_{j \in \mathbb{Z}} \hat{f}_j\, e^{ijx}. \tag{5.102}$$

Mehr noch, wir wissen auch, wie die Koeffizienten $\hat{f}_j$ auszurechnen sind,

$$\hat{f}_j = (f_j, f) = \frac{1}{\sqrt{2\pi}} \int_{-\pi}^{\pi} dx \, e^{-ijx} f(x). \tag{5.103}$$

Dabei gilt

$$(f, f) = \sum_{j \in \mathbb{Z}} |\hat{f}_j|^2. \tag{5.104}$$

5.7.2 Fourier-Entwicklung

Auf einer Rechenmachine kann man niemals mit unendlich vielen Termen rechnen. Die Fourier-Reihe (5.102) muss durch eine endliche Summe ersetzt werden. Wir approximieren also

$$f(x) = \sum_{|j| \leq n} \hat{f}_j \, f_j(x) + r_n(x) \tag{5.105}$$

durch die Beiträge $|j| \leq n$ mit einem Rest $r_n(x)$. Der Rest steht immer senkrecht auf der Näherung. Daher sind die Koeffizienten $\hat{f}_j$ der Entwicklung nicht von der Ordnung n der Näherung abhängig. Nimmt man mehr Fourier-Komponenten mit, muss man die Koeffizienten der bisherigen Beiträge nicht neu berechnen. In diesem Sinne ist die Näherung durch endlich viele Fourier-Beiträge optimal.

5.7.3 Fourier-Integral

Wir betrachten nun auf $[-\pi R, \pi R]$ periodische quadratintegrable Funktionen und schicken $R \to \infty$. Das läuft auf $L_2(\mathbb{R})$ hinaus. Eine auf ganz $\mathbb{R}$ erklärte quadratintegrable Funktion muss im Unendlichen verschwinden, daher ist die Forderung nach Periodizität bedeutungslos geworden. Die Eigenwerte $p_j = j/R$ des Impulsoperators P rücken immer näher zusammen und bilden im Falle $R \to \infty$ das gesamte Kontinuum. Statt wie in (5.102) zu summieren, muss integriert werden. Es gilt

$$f(x) = \int \frac{dp}{2\pi} \hat{f}(p) \, e^{ipx} \tag{5.106}$$

mit

$$\hat{f}(p) = \int dx \, f(x) \, e^{-ipx}. \tag{5.107}$$

Man bezeichnet $\hat{f} = \hat{f}(p)$ als Fourier-Transformierte von f. Wie man sieht, ist die Funktion selber die Fourier-Transformierte der Fourier-Transformierten, bis auf den Vorzeichenwechsel im Argument und den Faktor 2π.

Aus (5.104) wird übrigens

$$\int \mathrm{d}x\, |f(x)|^2 = \int \frac{\mathrm{d}p}{2\pi}\, |\hat{f}(p)|^2\,. \tag{5.108}$$

Auf $\mathcal{H} = L_2(\mathbb{R})$ kann man den Fourier-Operator $\mathcal{F}$ durch $\hat{f} = \mathcal{F}f$ erklären. Er ist linear und unitär[18], wie man dem Parseval[19]-Theorem (5.108) entnehmen kann.

Für die normierte[20] Gauß-Funktion

$$f(x) = \frac{1}{\sqrt{2\pi}}\, \mathrm{e}^{-x^2/2} \tag{5.109}$$

beispielsweise berechnet man

$$\hat{f}(p) = \mathrm{e}^{-p^2/2}\,. \tag{5.110}$$

An $\hat{f}(0) = 1$ lässt sich erkennen, dass richtig normiert ist. Die Fourier-Transformierte $\hat{f}$ an der Stelle $p = 0$ stimmt nämlich mit dem Integral über die Funktion f überein.

Ein wichtiges Theorem betrifft die Faltung

$$h(x) = (g \star f)(x) = \int \mathrm{d}y\, g(x-y)f(y) \tag{5.111}$$

zweier quadratintegrabler Funktionen. Wegen

$$h(x) = \int \mathrm{d}y \int \frac{\mathrm{d}p}{2\pi}\, \hat{g}(p)\, \mathrm{e}^{\mathrm{i}p(x-y)} \int \frac{\mathrm{d}q}{2\pi}\, \hat{f}(q)\, \mathrm{e}^{\mathrm{i}qy} \tag{5.112}$$

schließen wir (nachdem die Reihenfolge der Integration vertauscht wurde)

$$h(x) = \int \frac{\mathrm{d}p}{2\pi}\, \hat{g}(p)\hat{f}(p)\, \mathrm{e}^{\mathrm{i}px}\,. \tag{5.113}$$

Dabei wird

$$\int \mathrm{d}y\, \mathrm{e}^{\mathrm{i}(q-p)y} = 2\pi\delta(q-p) \tag{5.114}$$

benutzt[21]. Siehe dafür den Abschnitt über *Verallgemeinerte Funktionen* im Kapitel *Tiefere Einsichten*, in dem auch die Diracsche[22] Delta-Funktion behandelt wird. Die Fourier-Transformation einer Faltung ist das Produkt der

---

[18] Das Skalarprodukt im Raum der Fourier-Transformierten wird mit dem Maß $\mathrm{d}p/2\pi$ erklärt.
[19] Marc-Antoine Parseval, 1755–1836, französischer Mathematiker
[20] $f(x)$ ist die Wahrscheinlichkeitsdichte einer normalverteilten Zufallsvariablen mit Mittelwert 0 und Varianz 1. Sie ist deswegen gemäß $\int \mathrm{d}x\, f(x) = 1$ normiert.
[21] $\int \mathrm{d}x\, f(x)\delta(x-y) = f(y)$
[22] Paul Adrien Maurice Dirac, 1902–1984, britischer Physiker

Fourier-Transformierten, so ist (5.113) zu lesen:

$$\mathcal{F}(g \star f) = \mathcal{F}(g)\,\mathcal{F}(f)\,. \tag{5.115}$$

5.8 Ort und Impuls

Physik spielt sich im Raum ab, daher spielen der Ortsoperator X und der zugeordnete Impuls P eine hervorgehobene Rolle. Beide Operatoren sind nicht beschränkt und können nicht auf dem gesamten Hilbert-Raum erklärt werden. Wir machen uns hier das Leben einfach und rechnen mit sehr gutartigen Testfunktionen.

5.8.1 Testfunktionen

Wir betrachten den Hilbert-Raum $L_2(\mathbb{R})$ der quadratintegrablen komplexwertigen Funktionen einer reellen Variablen. Wir ziehen uns auf den Teilraum $S(\mathbb{R})$ der Testfunktionen zurück, der im Hilbert-Raum dicht ist[23]. Testfunktionen t sind beliebig oft differenzierbar und fallen im Unendlichen so rasch ab, dass $|x|^n\, t(x)$ für jedes $n \in \mathbb{N}$ im Unendlichen verschwindet.
Beispielsweise sind

$$t(x) = (c_0 + c_1 x + \ldots + c_n x^n)\, \mathrm{e}^{-x^2/a} \tag{5.116}$$

Testfunktionen.
Vorerst werden lineare Operatoren auf dem linearen Teilraum der Testfunktionen erklärt. Wie man diese dann gegebenenfalls erweitert, ist ein technisches Problem, dem wir uns hier nicht stellen werden. Auf dem Raum der Testfunktionen kann man jedenfalls unbesorgt differenzieren und mit dem Funktionsargument multiplizieren.

5.8.2 Kanonische Vertauschungsregeln

Auf dem linearen Raum der Testfunktionen sind die linearen Operatoren X und P gemäß

$$(Xf)(x) = x f(x) \tag{5.117}$$

sowie

$$(Pf)(x) = -\mathrm{i} f'(x) \tag{5.118}$$

---
[23] Diese vielleicht überraschende Feststellung wollen wir hier nicht beweisen.

erklärt. Wir nennen sie Ort und Impuls[24]. Diese Operatoren vertauschen <u>nicht</u> miteinander. Vielmehr gilt

$$[X, P] = XP - PX = \mathrm{i}I. \tag{5.119}$$

Erst mit dem Argument multiplizieren und dann differenzieren ist nicht dasselbe wie erst differenzieren und dann mit dem Argument multiplizieren.

Diese Vertauschungsregel hat man mit dem Attribut ‚kanonisch' belegt, weil sie als grundlegend empfunden wird und gegenüber unitären Transformationen stabil ist. Wir erklären das:

Mit einer unitären Transformation $U : \mathcal{H} \to \mathcal{H}$ rührt man sozusagen den Hilbert-Raum um. Skalarprodukte bleiben dabei erhalten, $(Ug, Uf) = (g, f)$. $UAf = UAU^\dagger Uf$ stellt sicher, dass erst A, dann U dasselbe ist wie erst U, dann $A' = UAU^\dagger$. Die kanonische Vertauschungsregel ist unter unitären Transformationen stabil in dem Sinne, dass ebenfalls

$$[UXU^\dagger, UPU^\dagger] = \mathrm{i}I \tag{5.120}$$

gilt.

5.8.3 Unschärfebeziehung

Ort X und Impuls P können nicht simultan diagonalisiert werden. Eine Darstellung[25]

$$X = \sum_j x_j \Pi_j \text{ sowie } P = \sum_j p_j \Pi_j \tag{5.121}$$

mit einer <u>gemeinsamen</u> Zerlegung $\sum_j \Pi_j = I$ der Eins in orthogonale Projektoren zöge nach sich, dass die beiden Operatoren vertauschten, was nicht der Fall ist.

Wir bezeichnen mit $\delta X_f = \sqrt{(f, X^2 f) - (f, X f)^2}$ die Ortsunschärfe für den auf 1 normierten Vektor f. Wenn f ein Eigenvektor von X wäre, dann würde δX_f verschwinden. Ebenso wird δP_f definiert. Weil X und P keine gemeinsamen Eigenvektoren haben, können nicht beide Unschärfen gleichzeitig verschwinden. Es gilt vielmehr

$$\delta X_f \, \delta P_f \geq \frac{1}{2}. \tag{5.122}$$

Das beweist man folgendermaßen.

---

[24] Wir erinnern an die Übereinkunft, Naturkonstante durch Wahl passender Einheiten auf Eins zu setzen. In diesem Buch tauchen daher das Plancksche Wirkungsquantum, die Vakuumlichtgeschwindigkeit, die Boltzmann-Konstante und so weiter kaum auf.

[25] Die Summen müssten durch Integrale ersetzt werden.

Wir betrachten den Ausdruck $(X + i\alpha P)(X - i\alpha P)$, der für reelles α positiv ist. Wir bilden den Erwartungswert[26] mit einem normierten Vektor f und arbeiten die kanonische Vertauschungsregel ein. Das ergibt

$$(f, X^2) + \alpha^2 (f, P^2 f) + \alpha \geq 0. \tag{5.123}$$

Am kleinsten wird die linke Seite, wenn man

$$2\alpha(f, P^2 f) + 1 = 0 \tag{5.124}$$

setzt, das ergibt

$$(f, X^2 f) \geq \frac{1}{4(f, P^2 f)}, \tag{5.125}$$

die so genannte Heisenbergsche Unschärfebeziehung[27]. Dafür muss man lediglich noch X durch $X - (f, Xf)$ und P durch $P - (f, Pf)$ ersetzen, aber die verschobenen Operatoren genügen ebenfalls den kanonischen Vertauschungsregeln. Anders ausgedrückt, man redet nicht von Ort und Impuls, sondern von deren Schwankungen (Fluktuationen).

Die Ungleichung (5.122) ist optimal in dem Sinne, dass auch das Gleichheitszeichen möglich ist. Das wird mit $f(x) \propto e^{-ax^2}$ erreicht, einer Gauß-Funktion.

5.8.4 Quasi-Eigenfunktionen

Der Erwartungswert eines selbstadjungierten Operators A in einem seiner Eigenzustände[28] ist schwankungsfrei. Der normierte Vektor f, für den $Af = af$ gilt, führt auf $(f, Af) = a$ und $(f, A^2 f) = a^2$, also auf $\delta A = 0$. Die Umkehrung ist ebenfalls richtig, nur in Eigenzuständen verschwindet die Schwankung. $\delta X = 0$ würde demnach auf

$$(Xf)(x) = xf(x) = af(x) \tag{5.126}$$

führen, mit der Lösung

$$\xi_a(x) = \delta(x - a). \tag{5.127}$$

ξ_a ist eine verallgemeinerte Funktion, die formal die Eigenwertgleichung erfüllt, aber nicht zum Hilbert-Raum gehört, erst recht nicht zum Definitionsbereich des Operators X.

---

[26] Der Erwartungswert eines selbstadjungierten Operators A mit dem normierten Vektor f ist (f, Af).
[27] Werner Heisenberg, 1901–1976, deutscher Physiker
[28] ein andere Bezeichnung für Eigenfunktion oder Eigenvektor

Man kann allerdings der Beziehung

$$\int \mathrm{d}x\, \xi_b^*(x)\xi_a(x) = \delta(b-a) \tag{5.128}$$

durchaus einen Sinn geben. Statt δ_{ba} als Kronecker-Symbol für eine Summe steht der entsprechende Ausdruck $\delta(b-a)$ für ein Integral.

Entsprechendes gilt für den Impuls.

Die Eigenwertgleichung

$$(Pf)(x) = -\mathrm{i}f'(x) = pf(x) \tag{5.129}$$

wird durch

$$\pi_p(x) = \frac{1}{\sqrt{2\pi}}\, \mathrm{e}^{\mathrm{i}px} \tag{5.130}$$

gelöst. π_p ist nun zwar wenigstens eine Funktion, sie gehört aber trotzdem nicht zum Hilbert-Raum, weil sie nicht normiert werden kann. Die Quasi-Eigenfunktionen des Impulses bilden ein vollständiges Orthonormalsystem im Sinne von

$$\int \mathrm{d}x\, \pi_q^*(x)\pi_p(x) = \delta(q-p)\,. \tag{5.131}$$

Wer das alles genauer verstehen will, sollte die Abschnitte *Fourierzerlegung* und *Verallgemeinerte Funktionen* studieren.

5.9 Leiter-Operatoren

Wir beziehen uns in diesem Abschnitt auf zwei selbstadjungierte Operatoren X und P, die den kanonischen Vertauschungsregeln genügen. Sie können irgendetwas bedeuten, die Ergebnisse sind immer dieselben. Wir konstruieren damit Auf- und Absteige-Operatoren sowie einen Zahloperator.

5.9.1 Auf- und Absteige-Operatoren

Wir gehen von den selbstadjungierten Operatoren X und P aus, die der Vertauschungsregel

$$[X,P] = \mathrm{i}I \tag{5.132}$$

genügen.

Der Aufsteige-Operator A_+ wird durch

$$A_+ = \frac{X - \mathrm{i}P}{\sqrt{2}} \tag{5.133}$$

erklärt, der Absteige-Operator durch

$$A_- = \frac{X + iP}{\sqrt{2}}\,. \tag{5.134}$$

Wir berechnen

$$[A_-, A_+] = I\,. \tag{5.135}$$

Man beachte, dass A_- und A_+ nicht selbstadjungiert sind. Es gilt vielmehr $A_- = A_+^\dagger$ und $A_+ = A_-^\dagger$. Die Auf- und Absteige-Operatoren $A_\pm$ sind also nicht normal, und wir fragen daher auch nicht nach den Eigenwerten. Der Operator $N = A_+A_-$ dagegen ist selbstadjungiert. Wir berechnen

$$[N, A_+] = A_+ \quad \text{und} \quad [N, A_-] = -A_-\,. \tag{5.136}$$

Um (5.136) nachzurechnen, ist die Jacobi-Identität[29]

$$[AB, C] = A[B, C] + [A, C]B \tag{5.137}$$

hilfreich.

5.9.2 Grundzustand und angeregte Zustände

Wir nehmen an, dass es einen durch $A_-\Omega = 0$ und $(\Omega, \Omega) = 1$ definierten Grundzustand Ω gibt, das Vakuum. Im Grundzustand gibt es nichts, $N\Omega = 0$. Mit

$$\phi_n = \frac{1}{\sqrt{n!}}(A_+)^n \Omega \tag{5.138}$$

definieren wir n-fach angeregte Zustände. Wegen

$$A_+A_-\phi_n = \frac{1}{\sqrt{n}}A_+A_-A_+\phi_{n-1} = \frac{1}{\sqrt{n}}A_+(I + N)\phi_{n-1} \tag{5.139}$$

gilt (vollständige Induktion)

$$N\phi_n = n\phi_n\,. \tag{5.140}$$

Außerdem ist ϕ_n normiert, wie man wiederum durch vollständige Induktion nachweisen kann.

N ist ein Zahloperator, denn er hat als Eigenwerte gerade die natürlichen Zahlen $\mathbb{N}$. Mit A_+ steigt man von $\phi_0 = \Omega$ zu ϕ_1 auf, von ϕ_1 zu ϕ_2 und so weiter, mit A_- wieder ab. Man bezeichnet A_+ auch als Erzeuger, weil er ein Anregungsquantum erzeugt, und dementsprechend A_- als Vernichter.

---

[29] Carl Gustav Jacob Jacobi, 1804–1851, deutscher Mathematiker

5.9.3 Harmonischer Oszillator

In vielen Situationen hat man es mit der Energie beziehungsweise dem Hamilton[30]-Operator $H = (P^2 + X^2)/2$ zu tun. Meist rührt P^2 von der kinetischen Energie her und X^2 ist die potentielle Energie in der Umgebung eines Minimums[31]. Wegen

$$A_+ A_- = \frac{1}{2}(X - iP)(X + iP) = \frac{1}{2}(X^2 + P^2 - I) \tag{5.141}$$

gilt dann

$$H = A_+ A_- + \frac{1}{2} I. \tag{5.142}$$

Die Eigenwerte des Hamilton-Operators sind daher $n + 1/2$ mit $n \in \mathbb{N}$. Dieses Ergebnis ist ein schönes Beispiel für die algebraische Methode, sich allein auf die Vertauschungsregeln zu stützen.

Die Bedingung für den Grundzustand Ω lässt sich konkretisieren.
Man setzt $Xf(x) = xf(x)$ und $Pf(x) = -if'(x)$. Dann ist

$$\Omega' + x\Omega = 0 \tag{5.143}$$

zu lösen. Das bedeutet

$$\frac{d\Omega}{\Omega} = -x\, dx \tag{5.144}$$

mit der Normierungsbedingung

$$\int dx\, |\Omega(x)|^2 = 1. \tag{5.145}$$

Die Lösung ist

$$\Omega(x) = \frac{1}{\sqrt{\pi}}\, e^{-x^2/2}. \tag{5.146}$$

Diese Wellenfunktion beschreibt den Grundzustand des harmonischen Oszillators. (5.143) ist ein Beispiel für eine Differentialgleichung, bei der aus der Lösungsschar die Lösung durch eine Normierungsbedingung festgelegt wird (bis auf einen unwichtigen Phasenfaktor).

---

[30] William Rowan Hamilton, 1805–1865, irischer Mathematiker und Physiker
[31] Ein Potential $v = v(x)$ kann in der Nähe des Minimums bei x_0 als $v(x) = v(x_0) + (1/2)v''(x_0)(x - x_0)^2 + \ldots$ dargestellt werden.

5.10 Drehgruppe

Der dreidimensionale Raum ist nicht nur durch die Verschiebungen in drei zueinander senkrechten Richtungen gekennzeichnet. Das wird durch den Ortsoperator $\boldsymbol{X}$ und den Impuls $\boldsymbol{P}$ mit jeweils drei Komponenten berücksichtigt. Hinzu kommt die Möglichkeit, um den Winkel α um eine Achse $\boldsymbol{n}$ zu drehen. Dem entsprechen drei weitere Freiheitsgrade, nämlich die Komponenten $\boldsymbol{J}$ des Drehimpulses. Teilchen haben immer einen Bahndrehimpuls $\boldsymbol{L} = \boldsymbol{X} \times \boldsymbol{P}$, zusätzlich möglicherweise einen internen Drehimpuls $\boldsymbol{S}$, den Spin. Alle genügen denselben Vertauschungsregeln.

5.10.1 Drehimpuls

Ein Teilchen im dreidimensionalen Raum hat einen Ort $\boldsymbol{X}$ und einen Impuls $\boldsymbol{P}$. Diese vertauschen miteinander gemäß

$$[X_j, P_k] = \mathrm{i}\delta_{jk}. \tag{5.147}$$

Der Bahndrehimpuls ist $\boldsymbol{L} = \boldsymbol{X} \times \boldsymbol{P}$. Man rechnet leicht nach, dass

$$[J_1, J_2] = \mathrm{i}J_3, [J_2, J_3] = \mathrm{i}J_1 \quad \text{und} \quad [J_3, J_1] = \mathrm{i}J_2 \tag{5.148}$$

für die drei Komponenten $J_k = L_k$ des Bahndrehimpulses gilt.

Die Vertauschungsregeln (5.148) kennzeichnen die Drehgruppe ganz allgemein. Eine Drehung um die Achse $\boldsymbol{n}$ mit dem Winkel α, also um $\boldsymbol{\alpha} = \alpha\boldsymbol{n}$, wird durch den unitären Operator

$$U = \mathrm{e}^{\mathrm{i}\boldsymbol{\alpha}\cdot\boldsymbol{J}} \tag{5.149}$$

beschrieben. Die drei Komponenten J_k des Drehimpulses sind demnach selbstadjungierte Operatoren.

Nicht alle drei Komponenten des Drehimpulses können gemeinsam diagonalisiert werden, weil sie nicht miteinander vertauschen. Allerdings vertauscht das Quadrat $\boldsymbol{J}^2 = J_1^2 + J_2^2 + J_3^2$ mit allen Komponenten des Drehimpulses. Also darf man beispielsweise J_3 und $\boldsymbol{J}^2$ gemeinsam diagonalisieren.

5.10.2 Eigenräume

λ sei ein Eigenwert von $\boldsymbol{J}^2$, und $\mathcal{L}$ der zugehörige Eigenraum. Für $\chi \in \mathcal{L}$ gilt also

$$\boldsymbol{J}^2 \chi = \lambda \chi. \tag{5.150}$$

Wir werden später sehen, welche Werte λ möglich sind. Die J_k bilden $\mathcal{L}$ in sich ab, $J_k \mathcal{L} \subseteq \mathcal{L}$. Das sieht man an

$$\boldsymbol{J}^2 J_k \chi = J_k \boldsymbol{J}^2 \chi = \lambda J_k \chi. \tag{5.151}$$

Das Ziel besteht darin, in diesem Eigenraum auch noch J_3 zu diagonalisieren. Dazu definieren wir zwei Operatoren

$$J_+ = J_1 + \mathrm{i} J_2 \text{ und } J_- = J_1 - \mathrm{i} J_2\,, \tag{5.152}$$

die den folgenden Vertauschungsregeln genügen:

$$[J_3, J_+] = J_+\,, [J_3, J_-] = -J_- \text{ sowie } [J_+, J_-] = 2J_3\,. \tag{5.153}$$

Auch die Operatoren J_+ und J_- belassen alle Vektoren $\chi \in \mathcal{L}$ in diesem Eigenraum.

J_3, eingeschränkt auf $\mathcal{L}$, ist ein selbstadjungierter Operator und hat daher Eigenvektoren in $\mathcal{L}$. $\chi \in \mathcal{L}$ sei ein solcher normierter Eigenvektor von J_3 mit Eigenwert μ. Wegen

$$J_3 J_+ \chi = J_+ J_3 \chi + J_+ \chi = (\mu + 1) J_+ \chi \tag{5.154}$$

und

$$J_3 J_- \chi = J_- J_3 \chi - J_- \chi = (\mu - 1) J_- \chi \tag{5.155}$$

hat man gleich zwei neue Eigenvektoren gefunden. Die Eigenwerte sind um 1 gewachsen beziehungsweise gefallen. Mit J_+ kann man also auf einer Drehimpulsleiter aufsteigen, mit J_- absteigen. Wegen

$$\lambda = (\chi, \boldsymbol{J}^2 \chi) \geq (\chi, J_3^2 \chi) = \mu^2 \tag{5.156}$$

darf man aber auf der J_3-Leiter nicht beliebig weit auf- oder absteigen. Es gibt in $\mathcal{L}$ einen maximalen J_3-Eigenwert j, zu dem der Eigenvektor χ_j gehören soll. Er ist durch

$$J_3 \chi_j = j \chi_j \text{ und } J_+ \chi_j = 0 \tag{5.157}$$

gekennzeichnet.

Das Betragsquadrat des Drehimpulses lässt sich als

$$\boldsymbol{J}^2 = J_- J_+ + J_3(J_3 + I) = J_+ J_- + J_3(J_3 - I) \tag{5.158}$$

schreiben. Auf χ_j angewendet ergibt das

$$\lambda = j(j+1)\,. \tag{5.159}$$

Wir steigen nun von χ_j mit J_- immer weiter ab und kommen irgendwann zum Zustand χ_k mit dem kleinsten J_3-Eigenwert k. Setzt man wieder (5.158) ein, diesmal in die zweite Gleichung, dann ergibt sich

$$\lambda = k(k-1)\,. \tag{5.160}$$

Wegen $j \geq k$ ist das nur mit $j \geq 0$ und mit $k = -j$ verträglich. Weil aber die Differenz $j - k$ eine natürliche Zahl zu sein hat, schließen wir, dass j entweder ganz- oder halbzahlig sein muss, $j = 0, \frac{1}{2}, 1, \frac{3}{2}, \ldots$

Wir fassen zusammen:

- Die Eigenräume von $\boldsymbol{J}^2$ haben die Dimension $d = 2j+1 \in \mathbb{N}$. j kann also halb- oder ganzzahlig sein.
- In einem $2j+1$-dimensionalen Eigenraum von $\boldsymbol{J}^2$ hat J_3 die Eigenwerte $m = -j, -j+1, \ldots, j-1, j$.
- Die gemeinsamen Eigenvektoren $\chi_{j,m}$ von $\boldsymbol{J}^2$ und J_3 sind durch

$$\boldsymbol{J}^2 \chi_{j,m} = j(j+1)\chi_{j,m} \text{ sowie } J_3 \chi_{j,m} = m\chi_{j,m} \quad (5.161)$$

charakterisiert.
- Obendrein gilt

$$J_+ \chi_{j,j} = 0 \text{ und } J_- \chi_{j,-j} = 0. \quad (5.162)$$

5.10.3 Bahndrehimpuls

Wenn man über Drehungen redet, sollte man Kugelkoordinaten[32] benutzen:

$$x_1 = r \sin\theta \cos\phi, \quad x_2 = r \sin\theta \sin\phi, \quad x_3 = r \cos\theta. \quad (5.163)$$

Bei einer Drehung ändert sich der Abstand r vom Koordinatenursprung nicht. Daher ist es sinnvoll, die Eigenfunktionen des Bahndrehimpulses als Funktionen der beiden Winkel aufzufassen, $Y = Y(\theta, \phi)$.

Die Drehimpulsoperatoren sind in Kugelkoordinaten durch

$$L_\pm = e^{\pm i\phi} \left\{ i \cot\theta \frac{\partial}{\partial \phi} \pm \frac{\partial}{\partial \theta} \right\} \text{ und } L_3 = -i \frac{\partial}{\partial \phi} \quad (5.164)$$

gegeben. Wie es sein muss, kommen nur die partiellen Ableitungen nach den Winkeln vor.

Wir rechnen die Kugelfunktionen $Y_{\ell,m}$ für $\ell = 0$ und $\ell = 1$ aus. Wegen $L_+ Y_{0,0} = L_- Y_{0,0} = 0$ verschwinden die beiden partiellen Ableitungen nach den Winkeln, daher gilt $Y_{0,0}(\theta, \phi) \propto 1$.

Wir setzen $Y_{1,1}(\theta, \phi) = e^{i\phi} f(\theta)$ und werten $L_+ Y_{1,1} = 0$ aus. Das ergibt $f' = \cot\theta f$, also $f \propto \sin\theta$. $Y_{1,0} \propto L_- Y_{1,1}$ führt auf $Y_{1,0} \propto \cos\theta$. Ebenso verfährt man, um $Y_{1,-1}$ auszurechnen.

---

[32] Traditionell verwenden wir physikalische, nicht geographischen Koordinaten. Die Breite $\theta = 0$ kennzeichnet den Nordpol, $\theta = \pi$ den Südpol.

Hier eine Liste der Kugelfunktionen bis zum Bahndrehimpuls $\ell = 2$:

$$Y_{0,0} = \sqrt{1/4\pi} \quad \begin{aligned} Y_{1,1} &= -\sqrt{3/8\pi}\sin\theta\, e^{i\phi} \\ Y_{1,0} &= \sqrt{3/4\pi}\cos\theta \\ Y_{1,-1} &= \sqrt{3/8\pi}\sin\theta\, e^{-i\phi} \end{aligned} \quad \begin{aligned} Y_{2,2} &= \sqrt{15/32\pi}\sin^2\theta\, e^{2i\phi} \\ Y_{2,1} &= -\sqrt{15/8\pi}\cos\theta\sin\theta\, e^{i\phi} \\ Y_{2,0} &= \sqrt{5/16\pi}(3\cos^2\theta - 1) \\ Y_{2,-1} &= \sqrt{15/8\pi}\cos\theta\sin\theta\, e^{-i\phi} \\ Y_{2,-2} &= \sqrt{15/32\pi}\sin^2\theta\, e^{-2i\phi} \end{aligned}$$

5.10.4 Laplace-Operator

Wir wollen jetzt zeigen, wie man mithilfe des Drehimpulses den Laplace-Operator vereinfachen kann. Dafür rechnen wir um[33] in

$$\boldsymbol{L}^2 = \epsilon_{ijk}\epsilon_{iab} X_j P_k X_a P_b = X_j P_k X_j P_k - X_j P_k X_k P_j. \tag{5.165}$$

Den ersten Term kann man mit $P_k X_j = X_j P_k - i\delta_{kj}$ in $\boldsymbol{X}^2 \boldsymbol{P}^2$ umformen. Beim zweiten Term rechnen wir ebenso in $-X_j P_k P_j X_k - i\boldsymbol{X}\boldsymbol{P}$ um. Mit $P_k X_k = X_k P_k - 3iI$ ergibt sich

$$\boldsymbol{L}^2 = \boldsymbol{X}^2 \boldsymbol{P}^2 - (\boldsymbol{X}\boldsymbol{P})^2 + i\boldsymbol{X}\boldsymbol{P}. \tag{5.166}$$

Wegen

$$\boldsymbol{P}^2 = -\Delta \quad \text{und} \quad \boldsymbol{X}\boldsymbol{P} = -ir\frac{\partial}{\partial r} \tag{5.167}$$

erhält man schließlich

$$\Delta = \frac{\partial^2}{\partial r^2} + \frac{2}{r}\frac{\partial}{\partial r} - \frac{\boldsymbol{L}^2}{r^2}. \tag{5.168}$$

Man kann jedes anständige Feld S als

$$S(\boldsymbol{x}) = \sum_{l=0}^{\infty} \sum_{m=-l}^{l} u_{lm}(r) Y_{lm}(\theta, \phi) \tag{5.169}$$

darstellen, sodass

$$\Delta S(\boldsymbol{x}) = \sum_{lm} \left\{ u''_{lm}(r) + \frac{2}{r} u'_{lm}(r) - \frac{l(l+1)}{r^2} u_{lm}(r) \right\} Y_{lm}(\theta, \phi) \tag{5.170}$$

gilt, mit Kugelkoordinaten gemäß (5.163). Man beachte, dass nur noch die gewöhnliche Ableitung nach r auftritt.

---
[33] Einstein-Summenkonvention, $\epsilon_{ijk}\epsilon_{iab} = \delta_{ja}\delta_{kb} - \delta_{jb}\delta_{ka}$

Das ist eine gute Stelle, um über die Zerlegung der Wissenschaft in Gebiete zu reflektieren. War das nun eigentlich Algebra oder Analysis, was uns zu diesem sehr bemerkenswerten Ergebnis geführt hat? Einerseits haben wir mit Vertauschungsregeln argumentiert, um die Eigenschaften des Drehimpulses herauszufinden: reine Algebra. Dann aber wieder ganz konkret mit Funktionen und Ableitungen operiert, also Analysis. Und das Ergebnis selber: es sieht nach Quantentheorie aus, weil (5.168) der Schlüssel ist für das Studium der Schrödinger-Gleichung für das Wasserstoffatom und verwandter Systeme. Wir hätten den Stoff aber auch im Kapitel über *Partielle Differentialgleichungen* ausbreiten können, weil es sich um ein Verfahren handelt, wie man eine partielle Differentialgleichung auf gewöhnliche Differentialgleichungen zurückführt: Angewandte Mathematik. Und obgleich *Drehimpuls* nach Physik riecht, ist die Zerlegung in Kugelfunktionen eine Standardmethode der rechnenden Geowissenschaften oder in der Astronomie.

6

Verschiedenes

Obgleich sich anhand der sachlichen Gliederung der Physik auch eine Gliederung der Mathematik dafür anbietet, gibt es doch Gegenstände, die sich nicht unverkrampft einfügen lassen oder erst einmal in einer sehr speziellen, später aber in einer erweiterten Bedeutung auftauchen.

Die *Fourier-Zerlegung* von Funktionen in harmonische Beiträge kommt an verschiedenen Stellen im *Mathematikbuch* vor, jeweils in unterschiedlichem Kontext, daher erscheint eine Übersicht angebracht.

Analytische Funktionen sind außergewöhnlich glatte Abbildungen der komplexen Zahlenebene auf sich selber, sie tauchen in der Physik an allen Stellen auf. Wir müssen uns hier leider auf die Herleitung und Anwendungen des Residuensatzes zur Berechnung von Integralen und Distributionen beschränken.

Wir erklären auch, was man unter *Tensoren* versteht, unter Objekten mit definiertem Transformationsverhalten beim Wechsel des Koordinatensystems.

Der Abschnitt über *Transformationsgruppen* bringt eine Einführung in die Gruppentheorie und behandelt ausführlicher die Galilei- sowie die Poincaré-Gruppe, die unterschiedliche Vorstellungen über Zeit und Raum mathematisch beschreiben. Wir gehen aber auch auf endliche Gruppen ein, wie man sie beispielsweise für die Beschreibung von Kristall-Symmetrien heranzieht.

Unter der Überschrift *Optimierung* behandeln wir drei Verfahren, wie die Parameter einer Kostenfunktion optimal zu wählen sind: Polynom-Regression, Minimierung quadratischer Formen und die nichtlineare Optimierung nach Nelder und Mead.

Ein weiterer Abschnitt ist der *Variationsrechnung* gewidmet. Reellwertige Funktionale, die von Funktionen oder Operatoren abhängen, kann man differenzieren und daraufhin untersuchen, für welche Argumente (also Funktionen) sie maximal, minimal oder stationär sind. Es handelt sich also um die Optimierung bei unendlich vielen Freiheitsgraden.

Die *Legendre-Transformation* wird oft in der Thermodynamik eingesetzt. Wir erklären, was man darunter genau versteht und warum konvexe in konkave Funktionen transformiert werden, und umgekehrt. Die Legendre-Transformation spielt immer dann eine Rolle, wenn die Bedeutung von Variable und Ableitung danach ausgetauscht wird.

6.1 Fourier-Zerlegung

Die Fourier-Zerlegung von Funktionen in harmonische Beiträge zählt zu den mächtigsten Werkzeugen der Physik und aller anderen rechnenden Disziplinen der Wissenschaft und Technik. Wir erörtern daher das Thema hier einigermaßen systematisch, obgleich auch an anderen Stellen in diesem Buch über die Fourier-Transformation geredet wird. Falls noch nicht geschehen, sollten Sie vor dem Studium des Abschnittes sich mit den komplexen Zahlen und mit der komplexen Exponentialfunktion vertraut machen, zum Beispiel dadurch, dass sie den Unterabschnitt über *Die Exponentialfunktion mit komplexem Argument* im Grundlagenkapitel wiederholen oder den Abschnitt über *Analytische Funktionen* in diesem Kapitel studieren. Auch im Kapitel über *Lineare Operatoren* spielen die komplexen Zahlen und die komplexe Exponentialfunktion sowie die Fourier-Transformation eine wichtige Rolle.

6.1.1 Fourier-Summe

Gegeben seien N komplexe Zahlen $\boldsymbol{g} = (g_0, g_1, \ldots, g_{N-1})$. Diesem Zahlensatz[1] ordnet man den Fourier-transformierten Zahlensatz $\boldsymbol{G}$ gemäß

$$G_k = \frac{1}{\sqrt{N}} \sum_{j=0}^{N-1} e^{-2\pi i k j/N} g_j \tag{6.1}$$

zu, für $k = 0, 1, \ldots, N-1$. Das kann man umschreiben in

$$G_k = \sum_{j=0}^{N-1} \Omega_{kj} g_j \quad \text{mit} \quad \Omega_{kj} = \frac{1}{\sqrt{N}} w^{kj} \quad \text{und} \quad w = e^{-2\pi i/N} . \tag{6.2}$$

Nun gilt

$$\sum_{j=0}^{N-1} w^{(k-l)j} = \frac{1 - w^{(k-l)N}}{1 - w}, \tag{6.3}$$

und das verschwindet für $k \neq l$ wegen $w \neq 1$ und $w^N = 1$. Wenn allerdings $k = l$ gilt, kommt N heraus. Damit haben wir

$$\sum_{j=0}^{N-1} \Omega_{kj} \Omega_{lj}^* = \delta_{kl} \tag{6.4}$$

nachgewiesen. Ω ist eine unitäre Matrix, es gilt $\Omega^{-1} = \Omega^\dagger$.

---
[1] Im folgenden Text ist immer $N > 1$ gemeint.

Die Umkehrung der Fourier-Transformation (6.1) wird daher durch

$$g_j = \frac{1}{\sqrt{N}} \sum_{k=0}^{N-1} e^{2\pi i k j/N} G_k \qquad (6.5)$$

beschrieben, wieder eine Fourier-Transformation, allerdings mit einem Pluszeichen im Exponenten.

Wir schreiben die Formeln noch ein wenig um, damit sie näher an den Anwendungen sind. g_j kann man als ein Signal zur Zeit $t_j = j\tau$ auffassen. $f_k = k/N\tau$ ist eine Frequenz und $\omega_k = 2\pi k/N\tau$ eine Kreisfrequenz. Damit lesen sich (6.1) und (6.5) als

$$G_k = \frac{1}{\sqrt{N}} \sum_{j=0}^{N-1} e^{-2\pi i f_k t_j} g_j = \frac{1}{\sqrt{N}} \sum_{j=0}^{N-1} e^{-i\omega_k t_j} g_j \qquad (6.6)$$

und

$$g_j = \frac{1}{\sqrt{N}} \sum_{k=0}^{N-1} e^{2\pi i f_k t_j} G_k = \frac{1}{\sqrt{N}} \sum_{k=0}^{N-1} e^{i\omega_k t_j} G_k \,. \qquad (6.7)$$

Weil Ω unitär ist, gilt

$$\|\boldsymbol{G}\| = \|\boldsymbol{g}\|, \qquad (6.8)$$

mit

$$\|\boldsymbol{z}\|^2 = \frac{1}{N} \sum_{j=0}^{N-1} z_j^* z_j \,. \qquad (6.9)$$

Wenn man sich (6.1) genau ansieht, wird man $G_k = G_{k+N}$ feststellen. Dasselbe gilt für die Rücktransformation (6.5), $g_j = g_{j+N}$. Man sollte sich daher die Werte g_j und G_k nicht als einen Vektor vorstellen, sondern ringförmig angeordnet, denn sie sind nicht nur im Bereich $0 \leq j, k < N$ definiert, sondern für alle ganzen Indizes, jedoch periodisch mit der Periode N. In den Ausdrücken für die Fourier- und Rücktransformation spielt daher die Frequenz f_{N-1} dieselbe Rolle wie f_{-1}, f_{N-2} ist gleichwertig mit f_{-2}, und so weiter. Dasselbe gilt natürlich auch für die Kreisfrequenzen ω_k.

Häufig werden die Fourier-Komponenten G_k über einer Frequenzachse aufgetragen, die von f_{-M} bis f_M reicht, falls $N = 2M+1$ eine ungerade Zahl ist. Andernfalls, für $N = 2M$, wählt man den Bereich f_{-M+1} bis f_M. Mittelpunkt ist immer $f_0 = 0$. Wir machen das ab jetzt immer so, wählen also die Frequenz- oder Kreisfrequenzachse mit $f = 0$ beziehungsweise $\omega = 0$ in der Mitte.

Wenn $\boldsymbol{g}$ reell ist, gilt $G_{-k}^* = G_k$. Daraus folgt $|G_{-k}|^2 = |G_k|^2$. Die so genannte spektrale Intensität $S_k = |G_k|^2$ ist also für positive und negative Werte gleich, es reicht also aus, wenn man sie für $f_k \geq 0$ aufträgt. Wie gesagt: wenn g reell ist.

6.1.2 Schnelle Fourier-Transformation

Es gibt Fourier-Summen, die wir soeben erörtert haben, Fourier-Reihen, Fourier-Integrale über endliche Intervalle und Fourier-Integrale über ganz $\mathbb{R}$. Für die Numerik kommen nur Fourier-Summen in Frage, denn man muss $\mathbb{R}$ immer durch ein endliches Intervall approximieren und das endliche Intervall durch endlich viele Stützstellen darstellen. Und damit sind wir bei den Fourier-Summen oder der diskreten Fourier-Transformation.

Der MATLAB-Befehl

```
>> G=fft(g)
```

führt die Fourier-Transformation[2] aus, allerdings ohne den Faktor $1/\sqrt{N}$ in (6.1). Die Rückwärts-Transformation[3] wird mit

```
>> g=ifft(G)
```

bewerkstelligt. Dabei ist allerdings in (6.5) der Faktor $1/\sqrt{N}$ vor der Summe durch $1/N$ zu ersetzen.

Wir führen ein sehr einfaches Beispiel vor.

Wir stellen eine Kosinus-Funktion von $f = 50$ Hz dar, die künstlich stark verrauscht wird.

```
1  fbar=50;
2  tau=0.001;
3  N=1000;
4  t=tau*[0:N-1];
5  R=2.0;
6  g=cos(2*pi*fbar*t)+R*randn(size(t));
7  plot(t,g,'.');
```

Das Ergebnis ist in Abbildung 6.1 dargestellt. Können Sie darin den Kosinus erkennen?

Wir werden nun das Signal Fourier-transformieren.

```
8   G=fft(g);
9   f=[0:N/2-1]/N/tau;
10  S=abs(G(1:N/2)).^2;
11  plot(f,S);
```

---

[2] *FFT*, <u>F</u>ast <u>F</u>ourier <u>T</u>ransform, schnelle Fourier-Transformation
[3] *IFFT*, <u>I</u>nverse <u>F</u>ast <u>F</u>ourier <u>T</u>ransform, inverse schnelle Fourier-Transformation

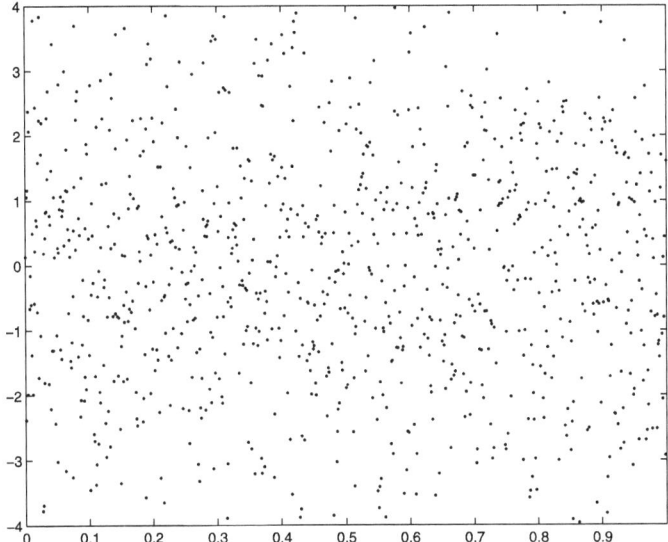

Abb. 6.1. Das Signal ist eine verrauschte Kosinusschwingung der Amplitude 1 von 50 Hz. Das Signal:Rausch-Verhältnis beträgt 1:2. Das Signal wurde in Abständen von μs über eine Zeitspanne von einer Sekunde erfasst. Die Abszisse ist die Zeit in Sekunden

Abbildung 6.2 zeigt die spektrale Intensität. Man erkennt deutlich den Peak bei $f = 50$ Hz. Der Untergrund ist nahezu konstant, das deutet auf weißes Rauschen hin[4].

Wie ist dieses Wunder möglich? Wie kann das sein, dass ein stark verrauschtes Signal, das in Abbildung 6.1 völlig chaotisch aussieht, in der Abbildung 6.2 so klar in Signal und Rauschen getrennt wird? Das Geheimnis besteht darin, dass die Datenpunkte in Abbildung 6.1 den Kosinus im richtigen Augenblick seiner Phase anstoßen und ihn dadurch aufschaukeln, während das Rauschen die Tendenz zur Auslöschung hat. Mit N wächst die spektrale Intensität des Signals proportional zu N und die spektrale Intensität des Rauschens wie $\sqrt{N}$. Je länger man ein verrauschtes Signal erfasst, umso besser kann man das Signal vom Rauschen trennen.

In diesem auf Übersicht angelegten *Mathematikbuch* können wir leider nicht die vielfältigen Anwendungen der diskreten Fourier-Transformation[5] ausbreiten. Man kann sich schwerlich ein Gebiet der Technik und der Naturwissenschaften vorstellen, in dem die diskrete Fourier-Transformation keine Rolle spielt. Von der Bildverarbeitung bis zur Satelliten-Kommunikation. Man kann Chips kaufen, in denen die schnelle Fourier-Transformation fest verdrahtet ist,

---

[4] Die spektrale Intensität hängt nicht von der Frequenz ab.
[5] *DFT*, *D*iscrete *F*ourier *T*ransformation, die Transformation von endlich vielen Signalwerten

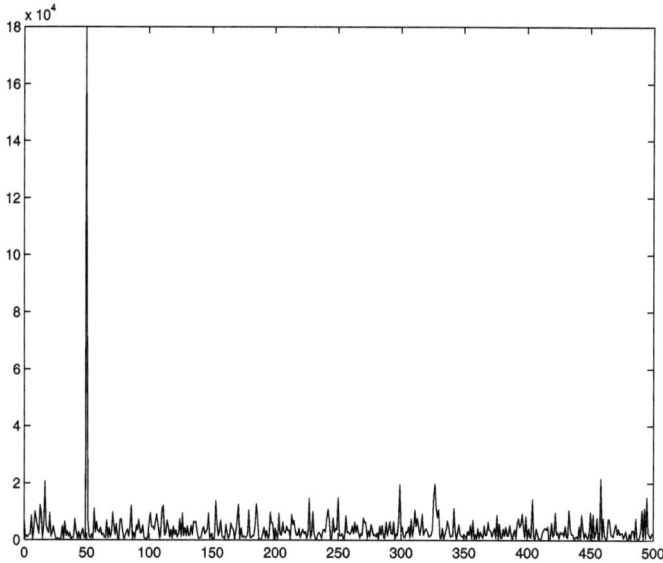

Abb. 6.2. Aufgetragen ist die spektrale Intensität des Signals der Abbildung 6.1 über der Frequenz in Hz

damit sie noch schneller als auf herkömmlichen Programm-gesteuerten Prozessoren abläuft.

Warum eigentlich spricht man von der *schnellen* Fourier-Transformation? Nun, wenn man die Matrix Ω für (6.2) bereit gestellt hat, dann wächst der Aufwand für die Berechnung der N Komponenten G_k aus den N Komponenten g_k wie N^2. Die schnelle Fourier-Transformation macht davon Gebrauch, dass die Berechnung der geradzahlig indizierten Komponenten eine Fourier-Transformation der Ordnung $N/2$ ist, und dasselbe gilt für die Berechnung der ungeradzahlig indizierten Komponenten. Fährt man so fort, dann ergibt sich für den Gesamtaufwand[6] $N \operatorname{ld} N$. Für große N ist der Unterschied zwischen N^2 und $N \operatorname{ld} N$ so wichtig, dass viel geistige Arbeit in die Entwicklung der Programme für die schnelle Fourier-Transformation aufgewendet worden ist. Erst wenn man Millionen und Milliarden von Messdaten zu verarbeiten hat, wird ersichtlich, warum die schnelle Fourier-Transformation eine so zentrale Rolle in der Numerik spielt.

Manche Amateurprogramme und sogar kommerzielle Programmsysteme implementieren den Algorithmus für die schnelle Fourier-Transformation nur für den Fall, dass N als ganzzahlige Potenz von 2 geschrieben werden kann, etwa $N = 1024$ oder $N = 4096$. Wenn N keine Zweierpotenz ist, soll man die fehlenden Zahlen mit Nullen auffüllen. Das ist kein guter Ratschlag. MATLAB stützt

---

[6] $\operatorname{ld} N$ ist der *logarithmus dualis*, der Logarithmus zur Basis 2. $2^M = N$ bedeutet $M = \operatorname{ld} N$.

sich auf die frei verfügbare `fftw`-Bibliothek, die in der Programmiersprache C kodiert und damit maschinennahe und portabel ist und alle Sonderfälle berücksichtigt. MATLAB optimiert die Strategie, lässt aber auch zu, dass diese vom Benutzer vorgeschrieben wird.

Die schnelle diskrete Fourier-Transformation lässt sich nicht nur für Vektoren aus reellen oder komplexen Zahlen ausführen, sondern auch für Vektoren von Vektoren (Matrizen), Vektoren von Matrizen und so weiter. Wie fast immer in diesem Buch können wir leider nicht in die Tiefe gehen und dürfen uns nicht verzetteln. Also Schluss jetzt mit `fft`, der schnellen Fourier-Transformation, obgleich es noch so viel mehr darüber zu sagen gibt...

6.1.3 Fourier-Reihe

Wir betrachten jetzt nicht mehr nur endlich viele, sondern unendliche viele komplexe Zahlen g_j für $j \in \mathbb{Z}$. Dabei soll

$$\|g\|^2 = \sum_j |g_j|^2 < \infty \tag{6.10}$$

gelten. Wir definieren die Fourier-Transformierte $G = G(\omega)$ durch

$$G(\omega) = \sum_{j \in \mathbb{Z}} e^{-ij\omega} g_j. \tag{6.11}$$

Offensichtlich ist $\omega \to G(\omega)$ periodisch, $G(\omega + 2\pi) = G(\omega)$. Daher interessiert uns die Fourier-Transformierte $G = \hat{g}$ nur auf dem endlichen Intervall $\omega \in [-\pi, \pi]$.

Wir rechnen

$$\int_{-\pi}^{\pi} \frac{d\omega}{2\pi} e^{i\omega k} G(\omega) = \sum_j g_j \int_{-\pi}^{\pi} \frac{d\omega}{2\pi} e^{i\omega(k-j)} \tag{6.12}$$

aus, indem wir (6.11) einsetzen. Man findet sofort, dass das Integral den Wert 1 hat, wenn j und k übereinstimmen und andernfalls verschwindet. Damit haben wir die Umkehr-Transformation

$$g_j = \int_{-\pi}^{\pi} \frac{d\omega}{2\pi} e^{i\omega j} G(\omega) \tag{6.13}$$

ermittelt.

Wir definieren

$$\|G\|^2 = \int_{-\pi}^{\pi} \frac{d\omega}{2\pi} |G(\omega)|^2 \tag{6.14}$$

und berechnen damit

$$\|G\| = \|g\|. \tag{6.15}$$

Das heißt: gemäß (6.10) quadratsummierbare Folgen führen zu gemäß (6.14) quadratintegrablen Fourier-Transformierten. Damit steht fest, dass nur $g_j = 0$ eine verschwindende Fourier-Transformierte hat. Keine zwei verschiedene Folgen haben dieselbe Fourier-Transformierte. Die in $j \to g_j$ enthaltene Information ist dieselbe wie in $\omega \to G(\omega)$.

6.1.4 Fourier-Zerlegung periodischer Funktionen

Wir drehen nun die Bedeutung von g und G im voran stehenden Abschnitt um. $g = g(t)$ sei im Intervall $t \in [0, \tau]$ definiert, stetig und im Sinne von $g(0) = g(\tau)$ periodisch. Dazu gehören Kreisfrequenzen

$$\omega_j = \frac{2\pi j}{\tau}. \tag{6.16}$$

Die Fourier-Transformierte von g ist die Folge

$$G_j = \frac{1}{\tau} \int_0^\tau dt \, e^{-i\omega_j t} g(t) \tag{6.17}$$

mit $j \in \mathbb{Z}$.

Für die Rücktransformation vermutet man

$$g(t) = \sum_{j \in \mathbb{Z}} e^{i\omega_j t} G_j. \tag{6.18}$$

Das ist richtig, denn in der Tat gilt

$$\frac{1}{\tau} \int_0^\tau dt \, e^{-i\omega_j t} \sum_{k \in \mathbb{Z}} e^{i\omega_k t} G_k = G_j. \tag{6.19}$$

Wir führen die Normen durch

$$\|g\|^2 = \frac{1}{\tau} \int_0^\tau dt \, |g(t)|^2 \tag{6.20}$$

und

$$\|G\|^2 = \sum_{j \in \mathbb{Z}} |G_j|^2 \tag{6.21}$$

ein. Damit gilt

$$\|G\| = \|g\|. \tag{6.22}$$

Wenn sich zwei auf $[0, \tau]$ definierte stetige und periodische Funktionen g_1 und g_2 unterscheiden, dann sind auch die entsprechenden Fourier-Folgen G_1 und G_2 verschieden. Wiederum gilt, dass Information nicht reduziert, sondern nur anders aufbereitet wird.

6.1.5 Fourier-Integrale

Wir betrachten eine auf ganz $\mathbb{R}$ definierte komplexwertige Funktion $g = g(t)$, die im Sinne von

$$\|g\|^2 = \int \mathrm{d}t \, |g(t)|^2 < \infty \tag{6.23}$$

quadratintegrabel ist.

Deren Fourier-Transformierte[7] G wird als

$$G(\omega) = \int \mathrm{d}t \, \mathrm{e}^{-\mathrm{i}\omega t} g(t) \tag{6.24}$$

erklärt. Die Rücktransformation ist durch

$$g(t) = \int \frac{\mathrm{d}\omega}{2\pi} \, \mathrm{e}^{\mathrm{i}\omega t} G(\omega) \tag{6.25}$$

bestimmt. Wir können das mit den bisher vorgeführten Methoden nur schwer nachweisen, weil die Dirac-Distribution δ ins Spiel kommt, eine verallgemeinerte Funktion. Was das genau ist, kann man im Abschnitt *Verallgemeinerte Funktionen* nachlesen. Wir halten hier als Merkregeln fest:

$$\int \mathrm{d}x \, f(x) \, \delta(x - y) = f(y) \tag{6.26}$$

und

$$\int \mathrm{d}x \, \mathrm{e}^{\mathrm{i}(x-y)} = 2\pi \delta(y) \,. \tag{6.27}$$

Damit lässt sich dann auch (6.25) nachweisen.

Wenn man die Norm der Fourier-Transformierten G gemäß

$$\|G\|^2 = \int \frac{\mathrm{d}\omega}{2\pi} |G(\omega)|^2 \tag{6.28}$$

erklärt, dann gilt

$$\|G\| = \|g\| \,. \tag{6.29}$$

Daraus schließt man, dass die Fourier-Transformierte $G = G(\omega)$ und die ursprüngliche Funktion $g = g(t)$ umkehrbar eindeutig zusammenhängen. In $g = g(t)$ ist dieselbe Information enthalten wie im Spektrum $G = G(\omega)$.

---

[7] oft als $\hat{g}$ bezeichnet

6.1.6 Faltung

Wir erwähnen noch eine wichtige Formel für Funktionen, die auf ganz $\mathbb{R}$ definiert sind. Das Ergebnis lässt sich auch sinngemäß auf die anderen Arten der Fourier-Zerlegung übertragen.

f und g seien zwei auf $\mathbb{R}$ definierte quadratintegrable Funktionen. Deren Faltung $h = f \star g$ ist durch

$$h(t) = \int \mathrm{d}s\, f(t-s) g(s) \tag{6.30}$$

erklärt. Wir rechnen die Fourier-Transformierte der Faltung aus, nämlich

$$H(\omega) = \int \mathrm{d}t\, \mathrm{e}^{-\mathrm{i}\omega t} h(t) = \int \mathrm{d}t\, \mathrm{e}^{-\mathrm{i}\omega t} \int \mathrm{d}s\, f(t-s) g(s). \tag{6.31}$$

Setzt man

$$f(t-s) = \int \frac{\mathrm{d}\omega'}{2\pi}\, \mathrm{e}^{\mathrm{i}\omega'(t-s)} F(\omega') \tag{6.32}$$

und

$$g(s) = \int \frac{\mathrm{d}\omega''}{2\pi}\, \mathrm{e}^{\mathrm{i}\omega'' s} G(\omega'') \tag{6.33}$$

ein, dann ergibt sich

$$H(\omega) = F(\omega)\, G(\omega). \tag{6.34}$$

Die Fourier-Transformierte einer Faltung (6.30) ist das Produkt der Fourier-Transformierten der gefalteten Funktionen. Leider müssen wir uns an die selbst auferlegte Beschränkung auf das Grundwissen halten und brechen die Diskussion dieses wichtigen Ergebnisses hier ab.

6.2 Analytische Funktionen

Komplexe Zahlen $z = x + \mathrm{i}y$ mit $\mathrm{i} = \sqrt{-1}$ sind erst einmal eine Rechenhilfe. Insbesondere mit der komplexen Exponentialfunktion, die die gewöhnliche Exponentialfunktion, den Sinus und den Kosinus verbindet, lassen sich auf dem Umweg über komplexe Zahlen manche Aufgaben leichter lösen, als wenn man nur reelle Zahlen zulässt.

Komplex differenzierbare, also analytische Funktionen eröffnen darüber hinaus eine Fülle neuer Möglichkeiten. Sie kommen deswegen so oft in der Physik und in verwandten Naturwissenschaften vor, weil solche Funktionen aus elementaren analytischen Funktionen durch Addieren und Subtrahieren, Multiplizieren und Dividieren sowie Umkehren aufgebaut werden. Insbesondere sind konvergente Potenzreihen dabei. Alle diese Operationen garantieren, dass eine analytische Funktion entsteht. Fallunterscheidungen sowie komplex Konjugieren sind ausdrücklich nicht erlaubt.

Analytische Funktionen haben bemerkenswerte Eigenschaften. Sie sind nicht nur besonders glatt in dem Sinne, dass sie beliebig oft differenziert werden können. Sie sind auch besonders glatt in dem Sinne, dass sowohl der Realteil als auch der Imaginärteil harmonische Funktionen sind, Funktionen, die der Potentialgleichung in zwei Dimensionen genügen.

Wenn man über ein analytische Funktion integriert, darf man den Integrationsweg stetig verschieben, solange man im Analytizitätsgebiet Ω bleibt. Wenn man jedoch eine Singularität vom Typ $a/(z-z_0)$ vor sich hat, dann muss man den Residuensatz bemühen.

Die phantastischen Eigenschaften der analytischen Funktionen führen zu keinen numerischen Vorteilen. Alle Aufgaben für komplexwertige Funktionen einer komplexen Variablen lassen sich in entsprechende Probleme für reellwertige Funktionen von reellen Variablen umschreiben. Aus diesem Grund kommen in diesem Abschnitt keine Bemerkungen zur Numerik vor.

6.2.1 Komplexe Zahlen

Das Symbol i für die Lösung der Gleichung $i^2 = -1$ geht auf Euler[8] zurück. i ist die imaginäre Einheit[9], etwas, was es eigentlich nicht gibt, aber was man sich vorstellen kann. Mit i kann man nach den üblichen Rechenregeln umgehen. Wenn $i^2 = -1$ bedeutet, dann muss $i = \sqrt{-1}$ gelten, und so weiter. Und was heißt schon imaginär im Gegensatz zu reell? An die reellen Zahlen hat man sich lediglich länger gewöhnt als an komplexe!

Die Menge $\mathbb{C}$

Die Menge $\mathbb{C}$ der komplexen[10] Zahlen besteht aus den Objekten $z = x + iy$ mit $x, y \in \mathbb{R}$. Man bezeichnet $x = \mathrm{Re}\,(z)$ als den Realteil der komplexen Zahl z und $y = \mathrm{Im}\,(z)$ als den Imaginärteil. Bei allen Manipulationen mit reellen Zahlen wird i als normale Zahl behandelt mit der zusätzlichen Eigenschaft $i^2 = -1$. Damit sind Addition und Multiplikation komplexer Zahlen kommutativ, das heißt, dass es auf die Reihenfolge nicht ankommt.

Beispielsweise ergibt $(3+2i)+(-1+i) = (2+3i)$ und $(3+2i)(-1+i) = (-5+i)$. Dividieren ist schwieriger.

---

[8] Leonhard Euler, 1707–1783, schweizerischer Mathematiker
[9] Ingenieure unterscheiden sich von Naturwissenschaftlern und Mathematikern dadurch, dass erstere das Symbol $j = \sqrt{-1}$ benutzen. Alle anderen schreiben i dafür.
[10] aus zwei reellen Zahlen zusammengesetzt

Wir führen die zur komplexen Zahl $z = x + \mathrm{i}y$ konjugierte Zahl[11] $z^* = x - \mathrm{i}y$ ein. Es gilt

$$|z|^2 = z^*z = x^2 + y^2. \tag{6.35}$$

$|z| = \sqrt{x^2 + y^2}$ ist der Betrag der komplexen Zahl z. $|z| = 0$ bedeutet, dass man $z = 0 = (0 + 0\mathrm{i})$ vor sich hat.

Man rechnet den Quotienten zweier komplexer Zahlen z_1 und z_2 leicht dadurch aus, dass man mit z_2^* erweitert:

$$\frac{z_1}{z_2} = \frac{z_1 z_2^*}{|z_2|^2} = \frac{(x_1 x_2 + y_1 y_2) + \mathrm{i}(-x_1 y_2 + y_1 x_2)}{x_2^2 + y_2^2}. \tag{6.36}$$

Natürlich darf der Nenner, also z_2, nicht verschwinden.

Weil die komplexen Zahlen mit verschwindendem Imaginärteil gerade die reellen Zahlen sind, kann man

$$\mathbb{N} \subseteq \mathbb{Z} \subseteq \mathbb{Q} \subseteq \mathbb{R} \subseteq \mathbb{C} \tag{6.37}$$

schreiben. Wir erinnern uns:

- Die natürlichen Zahlen $\mathbb{N}$ dienen zum Zählen der Elemente in einer endlichen Menge.
- Zu den ganzen Zahlen $\mathbb{Z}$ wurde erweitert, damit man Gleichungen wie $a + x = b$ immer nach x auflösen kann.
- Zu den rationalen Zahlen $\mathbb{Q}$ wurde erweitert, damit man Gleichungen wie $ax = b$ für $a \neq 0$ immer nach x auflösen kann.
- Zu den reellen Zahlen $\mathbb{R}$ wurde erweitert, damit Cauchy-konvergente Folgen $a_1, a_2, \ldots$ immer einen Grenzwert haben a.
- Zu den komplexen Zahlen $\mathbb{C}$ wurde erweitert, damit nicht-konstante Polynome wie $x^2 + 1$ immer Nullstellen haben.

Für komplexe Zahlen gelten dieselben Rechenregeln wie für die rationalen Zahlen und die reellen Zahlen. Mengen von Objekten mit diesen Regeln bezeichnet man als kommutative Körper. $\mathbb{C}$ ist der größte kommutative Körper. Mit Erweiterungen ist es also nun Schluss!

Fundamentalsatz der Algebra

Sei

$$p(z) = a_0 + a_1 z + a_2 z^2 + \ldots + a_n z^n \tag{6.38}$$

---

[11] Das komplex Konjugierte der komplexen Zahl z wird oft auch als $\bar{z}$ geschrieben. In MATLAB steht der Operator ' für Transponieren und komplex konjugieren. Damit ist **z'** das komplex Konjugierte der komplexen Zahl **z**

ein Polynom vom Grade $n > 0$. Die Koeffizienten $a_0, a_1, \ldots, a_n$ sowie die Variable z sind komplexe Zahlen, a_n soll nicht verschwinden. Man kann sich leicht davon überzeugen, dass

$$p(z) = a_n(z - z_1)(z - z_2) \ldots (z - z_n) \tag{6.39}$$

ein solches Polynom ist. Es hat dann so viele Nullstellen, wie es verschiedene Zahlen z_j gibt, also mindestens eine.

In seiner Dissertation hat Carl Friedrich Gauß 1799 den Fundamentalsatz der Algebra bewiesen: Jedes Polynom (6.38) kann in die Form (6.39) umgeschrieben werden. Jedes nicht-konstante Polynom hat in der komplexen Zahlenebene $\mathbb{C}$ wenigstens eine Nullstelle. Es gibt verschiedene Beweise für den Fundamentalsatz, von denen keiner wirklich einfach ist. Insbesondere ist es nicht möglich, ihn lediglich mit Mitteln der Algebra zu beweisen.

6.2.2 Komplexe Differenzierbarkeit

Wir erörtern, wie man für die komplexe Zahlenebene die Begriffe Umgebung, offene Menge, Rand, Abschluss und Konvergenz präzisiert. Damit kann man formulieren, was stetig und differenzierbar bedeutet. Eine komplex differenzierbare Funktion ist bemerkenswert glatt. Die reellen partiellen Ableitungen des Realteils und Imaginärteils der Funktion nach dem Real- und Imaginärteil des Argumentes erfüllen zwei lineare partielle Differentialgleichungen. Aus diesen folgt unter anderem, dass Real- und Imaginärteil harmonische Funktionen sind, also der Potentialgleichung in zwei Dimensionen genügen.

Umgebung, offene Menge, Rand, Konvergenz

Der Abstand zweier komplexe Zahlen z_1 und z_2 wird als $|z_2 - z_1|$ erklärt. Es handelt sich wirklich um einen Abstand im Sinne der Topologie[12], weil z_1 von z_2 ebenso weit entfernt ist wie z_2 von z_1, weil $|z_2 - z_1| = 0$ nur für $z_2 = z_1$ möglich ist, und weil die Dreiecksungleichung $|z_3 - z_1| \leq |z_3 - z_2| + |z_2 - z_1|$ gilt.

Die Menge der Punkte[13] z, deren Abstand zu einem Punkt z_0 kleiner ist als eine gewisse positive Zahl ϵ, wird mit

$$K_\epsilon(z_0) = \{z \in \mathbb{C} \,|\, |z - z_0| < \epsilon\} \tag{6.40}$$

bezeichnet. Wir sprechen von einer offenen Kreisscheibe, weil der Rand nicht dazu gehört. Wir nennen die offene Kreisscheibe um z_0 auch eine Umgebung von z_0.

---

[12] Lehre von den Beziehungen zwischen Orten, eine eigenständige Disziplin der Mathematik

[13] Steht hier für komplexe Zahl. Etwas, das im Sinne der Topologie keine innere Struktur hat.

Allgemein ist eine Menge $\Omega \subseteq \mathbb{C}$ offen, wenn es zu jedem Punkt $z_0 \in \Omega$ eine offene Kreisscheibe $K_\epsilon(z_0)$ gibt, die ebenfalls ganz in Ω liegt. Beispiele für offene Mengen sind die Kreisscheiben $K_R(z)$, die komplexe Zahlenebene selber, aber auch die Menge $\mathbb{C} \setminus \{0\}$, die Menge der von Null verschiedenen Zahlen. Die x-Achse oder eine Menge aus nur endlich vielen Zahlen ist dagegen nicht offen.

Zu einer offenen Menge Ω gehört ein Rand $\partial \Omega$. Das ist die Menge aller komplexen Zahlen $\bar{z}$, sodass jede offene Kreisscheibe um $\bar{z}$ sowohl Punkte in Ω als auch in $\mathbb{C} \setminus \Omega$ hat, in der Komplementmenge. Man beachte, dass eine offene Menge Ω und ihr Rand $\partial \Omega$ keine gemeinsamen Punkte haben. Mit $\bar{\Omega} = \Omega \cup \partial \Omega$ wird der Abschluss (genauer: die Abschlussmenge) bezeichnet.

Eine Folge $z_1, z_2, \ldots$ komplexer Zahlen konvergiert gegen z_0, wenn man in jeder Umgebung von z_0 fast alle Folgenglieder findet. ‚Fast alle' bedeutet: bis auf endlich viele Ausnahmen. Das läuft auf den bekannten Spruch hinaus: zu jedem $\epsilon > 0$ gibt es ein n, sodass $|z_0 - z_j| < \epsilon$ gilt für alle $j \geq n$. Eine Folge $h_1, h_2 \ldots$ komplexer Zahlen bezeichnet man als Nullfolge, wenn sie gegen 0 konvergiert.

Vorsicht: Zwar hat jede konvergente Folge von Zahlen in der offenen Menge Ω einen Grenzwert. Der muss aber nicht in Ω liegen, sonder kann auch zum Rand $\partial \Omega$ gehören. Nur für die abgeschlossene Menge $\bar{\Omega}$ gilt, dass jede konvergente Folge von Zahlen aus $\bar{\Omega}$ einen Grenzwert in $\bar{\Omega}$ hat. Das erklärt die Bezeichnung ‚abgeschlossen', nämlich in Hinsicht auf die Bildung von Grenzwerten. Eine Einführung in die Grundbegriffe der Topologie findet man im Kapitel *Tiefere Einsichten*.

Differenzieren

Alles fängt ganz harmlos an. Wir wissen, was komplexe Zahlen sind, was man unter einer Umgebung eines Punktes versteht und wie die Konvergenz von Zahlenfolgen definiert wird.

Stetigkeit und Differenzierbarkeit sind Eigenschaften von Funktionen, die nicht lokal erklärbar sind, also nur für einen Funktionswert. Man benötigt immer die Umgebung um ein gewisses Argument. Also reden wir von jetzt ab nur noch über Funktionen, die auf solchen Mengen Ω definiert sind, sodass es zu jedem Punkt $z_0 \in \Omega$ auch eine Umgebung von Punkten gibt, die zum Definitionsbereich gehören. Das sind gerade die offenen Mengen.

$f : \Omega \to \mathbb{C}$ sei eine komplexwertige Funktion, die auf einer offenen Menge Ω in der komplexen Zahlenebene definiert ist. Sei $z_1, z_2, \ldots$ irgendeine Folge von Zahlen in Ω, die gegen z_0 konvergiert. Falls

$$f(z_0) = \lim_{j \to \infty} f(z_j) \qquad (6.41)$$

gilt, dann ist die Funktion f bei z_0 stetig.

f ist auf ganz Ω stetig, wenn (6.41) für jeden Punkt $z_0 \in \Omega$ gilt.

Nun zum Differenzieren. Falls

$$f'(z_0) = \lim_{j \to \infty} \frac{f(z_j) - f(z_0)}{z_j - z_0} \tag{6.42}$$

gegen eine Zahl $f'(z_0)$ konvergiert, dann ist die Funktion $f : \Omega \to \mathbb{C}$ bei z_0 differenzierbar. $f'(z_0)$ ist die komplexe Ableitung der Funktion f bei z_0. Wir wiederholen, dass (6.42) für beliebige gegen z_0 konvergierende Folgen $z_1, z_2 \ldots$ von Zahlen[14] in Ω gelten soll. Die Einschränkung auf Folgen, die den Grenzwert z_0 nicht enthalten (damit man dividieren kann), ist erforderlich, aber unwesentlich.

f ist auf ganz Ω differenzierbar, wenn (6.42) für jeden Punkt $z_0 \in \Omega$ gilt.

Natürlich sind differenzierbare Funktionen auch stetig, denn aus (6.42) folgt (6.41).

Eine im Sinne von (6.42) überall auf der offenen Menge Ω differenzierbare Funktion $f : \Omega \to \mathbb{C}$ bezeichnet man auch als analytisch[15]. Nur von solchen reden wir noch von jetzt ab.

Man kann sich leicht davon überzeugen, dass die üblichen Regeln für das Differenzieren reellwertiger Funktion auch für analytische Funktionen gelten.

Cauchy-Riemann-Differentialgleichungen

Wir schreiben für die auf der offenen Menge Ω erklärte analytische Funktion f die Zerlegung

$$f(x + iy) = u(x, y) + iv(x, y) \tag{6.43}$$

an. Dabei sollen x und y sowie $u = u(x, y)$ und $v = v(x, y)$ reelle Zahlen sein. Man kann die Ableitung $f'(z)$ für $z = x + iy$ mindestens auf zwei verschiedene Weisen ausrechnen. Einmal mit $dz = dx$, also als

$$f'(z) = \frac{u(x + dx, y) - u(x, y)}{dx} + i\frac{v(x + dx, y) - v(x, y)}{dx}. \tag{6.44}$$

Aber auch mit $dz = idy$:

$$f'(z) = \frac{u(x, y + dy) - u(x, y)}{idy} + i\frac{v(x, y + dy) - v(x, y)}{idy}. \tag{6.45}$$

Der Vergleich ergibt

$$\frac{\partial u}{\partial x} = \frac{\partial v}{\partial y} \quad \text{und} \quad \frac{\partial u}{\partial y} = -\frac{\partial v}{\partial x}. \tag{6.46}$$

---

[14] mit $z_k \neq z_0$
[15] Auch die Bezeichnungen regulär oder holomorph sind üblich.

Das sind die partiellen Cauchy-Riemann-Differentialgleichungen für den Real- und Imaginärteil einer analytischen Funktion.

Übrigens erfüllen sowohl der Realteil u als auch der Imaginärteil v die Potentialgleichung

$$\frac{\partial^2 w}{\partial x^2} + \frac{\partial^2 w}{\partial y^2} = 0, \qquad (6.47)$$

wie man leicht nachweisen kann. Wir haben dabei vorweggenommen, dass analytische Funktionen beliebig oft differenzierbar sind, also wenigstens zweifach. Das soll im nächsten Abschnitt nachgeholt werden.

Vorher wollen wir nur noch eine ganz triviale Folgerung aus den Cauchy-Riemann-Differentialgleichungen vorführen.

Wir betrachten die Funktion

$$f(z) = z^*, \text{ also } u(x,y) = x \text{ und } v(x,y) = -y. \qquad (6.48)$$

Mit $\partial u/\partial x = 1$ und $\partial v/\partial y = -1$ sind die Cauchy-Riemann-Differentialgleichungen überall verletzt. Die Funktion $f(z) = z^*$ ist nirgendwo komplex differenzierbar.

6.2.3 Potenzreihen

Jede komplex differenzierbare, also analytische Funktion kann lokal in eine konvergente Potenzreihe entwickelt werden. Diese Potenzreihe darf man gliedweise differenzieren, und das Ergebnis stimmt mit der komplexen Ableitung überein. Damit sind analytische Funktionen automatisch beliebig oft differenzierbar.

Polynome und Potenzreihen

Aus $(z+h)^n = z^n + hnz^{n-1} + h^2(\ldots)$ folgt, dass für die Funktion $f(z) = z^n$ gerade $f'(z) = nz^{n-1}$ gilt. Damit ist jedes Polynom $a_0 + a_1 z + a_2 z^2 + \ldots + a_n z^n$ komplex differenzierbar, also auf ganz $\mathbb{C}$ analytisch. Nun muss man mit dem Übergang von Polynomen zu Potenzreihe sehr vorsichtig sein, weil gerade Eigenschaften wie Stetigkeit und Differenzierbarkeit verloren gehen können.

Zu jedem Punkt z_0 der offenen Menge Ω gibt es eine offene Kreisscheibe $K_R(z_0) \subseteq \Omega$, sodass die analytische Funktion $f = f(z)$ auf dieser Kreisscheibe durch

$$f(z) = \sum_{j=0}^{\infty} a_j(z_0)(z-z_0)^j \qquad (6.49)$$

dargestellt werden kann, durch eine konvergente Potenzreihe. Mehr noch, diese Potenzreihe kann auf $K_R(z_0)$ gliedweise differenziert werden und ergibt wieder eine auf $K_R(z_0)$ konvergente Potenzreihe.

Die Umkehrung gilt ebenfalls. Eine Funktion f, die an jeder Stelle des offenen Definitionsbereiches Ω lokal in eine Potenzreihe entwickelt werden kann, ist komplex differenzierbar, also analytisch.

Der Beweis dieses überaus wichtigen Satzes kann hier nicht vorgeführt werden, er erfordert mehr Kenntnisse, als wir in diesem Buch vermitteln.

Dass analytische Funktionen lokal als Potenzreihen dargestellt werden können, die man gliedweise differenzieren darf, das heißt: analytische Funktionen sind automatisch unendlich oft differenzierbar!

Komplexe Exponentialfunktion als Beispiel

Wir betrachten die Folge

$$f_n(z) = \sum_{j=0}^{n} \frac{z^j}{j!}. \tag{6.50}$$

Die Summe der restlichen Beiträge kann durch

$$\left| \sum_{j=n+1}^{\infty} \frac{z^j}{j!} \right| \leq \sum_{j=n+1}^{\infty} \frac{|z|^j}{j!} \tag{6.51}$$

abgeschätzt werden und konvergiert mit $n \to \infty$ gegen Null, weil die Potenzreihe für die reelle Exponentialfunktion $\exp(|z|)$ immer konvergiert (Majorantenkriterium).

Damit stellt

$$e^z = \sum_{j=0}^{\infty} \frac{z^j}{j!} \tag{6.52}$$

eine auf ganz $\mathbb{C}$ konvergente Potenzreihe dar. Die komplexe Exponentialfunktion ist auf ganz $\mathbb{C}$ analytisch.

Wir dürfen sie also gliedweise differenzieren, und das ergibt unmittelbar die Beziehung

$$f'(z) = f(z) \quad \text{für} \quad f(z) = e^z. \tag{6.53}$$

Nach demselben Verfahren wie schon im Grundlagenkapitel schließen wir daraus auf

$$e^{z_1 + z_2} = e^{z_1} e^{z_2}. \tag{6.54}$$

Insbesondere gilt für $z = x + iy$ mit $x, y \in \mathbb{R}$ die Beziehung

$$e^{x + iy} = e^x e^{iy}. \tag{6.55}$$

Wir machen weiter und entwickeln die Exponentialfunktion mit einem rein imaginären Argument in eine Potenzreihe:

$$e^{iy} = 1 + \frac{iy}{1!} + \frac{-y^2}{2!} + \frac{-iy^3}{3!} + \ldots, \qquad (6.56)$$

und das läuft auf

$$e^{iy} = \cos y + i \sin y \qquad (6.57)$$

hinaus. Das ist ein Phase[16], denn es gilt $|\cos y + i \sin y|^2 = 1$.

Wir führen nur ein Beispiel dafür an, wie man auf dem Umweg über komplexe Zahlen manche Formeln für reellwertige Funktion ganz einfach beweisen kann. Aus

$$e^{i(\alpha + \beta)} = e^{i\alpha} e^{i\beta} \qquad (6.58)$$

folgt ohne nennenswerten Rechenaufwand

$$\cos(\alpha + \beta) = \cos\alpha \cos\beta - \sin\alpha \sin\beta \qquad (6.59)$$

sowie

$$\sin(\alpha + \beta) = \cos\alpha \sin\beta + \sin\alpha \cos\beta. \qquad (6.60)$$

6.2.4 Komplexe Wegintegrale

Wir erklären, was ein glatter Weg von einem Anfangspunkt zu einem Endpunkt in der komplexen Zahlenebene ist und wie man das Integral einer analytischen Funktion entlang dieses Weges ausrechnet. Wenn man den Integrationsweg vom Anfangs- zum Endpunkt innerhalb des Definitionsbereiches stetig verschiebt, behält das Integral seinen Wert. Anders ausgedrückt, das Integral über einen geschlossenen Weg verschwindet, wenn die zu integrierende Funktion in dem vom Integrationsweg umschlossenen Gebiet analytisch ist. Wenn darin allerdings Polstellen liegen, bleibt man an ihnen hängen und muss den Residuensatz heranziehen.

Definition

Wir gehen ähnlich vor wie im Falle des Wegintegrales. Wir betrachten einen Weg $\mathcal{C}$, der in der komplexen Zahlenebene liegt und von z_0 nach z_1 führt. Er wird durch eine Parametrisierung $s \to \zeta(s) = \xi(s) + i\eta(s)$ beschrieben. Realteil $\xi(s)$ und Imaginärteil $\eta(s)$ sind reellwertige differenzierbare Funktionen. Außerdem wird $\zeta(0) = z_0$ und $\zeta(1) = z_1$ verlangt. Wir definieren das Integral

---
[16] eine komplexe Zahl auf dem Einheitskreis

über die analytische Funktion f durch

$$I = \int_0^1 \mathrm{d}s\, \zeta'(s)\, f(\zeta(s))\,. \tag{6.61}$$

Wie für das reelle Wegintegral lässt sich zeigen, dass das Integral seinen Wert behält, wenn man den Weg umparametrisiert. Wenn die differenzierbare Funktion $t \to \lambda(t)$ monoton von Null auf Eins wächst, dann durchläuft der Weg $t \to \bar{\zeta}(t) = \zeta(\lambda(t))$ dieselben Punkte in derselben Reihenfolge. Mithilfe der Kettenregel lässt sich

$$I = \int_0^1 \mathrm{d}s\, \zeta'(s)\, f(\zeta(s)) = \int_0^1 \mathrm{d}t\, \bar{\zeta}'(t)\, f(\bar{\zeta}(t)) \tag{6.62}$$

nachweisen. Wie schon beim reellen Wegintegral schreibt man deswegen

$$I = \int_{\mathcal{C}} dz\, f(z)\,. \tag{6.63}$$

Das Intervall muss nicht $0 \leq s \leq 1$ sein, und der Weg kann stetig aus endlich vielen differenzierbaren Stücken zusammengesetzt werden. Schließlich sind Integrale im Integrationsbereich linear.

Integralsatz von Cauchy

Wir betrachten zwei verschiedene Wege $\mathcal{C}_1$ und $\mathcal{C}_2$, die von z_0 nach z_1 führen. Wenn der Integrand auf dem gesamten Gebiet zwischen den beiden Wegen analytisch ist, dann hängt das Integral vom Weg nicht ab:

$$\int_{\mathcal{C}_1} \mathrm{d}s\, f(z) = \int_{\mathcal{C}_2} \mathrm{d}s\, f(z)\,. \tag{6.64}$$

Dieser wichtige Satz geht schon auf Cauchy zurück. Man kann das auch anders formulieren. Ohne dass sich das Integral ändert, darf man den Integrationsweg vom Anfangspunkt zum Endpunkt stetig verschieben, solange man dabei im Analytizitätsgebiet von $f = f(z)$ bleibt.

Das klingt zuerst einmal nach einem Widerspruch, denn die Funktion $f = f(z)$ soll ja im gesamten Definitionsgebiet Ω analytisch sein. Es hat aber niemand gesagt, dass Ω einfach zusammenhängend sein muss. Ein Gebiet ist einfach zusammenhängend, wenn man jeden geschlossen Weg stetig in den Nullweg überführen kann. Das gilt beispielsweise für $\mathbb{C}$ oder eine endliche Kreisscheibe. Man betrachte dagegen die Menge

$$\Omega = \{z \in \mathbb{C}\, |\, 1 < |z| < 2\} \tag{6.65}$$

In dieser Menge kann man den geschlossenen Weg einmal herum um die innere, ausgesparte Kreisscheibe nicht stetig in den Nullweg überführen. Siehe auch Abbildung 6.3.

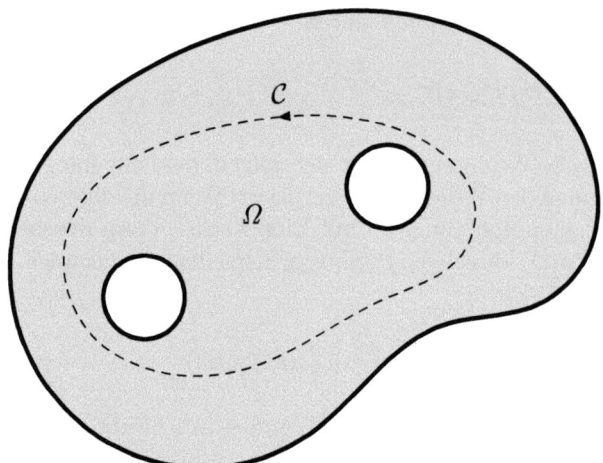

Abb. 6.3. Das Gebiet Ω (*grau unterlegt*) hängt nicht einfach zusammen. Die *durchgezogenen Linien* bilden den Rand $\partial\Omega$. Der *gestrichelt* eingezeichnete Weg $\mathcal{C}$ kann nicht stetig in Ω auf den Null-Weg zusammengezogen werden

Der Integralsatz von Cauchy erinnert sehr stark an den Satz von Stokes für reelle Felder. In der Tat sind die Cauchy-Riemann-Differentialgleichungen für analytische Funktion das Gegenstück zu der Aussage, dass ein Feld rotationsfrei sei.

Isolierte Pole und Residuen-Satz

Oft kommt es vor, dass man eine auf Ω erklärte analytische Funktion $g(z)$ durch ein Polynom dividieren muss, etwa $z - z_0$. Der Quotient $g(z)/(z - z_0)$ ist eine Funktion f, die aber nicht mehr auf Ω, sonder nur noch auf $\Omega\backslash\{z_0\}$ analytisch ist. Wie wir erörtert haben, macht das einen großen Unterschied aus. Ω soll einfach zusammenhängend sein, $\Omega\backslash\{z_0\}$ ist es nicht. In unmittelbarer Nähe der Ausnahmestelle z_0 (Singularität) hat $f(z)$ die Gestalt

$$f(z) = \frac{g(z_0)}{z - z_0}, \tag{6.66}$$

und man spricht von einem Pol oder von einer Polstelle.

Es sei $\mathcal{C}$ eine geschlossener Weg um den Pol herum, der mathematisch positiv[17] orientiert ist. Man kann ihn auf einen kleinen kreisförmigen Weg um den Pol zusammenziehen:

$$\zeta(\alpha) = z_0 + \epsilon(\cos\alpha + i\sin\alpha). \tag{6.67}$$

---

[17] gegen den Uhrzeigersinn

Wenn der Radius ϵ klein genug ist darf man mit (6.66) rechnen, und es ergibt sich gemäß (6.61) das Integral

$$\int_{\mathcal{C}} \mathrm{d}z\, f(z) = g(z_0) \int_0^{2\pi} \mathrm{d}\alpha\, \frac{\epsilon(-\sin\alpha + \mathrm{i}\cos\alpha)}{\epsilon(\cos\alpha + \mathrm{i}\sin\alpha)} = 2\pi \mathrm{i} g(z_0)\,. \tag{6.68}$$

Man beachte, dass der Radius ϵ des Integrationsweges nicht mehr vorkommt. Wir fassen das zusammen. f sei eine auf $\Omega\backslash\{z_0\}$ definierte analytische Funktion, wobei Ω einfach zusammenhängend sein soll. z_0 muss ausgespart werden, weil die Funktion f dort einen Pol hat, sodass $g(z) = (z - z_0)f(z)$ auf Ω analytisch ist. $g(z_0)$ bezeichnet man als das Residuum der Funktion f an der Polstelle. Für einen beliebigen positiv orientierten Weg $\mathcal{C}$ um die Polstelle gilt

$$\int_{\mathcal{C}} \mathrm{d}z\, f(z) = 2\pi \mathrm{i} g(z_0)\,. \tag{6.69}$$

Dieser Residuensatz ist ein mächtiges Werkzeug zur Berechnung schwieriger Integrale, wie wir im nächsten Unterabschnitt vorführen werden.

Wenn die ansonsten analytische Funktion f endlich viele Pole hat, muss man deren Beiträge zum Ringintegral addieren. Nur die vom Weg $\mathcal{C}$ eingeschlossenen Beiträge sind mitzunehmen. Falls der Weg mathematisch negativ orientiert ist[18], kommt zur rechten Seite von (6.69) ein Minuszeichen hinzu.

Fourier-Transformierte der Sprungfunktion

Einen kausalen linearen Zusammenhang zwischen einer Ursache $u = u(t)$ und ihrer Wirkung $w = w(t)$ beschreibt man durch

$$w(t) = \int_{-\infty}^{t} \mathrm{d}s\, G(t-s) u(s) = \int_0^{\infty} \mathrm{d}\tau\, G(\tau) u(t-\tau)\,. \tag{6.70}$$

Das ist nichts anderes als

$$w(t) = \int \mathrm{d}\tau\, \theta(\tau) G(\tau) u(t-\tau)\,. \tag{6.71}$$

Die Sprungfunktion $\theta = \theta(\tau)$ sorgt dafür, dass nur Ursachen in der Vergangenheit, also mit positivem Alter τ zum Integral beitragen. Wenn diese Beziehung Fourier-transformiert werden soll, muss man die Fourier-Transformierte $\hat{\theta} = \hat{\theta}(\omega)$ der Sprungfunktion kennen.

Wir wollen nachweisen, dass

$$\int \frac{\mathrm{d}\omega}{2\pi} \frac{\mathrm{i}}{\omega + \mathrm{i}\epsilon} \mathrm{e}^{-\mathrm{i}\omega\tau} \tag{6.72}$$

---
[18] im Uhrzeigersinn

mit $\theta(\tau)$ übereinstimmt. Dabei ist ϵ eine kleine positive Zahl, die am Ende der Rechnung auf Null gesetzt werden soll. Daraus folgt, dass der Ausdruck

$$\hat{\theta}(\omega) = \frac{\mathrm{i}}{\omega + \mathrm{i}\epsilon} \tag{6.73}$$

die Fourier-Transformierte der Sprungfunktion θ ist.

Zurück zu (6.72). Der Integrand ist eine analytische Funktion mit einem Pol bei $\omega_0 = -\mathrm{i}\epsilon$. Der Integrationsweg ist vorerst die reelle ω-Achse.

Im Falle $\underline{\tau < 0}$ darf man ihn durch einen Halbkreis im Unendlichen der oberen Halbebene schließen, ohne dass sich am Integral etwas ändert. Für $\omega = r(\cos\phi + \mathrm{i}\sin\phi)$, $0 \leq \phi \leq \pi$ und $r \to \infty$ fällt der Integrand ab wie $\exp(r\tau\sin\phi)/r$, verschwindet also exponentiell. Die Länge des Halbbogens dagegen wächst nur linear mit r. Also: die hinzugefügte Halbkreislinie im Unendlichen der oberen Halbebene verändert das Integral nicht. Man kann den nun geschlossenen Integrationsweg auf den Nullweg zusammenziehen, ohne an einer Polstelle hängen zu bleiben. Damit steht fest, dass (6.72) für $\tau < 0$ den Wert Null hat.

Im Falle $\underline{\tau > 0}$ darf man den Integrationsweg durch einen Halbkreis im Unendlichen der unteren Halbebene schließen, ohne dass sich am Integral etwas ändert. Allerdings kann man den nun geschlossenen Integrationsweg nicht auf Null zusammenziehen, man bleibt beim Pol bei $\omega_0 = -\mathrm{i}\epsilon$ hängen. Das Residuum setzt sich aus den Faktoren $1/2\pi$, i und $\exp(\epsilon\tau)$ zusammen, und man muss berücksichtigen, dass die Polstelle im mathematisch-negativem Sinn umlaufen wird. Der Residuensatz liefert daher den Wert $\exp(\epsilon\tau)$ für das Integral (6.72) im Falle $\tau < 0$.

Fasst man beide Fälle wieder zusammen und setzt $\epsilon = 0$, so ergibt sich in der Tat

$$\int \frac{\mathrm{d}\omega}{2\pi} \frac{\mathrm{i}}{\omega + \mathrm{i}\epsilon} \mathrm{e}^{-\mathrm{i}\omega\tau} = \theta(\tau), \tag{6.74}$$

und daraus die Fourier-Transformierte $\hat{\theta}$ in (6.73).

Die Sprungfunktion ist in Wirklichkeit eine Distribution, die letztendlich nur in Integralen zusammen mit glatten Funktionen einen Sinn macht. Deswegen ist es kein Mangel, dass nur die Werte für $\tau < 0$ und $\tau > 0$ ausgerechnet wurden.

6.3 Tensoren

Begrifflich besteht der Raum aus Punkten (*wo?*) und das Zeit-Raum-Kontinuum aus Ereignissen (*wann und wo?*). Um damit rechnen zu können, müssen wir die Punkte oder die Ereignisse durch Zahlen charakterisieren, und zwar in Bezug auf ein Koordinaten- oder Bezugssystem. Die Wahl des Bezugssystems ist nicht eindeutig, daher ist auch die Darstellung durch Dreier- oder Vierertupel von Zahlen für Punkte oder Ereignisse nicht eindeutig. Wir befassen uns hier damit, wie man sicherstellen kann, dass Gesetze stabil sind gegen den Wechsel des Bezugssystems: sie müssen Beziehungen zwischen Tensoren mit gleichem Transformationsverhalten sein.

6.3.1 Verschiedene Koordinatensysteme

Wir betrachten eine n-dimensionale Mannigfaltigkeit, die durch reelle Koordinaten $x = (x^1, x^2, \ldots, x^n)$ parametrisiert wird[19]. Wir wollen hier untersuchen, wie umzurechnen ist, wenn man die Parametrisierung wechselt, also neue Koordinaten $\bar{x}^i$ einführt.

Die neuen Koordinaten hängen von den alten ab,

$$\bar{x}^i = f^i(x^1, x^2, \ldots) \,, \tag{6.75}$$

und die alten von den neuen,

$$x^i = g^i(\bar{x}^1, \bar{x}^2, \ldots) \,. \tag{6.76}$$

Im Folgenden ist immer die Rede von einem bestimmten Ort, der in alten Koordinaten durch $x = (x^1, x^2, \ldots)$ bezeichnet wird und in neuen Koordinaten durch $\bar{x} = (\bar{x}^1, \bar{x}^2, \ldots)$.

Wir definieren die im allgemeinen ortsabhängige Matrix

$$F^i{}_j = F^i{}_j(x) = \frac{\partial f^i(x^1, x^2, \ldots)}{\partial x^j} \,. \tag{6.77}$$

Warum man den einen Index oben und den anderen unten anbringt, wird später begründet.

Ebenso wird die ortsabhängige Matrix

$$G^i{}_j = G^i{}_j(\bar{x}) = \frac{\partial g^i(\bar{x}^1, \bar{x}^2, \ldots)}{\partial \bar{x}_j} \tag{6.78}$$

eingeführt.

Wenn man $x^i = g^i(f^1(x), f^2(x), \ldots)$ partiell nach x^k ableitet, ergibt sich[20]

$$\delta^i{}_k = G^i{}_j F^j{}_k \,, \tag{6.79}$$

oder

$$GF = I \tag{6.80}$$

---

[19] Bitte stören Sie sich nicht daran, dass die Koordinatenindizes hochgestellt werden. Das ist in der Differentialgeometrie üblich.
[20] Einstein-Konvention: wenn in einem Term derselbe Index hoch- und tiefgestellt auftaucht, ist darüber zu summieren.

in Matrix-Schreibweise. $\delta^i{}_k$ hat den Wert 1, wenn die beiden Indizes übereinstimmen und verschwindet sonst. Diesem Kronecker-Symbol entspricht die Eins-Matrix I. (6.80) sollte man so lesen: Transformation und anschließende Rücktransformation sind dasselbe wie keine Transformation.

6.3.2 Kontra- und kovariant

Wir betrachten nun ein Skalarfeld $S = S(x)$. Jedem Ort, hier parametrisiert durch $x = (x^1, x^2, \ldots)$ wird die Feldstärke $S = S(x)$ zugeordnet. Dieser Wert soll bleiben, wenn man andere Koordinaten einführt. Allerdings wird sich dabei der funktionale Zusammenhang zwischen Feldstärke und den Ortskoordinaten ändern, $\bar{S}(\bar{x}) = S(x)$. Wir präzisieren das durch

$$\bar{S}(\bar{x}^1, \bar{x}^2, \ldots) = S(g^1(\bar{x}), g^2(\bar{x}), \ldots). \tag{6.81}$$

Die partielle Ableitung[21] nach $\bar{x}^i$ ergibt

$$\bar{\partial}_i \bar{S} = \frac{\partial \bar{S}}{\partial \bar{x}^i} = \frac{\partial S}{\partial x^j} \frac{\partial g^j}{\partial \bar{x}^i}, \tag{6.82}$$

also[22]

$$\bar{\partial}_i \bar{S} = (\partial_j S)\, G^j{}_i = G_i{}^j \partial_j S. \tag{6.83}$$

Dieser Gleichung ist die Beziehung

$$\mathrm{d}\bar{x}^i = F^i{}_j \mathrm{d}x^j \tag{6.84}$$

gegenüber zu stellen.

Man sagt, dass sich die partiellen Ableitungen eines Skalarfeldes kovariant transformieren, die Differentiale dagegen kontravariant.

Wenn a_i ein kovarianter Vektor ist und b^i sich kontravariant transformiert, dann gilt

$$\bar{a}_i \bar{b}^i = a_j\, G^j{}_i\, F^i{}_k\, b^k = a_i b^i, \tag{6.85}$$

wegen (6.79).

6.3.3 Tensoren

Unter einem Tensor n-ter Stufe versteht man ein Objekt, das n Indizes hat, die sich teilweise kovariant, teilweise kontravariant transformieren. Das sind Skalare (s, gar kein Index), Vektoren (v_i oder v^i), Tensoren im engeren Sinne

---

[21] Wir schreiben ∂_i für die partielle Ableitung nach x^i, $\bar{\partial}_i$ entsprechend.
[22] $G_i{}^j$ ist die zu $G^j{}_i$ transponierte Matrix.

(t_{ij}, $t_i{}^j$, $t^i{}_j$ und t^{ij}), dreistufige Tensoren, und so weiter. Beispielsweise rechnet sich der Tensor $t^i{}_j$ wie folgt um, wenn die Koordinaten ausgetauscht werden:

$$\bar{t}^i{}_j = F^i{}_k\, t^k{}_l\, G^l{}_j\,. \tag{6.86}$$

Die Spur $s = t^i{}_i$ dieses Tensors ist ein Skalar.

Übrigens ist das Kronecker-Symbol zugleich ein Tensor, wie man an

$$F^i{}_k\, \delta^k{}_l\, G^l{}_j = F^i{}_k\, G^k{}_j = (FG)^i{}_j = \delta^i{}_j \tag{6.87}$$

erkennt.

Kovariante Indizes werden mit der Matrix $G^\dagger$ umgerechnet, kontravariante mit F. Wenn $G^\dagger = F$ gilt, gibt es zwischen kovariantem und kontravariantem Transformationsverhalten keinen Unterschied. $F = G^\dagger$ und $FG = I$ laufen auf $FF^\dagger = F^\dagger F = I$ hinaus.

Wenn lediglich orthogonale Koordinaten-Transformationen zugelassen werden, muss man zwischen kovariant und kontravariant nicht unterscheiden.

In der nicht-relativistischen Physik sind Zeit t und Ort $\boldsymbol{x}$ sauber getrennt. Den Ort parametrisiert man dann durch kartesische Koordinaten. Transformationen, die kartesische Koordinaten in andere kartesische Koordinaten überführen, werden durch orthogonale Matrizen F beschrieben. In diesem Umfeld gibt es zwischen kovariant und kontravariant keinen Unterschied.

Wenn die nicht-relativistische Näherung nicht mehr zulässig ist, muss man die Zeit t und den Ort $\boldsymbol{x}$ zum Vierervektor $x^i = (x^0, x^1, x^2, x^3)$ zusammenfassen, mit $x^0 = ct$ und c als Lichtgeschwindigkeit. Die folgende quadratische Form soll invariant bleiben:

$$\mathrm{d}\tau = (\mathrm{d}x^0)^2 - (\mathrm{d}x^1)^2 - (\mathrm{d}x^2)^2 - (\mathrm{d}x^3)^2 = g_{ij}\mathrm{d}x^i \mathrm{d}x^j\,, \tag{6.88}$$

mit

$$g_{ij} = g^{ij} = \begin{pmatrix} 1 & 0 & 0 & 0 \\ 0 & -1 & 0 & 0 \\ 0 & 0 & -1 & 0 \\ 0 & 0 & 0 & -1 \end{pmatrix}\,. \tag{6.89}$$

Konstante Matrizen F, die $\mathrm{d}\bar{\tau} = \mathrm{d}\tau$ garantieren, müssen die Beziehung

$$g_{ij}F^i{}_k F^j{}_l = g_{kl} \tag{6.90}$$

erfüllen, oder

$$F_k{}^i g_{ij} F^j{}_l = g_{kl} \quad \text{bzw.} \quad F^\dagger g F = g\,. \tag{6.91}$$

Man sieht, dass im Allgemeinen $(F^{-1})^\dagger$ und F nicht übereinstimmen, deswegen muss man zwischen kovarianten und kontravarianten Indizes unterscheiden.

Übrigens ist die Forderung (6.91) mit

$$G_k{}^i g_{ij} G^j{}_l = g_{kl} \quad \text{bzw.} \quad G^\dagger g G = g \tag{6.92}$$

gleichwertig.

Die Schreibweise g_{ij} unterstellt, dass es sich um einen entsprechenden Tensor handelt. Das ist auch so:

$$\bar{g}_{kl} = G^i{}_k G^j{}_l g_{ij} = G_k{}^i g_{ij} G^j{}_l = g_{kl}\,. \tag{6.93}$$

Mit dem g-Tensor kann man kontravariante Indizes zu kovarianten machen. a^i sei ein Vektor mit einem kontravarianten Index. Wir rechnen aus, wie sich $b_i = g_{ij} a^j$ transformiert:

$$\bar{b}_i = \bar{g}_{ij} \bar{a}^j = g_{ij} F^j{}_k a^k = (gF)_{ik} a^k = (G^\dagger g)_{ik} a^k = b_j G^j{}_i\,. \tag{6.94}$$

Wir haben dabei die Matrixbeziehung (6.92) von rechts mit F multipliziert, sodass $G^\dagger g = gF$ entsteht.

Mit den gleichen Methoden lässt sich nachweisen, dass g^{ij} ein Tensor mit zwei kontravarianten Indizes ist und dass sich $b^i = g^{ij} a_j$ kontravariant transformiert, wenn a_i ein Vektor mit kovariantem Index ist.

Generell gilt, dass sich mit g_{ij} kontravariante Indizes in kovariante umwandeln lassen, ebenso wie man mit g^{ij} kovariante in kontravariante umtauschen darf.

Summiert man bei einem Tensor der Stufe n über einen kovarianten Index und über einen kontravarianten Index (Kontraktion), so erhält man einen Tensor der Stufe $n - 2$. Ein kovarianter und ein kontravarianter Index sind verschwunden. $t^i{}_i$ beispielsweise ist ein Skalar[23], $t^{ij}{}_j = v^i$ ist ein Vektor, und so weiter. Das kann man leicht entsprechend (6.94) nachprüfen.

6.3.4 Kovariante Ableitung

Wenn die Transformationsmatrizen $F^i{}_j$ beziehungsweise $G^i{}_j$ <u>nicht</u> vom Ort abhängen, ist alles einfach. Für ein Vektorfeld V^j beispielsweise berechnet man dann

$$\bar{\partial}_i \bar{V}^j = \bar{\partial}_i F^j{}_k V^k = F^j{}_k \bar{\partial}_i V^k\,, \tag{6.95}$$

also

$$\bar{\partial}_i \bar{V}^j = G^l{}_i F^j{}_k \partial_l V^k\,. \tag{6.96}$$

$t_i{}^j = \partial_i V^j$ transformiert sich also wie ein zweistufiger Tensor, mit einem kovarianten und mit einem kontravarianten Index. Das liegt daran, dass die

---
[23] die Spur des Tensors $t^i{}_i$

partielle Ableitung ∂ mit der Umrechnungsmatrix F beziehungsweise G vertauscht.

Wenn das nicht der Fall ist, wird es kompliziert. Nur für skalare Felder ist der Nabla-Operator ∂_i ein kovarianter Vektor. Für Tensorfelder höherer Stufe gibt es auch einen Ableitungsoperator, der sich wie ein kovarianter Vektor transformiert, der stimmt aber im Allgemeinen <u>nicht</u> mit dem Nabla-Operator überein, sondern enthält Zusätze.

An dieser Stelle wird klar, warum man in der Physik darauf besteht, den Raum durch kartesische Koordinaten zu parametrisieren. Nur dann transformieren sich die Ableitungen wie Vektoren, alle Formeln sehen einfach aus und sind stabil unter einem Wechsel des Bezugsystems. Unter mathematischen Gesichtspunkten ist die spezielle Relativitätstheorie einfach, denn man kommt mit konstanten Transformationsmatrizen aus.

In der allgemeinen Relativitätstheorie ist der metrische Tensor in (6.88) vom Ort abhängig. Er ist selber ein Feld, das die Krümmung des Zeit-Raum-Kontinuums beschreibt. $g_{ij} = g_{ij}(x)$ muss einem System partieller Differentialgleichungen genügen, in dem die Dichte und Stromdichte von Energie und Impuls vorkommen. Die Mathematik dafür ist zwar interessant, aber ziemlich kompliziert und passt nicht in dieses Buch, das sich auf das Unerlässliche beschränken möchte.

6.4 Transformationsgruppen

Wir erklären zuerst, was man unter einer Gruppe versteht: eine Menge von Objekten, die man miteinander verknüpfen kann, sodass die Verknüpfung wieder zur Menge gehört. Dabei sind gewisse Regeln zu erfüllen: das Assoziativgesetz, es muss ein neutrales Element geben, und jedes Element hat ein Inverses. In der Physik kommen Gruppen fast immer als Gruppen von Transformationen vor, die man nacheinander ausführen kann: das ist die Verknüpfung. Wir erörtern insbesondere die Galilei-Gruppe und die Poincaré-Gruppe von Raum-Zeit-Koordinatentransformationen und gehen auf deren Untergruppen ein. Aber auch endliche Gruppen spielen in der Physik eine Rolle, sie beschreiben beispielsweise die Struktur von Kristallen.

6.4.1 Gruppen

Eine Menge G mit einer Abbildungsvorschrift $G \times G \to G$ ist eine Gruppe, wenn

- das Assoziativgesetz $g_3 \cdot (g_2 \cdot g_1) = (g_3 \cdot g_2) \cdot g_1$ für beliebige Gruppenelemente gilt,
- es ein neutrales Element $e \in G$ mit $e \cdot g = g \cdot e = g$ für alle $g \in G$ gibt,

- zu jedem Gruppenelement g das Inverse g^{-1} existiert, sodass $g^{-1} \cdot g = e$ erfüllt ist.

Die ganzen Zahlen $\mathbb{Z}$ mit der Addition als Verknüpfung bilden eine Gruppe, das neutrale Element ist die Zahl Null. Gerade deswegen hat man die Menge der natürlichen Zahlen zur Menge der ganzen Zahlen erweitert, damit die Addition eine Gruppenverknüpfung wird. Nur dann kann man nämlich $a + x = b$ immer nach $x = b + (-a)$ auflösen. $-a$ ist das Inverse von a.

Die reellen Zahlen mit der Addition als Verknüpfung bilden ebenfalls eine Gruppe. Die reellen Zahlen ohne Null mit der Multiplikation als Verknüpfung erfüllen auch die Anforderungen an eine Gruppe.

Die bisher als Beispiele genannten Gruppen sind abelsch, oder kommutativ: die Gruppenelemente vertauschen im Sinne von $g_2 \cdot g_1 = g_1 \cdot g_2$. Das muss nicht so sein.

Wir betrachten die Menge G der reellen 2×2-Matrizen, deren Determinante den Wert 1 haben soll. Sie werden durch die gewöhnliche Matrixmultiplikation miteinander verknüpft. Bekanntlich gilt $\det(M_2 \cdot M_1) = \det(M_2)\det(M_1)$, daher bleibt man durch Verknüpfen in G. Die Eins-Matrix spielt die Rolle des neutralen Elementes, und jede der betrachteten Matrizen hat ein Inverses. Es handelt sich also um eine Gruppe. Das Beispiel

$$\begin{pmatrix} 2 & 0 \\ 0 & 1/2 \end{pmatrix} \cdot \begin{pmatrix} 0 & 1 \\ -1 & 0 \end{pmatrix} \neq \begin{pmatrix} 0 & 1 \\ -1 & 0 \end{pmatrix} \cdot \begin{pmatrix} 2 & 0 \\ 0 & 1/2 \end{pmatrix} \qquad (6.97)$$

zeigt, dass die Gruppe nicht abelsch ist.

Die Forderung nach einer Links-Eins, $eg = g$, reicht aus. Indem man von links mit g und von rechts mit g^{-1} multipliziert[24], ergibt sich $ge = g$. Links- und Rechts-Eins sind dasselbe.

Angenommen, es gäbe eine zweite Eins $\bar{e}$. Dann müsste $g = eg = \bar{e}g$ gelten. Man multipliziert von rechts mit g^{-1} und findet $e = \bar{e}$. Die Gruppen-Eins ist also eindeutig.

Eine Untergruppe $H \subseteq G$ ist durch $H \cdot H = H$ gekennzeichnet, dadurch also, dass $g_2 \cdot g_1 \in H$ gilt für alle $g_1, g_2 \in H$. Die Eins der Untergruppe stimmt mit der Eins der Gruppe überein. $\{e\}$ und G sind triviale Untergruppen von G, wir reden ansonsten von echten Untergruppen.

Die Menge $\mathbb{Z}$ mit der Addition als Verknüpfung hat zum Beispiel die Menge aller geraden Zahlen, die Menge aller durch 3 teilbaren Zahlen und so weiter als echte Untergruppen.

Zwei Gruppen G und G' sind homomorph[25], wenn es eine umkehrbare Abbildung $\phi : G \to G'$ gibt, sodass

$$\phi(g_2 \cdot g_1) = \phi(g_2) * \phi(g_1) \qquad (6.98)$$

---
[24] also verknüpft
[25] haben die gleiche Gestalt

gilt. Wir haben die Verknüpfung in G mit $\cdot$ und in G' mit $*$ bezeichnet. Man kann also erst verknüpfen und dann abbilden oder erst abbilden und dann verknüpfen: das Ergebnis ist dasselbe. Man gewöhnt sich bald daran, homomorphe Gruppen als gleich anzusehen.

6.4.2 Transformationen

Gruppen kommen häufig als Transformations-Gruppen ins Spiel. Wir erklären, was das heißen soll.

Sei M eine Menge und f eine umkehrbare Abbildung von M auf M, also auf sich selber. Man sagt auch: f ist nicht nur surjektiv, sondern sogar bijektiv. Das heißt: Jedes $x \in M$ hat ein Bild $y \in M$. Jedes $y \in M$ ist ein Bild, das heißt, für jedes $y \in M$ gibt es ein Urbild x, sodass $y = f(x)$ gilt. Und jedes Bild y hat nur ein einziges Urbild x. Eine solche Abbildung ist eine Transformation, eine Umformung. Kein Punkt verschwindet oder taucht neu auf, er wird nur an eine andere Stelle verbracht.

Wir betrachten die Menge G aller Transformationen $f : M \to M$. Erst umkehrbar mit f_1, dann weiter umkehrbar mit f_2 abbilden, wird durch die ebenfalls umkehrbare Abbildung $f_3 = f_2 \circ f_1$ beschrieben, die Komposition. Es gilt $f_3(x) = f_2(f_1(x))$ für alle $x \in M$. Mit der Komposition als Verknüpfung ist G eine Gruppe, wie man leicht nachweisen kann. Die Gruppen-Eins ist durch die identische Abbildung $I(x) = x$ gegeben.

Den Transformationen kann man Nebenbedingungen auferlegen. Diese müssen so beschaffen sein, dass sich eine Gruppe ergibt. Anders ausgedrückt, auch Untergruppen einer Transformationsgruppe bezeichnet man als Transformationsgruppen.

Symmetrische Gruppe

Wenn die Menge M endlich ist, etwa $M = \{1, 2, \ldots, n\}$, dann werden die Transformationen als Permutationen[26] bezeichnet. Die Permutationen bilden, mit der Verknüpfung ‚nacheinander ausführen', eine Gruppe. Sie wird mit S_n bezeichnet und heißt *Symmetrische Gruppe*. Für $n > 2$ ist S_n nicht-abelsch. Erst den ersten Platz mit dem zweiten, dann den zweiten mit dem dritten Platz vertauschen überführt $(1, 2, 3)$ in $(2, 3, 1)$. Vertauscht man jedoch erst den zweiten mit dem dritten Platz und dann den ersten mit dem zweiten, so überführt das $(1, 2, 3)$ in $(3, 1, 2)$. S_3 ist in der Tat nicht abelsch. Übrigens: S_n hat gerade $n!$ Elemente.

---

[26] Umstellungen der Reihenfolge

Addition in $\mathbb{Z}$ als Transformationsgruppe

Wir hatten oben erwähnt, dass die ganzen Zahlen mit der Addition als Verknüpfung eine Gruppe bilden. Auch diese Gruppe kann als Transformations-Gruppe aufgefasst werden.

Die Abbildung f_k bildet die Folge[27] $a = \{\ldots, a_{-2}, a_{-1}, a_0, a_1, a_2, \ldots\}$ komplexer Zahlen in die Folge $b = f_k(a)$ ab, und zwar durch die Vorschrift $b_j = a_{j-k}$. Es handelt sich also um eine Verschiebung um k Plätze, mit $k \in \mathbb{Z}$. Man überzeugt sich leicht davon, dass

$$f_{k_2} \circ f_{k_1} = f_{k_1} \circ f_{k_2} = f_{k_1 + k_2} \tag{6.99}$$

gilt. Das Eins-Element ist die Verschiebung um 0 Plätze, das Inverse von f_k ist die Verschiebung $f_k^{-1} = f_{-k}$. Die Gruppe der ganzen Zahlen mit der Addition als Verknüpfung ist homomorph zur Gruppe aus den Verschiebungen von Folgen um eine ganze Anzahl von Plätzen. Der Homomorphismus ϕ wird gerade durch $k \to f_k$ beschrieben.

Wir könnten so fortfahren und jede der bisher erwähnten Gruppen als eine Transformationsgruppe entlarven.

6.4.3 Galilei-Gruppe

Ereignisse werden durch Antworten auf die Fragen *was? wann? wo?* charakterisiert. Die Antwort auf *was?* könnte sein, dass ein Elektron nachgewiesen wurde. Bei der Antwort auf *wann?* bezieht man sich auf eine gute Uhr, die die Zeit t anzeigt. Die Frage nach *wo?* wird mit drei Koordinaten $\boldsymbol{x} = (x_1, x_2, x_3)$ in Bezug auf ein kartesisches Koordinatensystem beantwortet. Das Koordinatensystem selber soll sich so bewegen, dass die Bahnkurven $\boldsymbol{x} = \boldsymbol{x}(t)$ kräftefreier Teilchen lineare Funktionen der Zeit im Sinne von $\ddot{\boldsymbol{x}} = 0$ sind[28]. Uhr und kartesisches Koordinatensystem bilden dann zusammen ein Inertialsystem.

Umrechnung zwischen Inertialsystemen

Sei Σ ein Inertialsystem und $\bar{\Sigma}$ ein anderes. Ein und dasselbe Ereignis wird in Bezug auf Σ durch $(t, \boldsymbol{x})$ gekennzeichnet und in Bezug auf $\bar{\Sigma}$ durch $(\bar{t}, \bar{\boldsymbol{x}})$. Die Umrechnungsvorschrift muss linear sein, damit kräftefreie Teilchen in Bezug auf beide Inertialsysteme sich gleichförmig bewegen. Daher ist

$$\bar{t} = t + \tau \quad \text{und} \quad \bar{\boldsymbol{x}} = \boldsymbol{a} + \boldsymbol{u}t + R\boldsymbol{x} \tag{6.100}$$

anzusetzen: linear in t und linear in $\boldsymbol{x}$. Weil sich beide Inertialsysteme auf ein kartesisches Koordinatensystem beziehen, müssen $\boldsymbol{x}$ und $R\boldsymbol{x}$ dieselbe Länge haben, und das bedeutet

---

[27] Wir verwenden das Wort *Folge* hier für eine Abbildung $\mathbb{Z} \to \mathbb{C}$.
[28] gleichförmige geradlinige, das heißt unbeschleunigte Bewegung

$$RR^{\mathsf{T}} = R^{\mathsf{T}}R = I\,,\tag{6.101}$$

die 3×3-Matrix R in (6.100) ist orthogonal.
Wir fassen die Bestimmungsstücke der Umrechnung (6.100) zu

$$g = \{\tau, \boldsymbol{a}, \boldsymbol{u}, R\}\tag{6.102}$$

zusammen.

Man rechnet mit $g_1 = \{\tau_1, \boldsymbol{a}_1, \boldsymbol{u}_1, R_1\}$ von Σ_1 in Σ_2 um und dann mit $g_2 = \{\tau_2, \boldsymbol{a}_2, \boldsymbol{u}_2, R_2\}$ von Σ_2 in Σ_3, alles Inertialsysteme. g_3 rechnet direkt von Σ_1 in Σ_3 um. Es gilt die Beziehung

$$g_3 = g_2 \cdot g_1 = \{\tau_2 + \tau_1, \boldsymbol{a}_2 + R_2\boldsymbol{a}_1 + \tau_1\boldsymbol{u}_2, \boldsymbol{u}_2 + R_2\boldsymbol{u}_1, R_2R_1\}\,.\tag{6.103}$$

Man beachte, dass mit R_1 und R_2 auch $R_3 = R_2R_1$ eine orthogonale Matrix ist. Weil es sich um umkehrbare Transformationen handelt, bilden die Galilei-Transformationen g, wie sie durch (6.100) beschrieben werden, ein Gruppe, die Galilei-Gruppe G. Zwar hat sich Galileo Galilei[29] so noch nicht ausdrücken können, er hat es aber so gemeint.

Untergruppen

Diese Galilei-Gruppe, die die damals[30] revolutionäre Vorstellung von Raum (unendlich ausgedehnt) und Zeit (schon immer und ohne Ende) mathematisch beschreibt, hat mehrere Untergruppen:

- die Zeit-Translationen $\{\tau, \boldsymbol{0}, \boldsymbol{0}, I\}$,
- die örtlichen Verschiebungen $\{0, \boldsymbol{a}, \boldsymbol{0}, I\}$,
- die Drehungen $\{0, \boldsymbol{0}, \boldsymbol{0}, R\}$,
- die eigentlichen Galilei-Transformationen $\{0, \boldsymbol{0}, \boldsymbol{u}, I\}$.

Die Untergruppen der zeitlichen und örtlichen Verschiebungen sowie der eigentlichen Galilei-Transformationen sind abelsch, die Drehgruppe dagegen ist nicht-abelsch.

Multipliziert man zwei eigentliche Galilei-Transformationen, etwa $\{0, \boldsymbol{0}, \boldsymbol{u}_1, I\}$ und $\{0, \boldsymbol{0}, \boldsymbol{u}_2, I\}$ gemäß (6.103), so ergibt sich $\{0, \boldsymbol{0}, \boldsymbol{u}_2 + \boldsymbol{u}_1, I\}$. Wie man sieht, addieren sich Geschwindigkeiten vektoriell. Wohlgemerkt: in einem Zeit-Raum-Kontinuum, das durch die Galilei-Gruppe G charakterisiert ist.

6.4.4 Poincaré-Gruppe

Geschwindigkeiten addieren sich vektoriell: das steht im Widerspruch dazu, dass sich Licht mit immer derselben Geschwindigkeit c ausbreitet, wie das aus den so erfolgreichen Maxwell-Gleichungen folgt.

---
[29] Galileo Galilei, 1564–1642, italienischer Mathematiker und Physiker
[30] aus der Sicht des Mittelalters

Invarianz der Lichtgeschwindigkeit

Wenn sich zwei Ereignisse um die Zeitspanne $\mathrm{d}t$ und um den Abstand $|\mathrm{d}\boldsymbol{x}|$ unterscheiden, dann soll

$$c^2\mathrm{d}t^2 - \mathrm{d}\boldsymbol{x}\cdot\mathrm{d}\boldsymbol{x} = 0 \tag{6.104}$$

unverändert bleiben, wenn man das Inertialsystem wechselt.

Wir messen die Zeit in Längeneinheiten, $x^0 = ct$, und fassen (x^0, x^1, x^2, x^3) zu einem Vierer-Tupel x^i zusammen. Mit

$$g^{ij} = g_{ij} = \begin{pmatrix} 1 & 0 & 0 & 0 \\ 0 & -1 & 0 & 0 \\ 0 & 0 & -1 & 0 \\ 0 & 0 & 0 & -1 \end{pmatrix} \tag{6.105}$$

führen wir den so genannten metrischen Tensor ein. Damit lässt sich (6.104) als $\mathrm{d}\sigma = 0$ schreiben, mit

$$\mathrm{d}\sigma = g_{ij}\mathrm{d}x^i\mathrm{d}x^j\,. \tag{6.106}$$

Wir folgen damit der Einsteinschen Summenkonvention: tritt in einem Term derselbe Index i einmal oben und einmal unten auf, ist automatisch über den Bereich $i = 0, 1, 2, 3$ zu summieren. In (6.106) wird also über i und j summiert.

Umrechnung zwischen Inertialsystemen

Ein und dasselbe Ereignis wird in Bezug auf das Inertialsystem Σ durch x^i beschrieben und in Bezug auf das Inertialsystem $\bar{\Sigma}$ durch $\bar{x}^i$. Dazwischen ist linear umzurechnen:

$$\bar{x}^i = a^i + \Lambda^i{}_j x^j\,. \tag{6.107}$$

Die Forderung, dass $\mathrm{d}\bar{\sigma} = \mathrm{d}\sigma$ gelten soll, führt auf die Einschränkung

$$g_{ij}\Lambda^i{}_k\Lambda^j{}_l = g_{kl}\,. \tag{6.108}$$

Eigentlich müsste man nur fordern, dass mit $\mathrm{d}\sigma = 0$ auch $\mathrm{d}\bar{\sigma} = 0$ gilt, siehe (6.104). Mit der Forderung, dass $\mathrm{d}\sigma$ ganz allgemein seinen Wert behält, schließen wir die Umdefinition der Längeneinheit aus.

Übrigens kann man $\Lambda_{ij} = g_{ik}\Lambda^k{}_j$ einführen und (6.108) in $\Lambda_{sk}g^{si}\Lambda_{il} = g_{kl}$ umformen. In Matrix-Schreibweise bedeutet das

$$\Lambda^\mathsf{T} g \Lambda = g\,. \tag{6.109}$$

Die 4×4-Matrizen Λ mit der Nebenbedingung (6.109) bilden offensichtlich[31] eine Gruppe, die Lorentz-Gruppe[32].

Wir fassen die Bestimmungsstücke der Transformation (6.107) in $g = \{a, \Lambda\}$ zusammen.

Man rechnet mit $g_1 = \{a_1, \Lambda_1\}$ von Σ_1 in Σ_2 um und dann mit $g_2 = \{a_2, \Lambda_2\}$ von Σ_2 in Σ_3, alles Inertialsysteme. g_3 rechnet direkt von Σ_1 in Σ_3 um. Es gilt die Beziehung

$$g_3 = g_2 \cdot g_1 = \{a_2 + \Lambda_2 a_1, \Lambda_2 \Lambda_1\}. \tag{6.110}$$

Die Transformationen (6.107) mit (6.108) bilden eine Gruppe P, die Poincaré[33]-Gruppe. Die Poincaré-Transformationen $g = \{a, \Lambda\}$ sind gemäß (6.110) miteinander verknüpft.

Untergruppen

Diese Poincaré-Gruppe, die die neue Vorstellung von Raum und Zeit mathematisch beschreibt, hat mehrere Untergruppen:

- die Zeit-Translationen $\{(c\tau, \mathbf{0}), I\}$,
- die örtlichen Verschiebungen $\{(0, \mathbf{a}), I\}$,
- die Drehungen $\{0, \Lambda_R\}$,
- die eigentlichen Lorentz-Transformationen $\{0, \Lambda_L\}$.

Drehungen werden durch Matrizen

$$\Lambda_R = \begin{pmatrix} 1 & 0 & 0 & 0 \\ 0 & R_{11} & R_{12} & R_{13} \\ 0 & R_{21} & R_{22} & R_{23} \\ 0 & R_{31} & R_{32} & R_{33} \end{pmatrix} \tag{6.111}$$

beschrieben, wobei die 3×3-Matrix R orthogonal ist.

Die eigentlichen Lorentz-Transformationen kann man als

$$\Lambda_L = \Lambda_{R''} L(\beta) \Lambda_{R'} \tag{6.112}$$

---

[31] Man beachte $(\Lambda_2 \Lambda_1)^\mathsf{T} = \Lambda_1^\mathsf{T} \Lambda_2^\mathsf{T}$.
[32] Hendrik Antoon Lorentz, 1853–1928, niederländischer Mathematiker und Physiker
[33] Jules Henri Poincaré, 1854–1912, französischer Mathematiker und Physiker

schreiben, als Produkt aus Drehungen und der speziellen Lorentz-Transformation $L(\beta)$ in 3-Richtung:

$$L(\beta) = \frac{1}{\sqrt{1-\beta^2}} \begin{pmatrix} 1 & 0 & 0 & \beta \\ 0 & 1 & 0 & 0 \\ 0 & 0 & 1 & 0 \\ \beta & 0 & 0 & 1 \end{pmatrix}. \qquad (6.113)$$

Dabei steht $\beta = u/c$ für einen Bruchteil der Lichtgeschwindigkeit, variiert also im Intervall $-1 < \beta < 1$.

Wie diese Matrix zu interpretieren ist (Zeitdilatation, Unveränderlichkeit der Querabmessungen, Längenkontraktion), gehört nicht in dieses Buch.

Verknüpft man zwei spezielle Lorentz-Transformationen $L(\beta_2)$ und $L(\beta_1)$, so erhält man natürlich wieder eine spezielle Lorentz-Transformation $L(\beta)$. Dabei gilt

$$\beta = \frac{\beta_2 + \beta_1}{1 + \beta_2 \beta_1}. \qquad (6.114)$$

In Geschwindigkeiten ausgedrückt heißt das

$$u = \frac{u_2 + u_1}{1 + \dfrac{u_2 u_1}{c^2}}. \qquad (6.115)$$

Wenn die Geschwindigkeiten sehr klein sind im Vergleich mit der Lichtgeschwindigkeit, dann addieren sie sich. Mit $u_1 \to c$ oder $u_2 \to c$ strebt u gegen c. Man sieht: die Lichtgeschwindigkeit kann nicht übertroffen werden.

In dem durch die Poincaré-Gruppe beschriebenem Raum-Zeit-Kontinuum gilt nicht, dass sich Geschwindigkeiten vektoriell addieren. Vielmehr ist sichergestellt, dass sich kein Teilchen schneller als mit Lichtgeschwindigkeit bewegen kann.

6.4.5 Kristall-Symmetrie

Bei der Beschreibung der Symmetrie von Kristallen muss man zwischen Translations- und Punktgruppen unterscheiden. Die Translationen verschieben Kopien der Einheitszelle, sodass daraus der gesamte (idealisiert unendliche) Kristall entsteht. Die Elemente der Punktgruppe schaffen die Gitterbausteine der Einheitszelle an neue Plätze, sodass sich die Einheitszelle dabei nicht ändert. Als Operationen kommen die Inversion (Raumspiegelung) in Frage, die Spiegelung an einer Ebene, eine volle Drehung, eine halbe Drehung, eine Dritteldrehung, eine Vierteldrehung und eine Sechsteldrehung sowie diese Drehungen samt Inversion. Andere Drehungen sind nicht mit der Translationssymmetrie verträglich. Es gibt 32 verschiedene Punktgruppen, von denen jede eine mögliche Kristallsymmetrie beschreibt. Dafür gibt es eine Spezialnotation, die wir hier nicht systematisch ausbreiten wollen. Beispielsweise besagt die Kristallsymmetrie $3m$, dass es eine Spiegelebene gibt mit einer darin enthaltenen dreizähligen Drehachse, aber kein Inversionszentrum. $\bar{3}m$ würde die Raumspiegelung enthalten. Wir befassen uns hier beispielhaft mit der Kristallsymmetrie des Lithiumniobat-Kristalls bei Zimmertemperatur, mit $3m$.

Punktgruppe

Die Punktgruppe besteht aus dem neutralen Element I,

$$I = \begin{pmatrix} 1 & 0 & 0 \\ 0 & 1 & 0 \\ 0 & 0 & 1 \end{pmatrix}, \qquad (6.116)$$

der Spiegelung an einer Ebene

$$\Pi = \begin{pmatrix} -1 & 0 & 0 \\ 0 & 1 & 0 \\ 0 & 0 & 1 \end{pmatrix} \qquad (6.117)$$

und einer Drehung um $120°$, nämlich

$$R = \begin{pmatrix} -\sqrt{3/4} & \sqrt{3/4} & 0 \\ -\sqrt{3/4} & -\sqrt{1/4} & 0 \\ 0 & 0 & 1 \end{pmatrix}, \qquad (6.118)$$

und allem, was man daraus zusammensetzen kann. Insgesamt besteht die Punktgruppe $3m$ aus $\{I, \Pi, R, R^{-1}, \Pi R, R\Pi\}$, aus sechs Elementen. Wir haben dabei $R^2 = R^{-1}$, $\Pi^2 = I$ und $\Pi R^{-1} = R\Pi$ beachtet. Hier ist die Gruppenstruktur dargestellt:

	I	Π	R	R^{-1}	ΠR	$R\Pi$
I	I	Π	R	R^{-1}	ΠR	$R\Pi$
Π	Π	I	ΠR	$R\Pi$	R	R^{-1}
R	R	$R\Pi$	R^{-1}	I	Π	ΠR
R^{-1}	R^{-1}	ΠR	I	R	$R\Pi$	Π
ΠR	ΠR	R^{-1}	$R\Pi$	Π	I	R
$R\Pi$	$R\Pi$	R	Π	ΠR	R^{-1}	I

(6.119)

In Zeile A und Spalte B steht das Produkt $A \cdot B$.

Was kann man nun damit anfangen?

Symmetrieverträgliche Tensoren

Als Beispiel für eine nützliche Anwendung führen wir vor, wie man den allgemeinsten Tensor $d_{ijk} = d_{ikj}$ dritter Stufe ausrechnet, der mit der Punktgruppe 3m verträglich und in den beiden letzten Indizes symmetrisch ist. Dieser Tensor ist deswegen von großem Interesse, weil er die stärksten nicht-linearen optischen Effekte kennzeichnet (linearer Pockels-Effekt und Frequenzverdopplung).

Wir bezeichnen mit $\hat{c}$ den Einheitsvektor der dreifachen Drehsymmetrie und mit $\hat{u}$, $\hat{v}$ und $\hat{w}$ drei weitere Einheitsvektoren, die senkrecht auf $\hat{c}$ stehen und jeweils einen Winkel von 120° einschließen. Wir setzen $\hat{x} = \hat{u}$ und wählen den Einheitsvektor $\hat{y}$ senkrecht zu $\hat{c}$ und $\hat{x}$. Das bedeutet

$$\hat{v} = -\sqrt{\frac{1}{4}}\hat{x} + \sqrt{\frac{3}{4}}\hat{y} \text{ sowie } \hat{w} = -\sqrt{\frac{1}{4}}\hat{x} - \sqrt{\frac{3}{4}}\hat{y}. \tag{6.120}$$

$\hat{x} \to -\hat{x}$ stellt eine Symmetrie dar sowie die Permutationen von $\hat{u}$, $\hat{v}$ und $\hat{w}$. Jedoch ist $\hat{c} \to -\hat{c}$ keine Symmetrie.

Der Tensor

$$D^{(1)}_{ijk} = \hat{c}_i \hat{c}_j \hat{c}_k \tag{6.121}$$

erfüllt offensichtlich alle Anforderungen.

$\hat{u}_j\hat{u}_k + \hat{v}_j\hat{v}_k + \hat{w}_j\hat{w}_k$ ist ein symmetrischer Tensor vom Rang 2 mit dreifacher Rotationssymmetrie. Eine kurze Rechnung ergibt, dass dieser Tensor proportional zu $\hat{x}_j\hat{x}_k + \hat{y}_j\hat{y}_k$ ist. Damit haben wir den zweiten invarianten Tensor gefunden:

$$D^{(2)}_{ijk} = \hat{c}_i(\hat{x}_j\hat{x}_k + \hat{y}_j\hat{y}_k). \tag{6.122}$$

Nach diesen Fingerübungen schreibt man leicht einen dritten Tensor an:

$$D^{(3)}_{ijk} = \hat{x}_i(\hat{c}_j\hat{x}_k + \hat{x}_j\hat{c}_k) + \hat{y}_i(\hat{c}_j\hat{y}_k + \hat{y}_j\hat{c}_k). \tag{6.123}$$

Man könnte nun auf die Idee kommen, dass $\hat{u}_i\hat{u}_j\hat{u}_k + \hat{v}_i\hat{v}_j\hat{v}_k + \hat{w}_i\hat{w}_j\hat{w}_k$ auch in Frage käme. Der Ausdruck ist proportional zu

$$\hat{x}_i(\hat{x}_j\hat{x}_k - \hat{y}_j\hat{y}_k) - \hat{y}_i(\hat{x}_j\hat{y}_k + \hat{y}_j\hat{x}_k), \tag{6.124}$$

also antisymmetrisch unter $\hat{x} \to -\hat{x}$. Er scheidet damit aus. Wenn man aber $\hat{u}$ durch $\hat{c} \times \hat{u}$ ersetzt und ebenso mit $\hat{v}$ und $\hat{w}$ verfährt, ist dieser Mangel beseitigt. Das läuft übrigens auf die Vertauschung von $\hat{x}$ mit $\hat{y}$ hinaus. Damit haben wir den vierten Tensor mit der korrekten Symmetrie gefunden, nämlich

$$D^{(4)}_{ijk} = \hat{y}_i(\hat{y}_j\hat{y}_k - \hat{x}_j\hat{x}_k) - \hat{x}_i(\hat{x}_j\hat{y}_k + \hat{y}_j\hat{x}_k). \tag{6.125}$$

Jeder im zweiten und dritten Index symmetrische dreistufige Tensor, der mit der $3m$-Symmetrie verträglich ist, kann als Linearkombination

$$d_{ijk} = \sum_{r=1}^{4} d_r\, D^{(r)}_{ijk} \tag{6.126}$$

geschrieben werden, mit vier Skalaren d_r.

Wir führen die von Null verschiedenen Tensorelemente auf:

$$d_1 = d_{333}\,, \tag{6.127}$$
$$d_2 = d_{311} = d_{322}\,, \tag{6.128}$$
$$d_3 = d_{131} = d_{113} = d_{223} = d_{232}\,, \tag{6.129}$$
$$d_4 = d_{222} = -d_{211} = -d_{112} = -d_{121}\,. \tag{6.130}$$

Die Gruppentheorie kann also durchaus für die Praxis relevante Ergebnisse liefern, wie wir mit diesem Beispiel vorgeführt haben.

6.5 Optimierung

In Anlehnung an die Terminologie der Betriebswirtschaftslehre sprechen wir von einer Kostenfunktion, die von endlich vielen Parametern abhängt und eine reelle Zahl zurückgibt. Es gilt, den Satz von Parametern zu finden, für den die Kosten für das Produkt am geringsten sind. Das Thema ist so umfassend, dass es ein eigenes Buch rechtfertigen würde. Wir stellen hier nur die wichtigsten Verfahren vor, mit denen man mit Sicherheit im Verlaufe eines Studiums der Physik oder eines verwandten Faches konfrontiert wird.

6.5.1 Kostenfunktion

Für einen Satz $\boldsymbol{p} = (p_1, p_2, \ldots, p_N)$ von Parametern werden die Kosten $K = K(\boldsymbol{p})$ des zugrunde liegenden Modells für irgendetwas ermittelt. In der Betriebswirtschaft können die Parameter die Menge, das Verhältnis von manueller zu automatisierter Fertigung sein, damit Löhne und Aufwand für die Beschaffung von Kapital und so weiter, die die Kosten eines Produktes bestimmen. In der Physik handelt es sich meist um Parameter für eine Familie von Funktionen, und die ‚Kosten' sind oft Fehler, die es klein zu halten gilt.

Wir erörtern typische Beispiele.

Ein Polynom $f(x) = a + bx + cx^2$ soll an Messdaten $(x_1, y_1), (x_2, y_2) \ldots (x_N, y_N)$ optimal angepasst werden. Die Fehlanpassung wird als

$$K(\boldsymbol{p}) = \sum_{i=1}^{N} |f(x_i) - y_i|^2 \tag{6.131}$$

definiert, mit $\boldsymbol{p} = (a,b,c)$. Wenn für einen Datensatz $\bar{\boldsymbol{p}} = (\bar{a},\bar{b},\bar{c})$ die Kostenfunktion verschwindet, dann liegen alle Messdaten genau auf der entsprechenden Parabel.

Und hier eine völlig andere Aufgabe. Wir interessieren uns für den Grundzustand eines quantenmechanischen Systems, das durch den Hamilton-Operator H beschrieben wird. Der Grundzustand ist durch den kleinsten Energie-Erwartungswert ausgezeichnet. Um rechnen zu können, verstümmeln wir den Hilbert-Raum aller Wellenfunktionen ϕ zu einem endlich-dimensionalen Teilraum. Die Grundzustands-Wellenfunktion wird als Linearkombination angesetzt, die Entwicklungskoeffizienten sind die Parameter. Der Energie-Erwartungswert spielt die Rolle der Kostenfunktion, wir fragen nach dessen Minimum.

Unser drittes Beispiel betrifft wieder die Anpassung eines Modells an Messdaten. Man beachte, dass die Parameter $a, b, \ldots$ eines Polynoms linear in das Modell $f = f(x)$ eingehen. Bei raffinierteren Modellen ist das nicht mehr der Fall, und wir müssen nicht-linear optimieren.

6.5.2 Methode der kleinsten Fehlerquadrate

Carl Friedrich Gauß wird zu Recht als Begründer der angewandten Mathematik bezeichnet. Die von ihm entwickelte Methode der kleinsten Fehlerquadrate erlaubt es, ein überbestimmtes System von Gleichungen so zu lösen, dass der Fehler insgesamt so klein wie möglich ausfällt. Anders ausgedrückt, der Fehler wird gleichmäßig verteilt, und man spricht auch von einer Ausgleichsrechnung. Gegeben seien N Messpunkte (x_i, y_i). Diese sollen an ein Polynom vom Grade n angepasst werden, also an eine Funktion

$$y = f(x) = p_0 + p_1 x + \ldots + p_n x^n. \tag{6.132}$$

Die Kostenfunktion ist

$$K(p_0, p_1, \ldots p_n) = \sum_{i=1}^{N} (f(x_i) - y_i)^2. \tag{6.133}$$

Am Minimum der Kostenfunktion müssen alle ihre partiellen Ableitungen nach den Koeffizienten des Polynoms verschwinden:

$$\frac{\partial K(\boldsymbol{p})}{\partial p_r} = 2 \sum_{i=1}^{N} (f(x_i) - y_i)(x_i)^r = 0. \tag{6.134}$$

Das läuft auf ein lineares Gleichungssystem für die Koeffizienten p_s hinaus:

$$\sum_{s=0}^{n} A_{rs} p_s = B_r, \tag{6.135}$$

mit

$$A_{rs} = \sum_{i=1}^{N} x_i^{r+s} \qquad (6.136)$$

und

$$B_r = \sum_{i=1}^{N} x_i^r y_i \,. \qquad (6.137)$$

Wenn ausreichend viele Datenpaare (x_i, y_i) vorliegen, kann man die Matrix A_{rs} und den Vektor B_r ausrechnen und das System (6.135) linearer Gleichungen lösen[34].

MATLAB stellt dafür die Funktion p=polyfit(X,Y,n) bereit. X und Y sind gleich lange Vektoren und beschreiben die Daten (x_i, y_i). n ist der Grad des Polynoms, das an die Daten angepasst werden soll. p beschreibt das am besten passende Polynom. Mit y=polyval(p,x) kann man danach den Wert des am besten passenden Polynoms p an der Stelle x ermitteln.

Als Beispiel passen wir künstlich verrauschte Daten an die ursprüngliche Parabel an:

```
1   x=linspace(0,2,256);
2   y=1-x+0.5*x.^2+0.15*randn(size(x));
3   plot(x,y,'.k');
4   hold on;
5   p=polyfit(x,y,2);
6   yy=polyval(p,x);
7   plot(x,yy,'-k','LineWidth',1.5);
8   hold off;
```

Das Ergebnis ist als Abbildung 6.4 dargestellt.

Die Anpassung an eine Gerade wird oft als *lineare Regression* bezeichnet, wir haben gerade eine *quadratische Regression* vorgeführt. Die Anpassung an Polynome höherer Ordnung als vier oder fünf ist erfahrungsgemäß problematisch, weil Polynome hoher Ordnung überempfindlich auf Änderungen in den Koeffizienten reagieren.

Und hier noch ein Ratschlag für Nacherfinder. Wenn Sie das Verfahren von Gauß selber programmieren wollen, dann muss gegen numerische Instabilität vorgebeugt werden. Insbesondere ist die x-Achse so umzuformen, dass die Werte möglichst im Bereich $[-1, 1]$ liegen.

---

[34] Ein allgemeines Verfahren dafür wurde ebenfalls von Gauß erfunden.

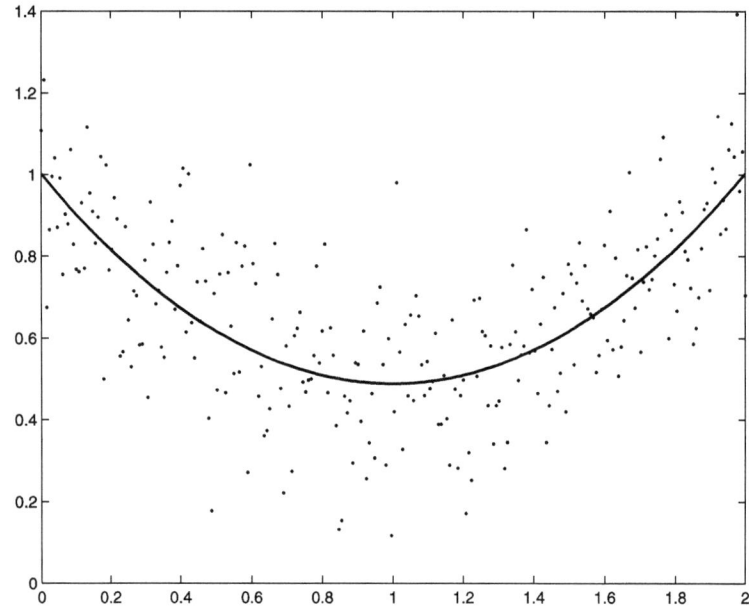

Abb. 6.4. Simulierte Messdaten (*Punkte*) und Anpassung an ein Polynom zweiten Grades (*durchgezogen*)

6.5.3 Endlich statt unendlich viele Dimensionen

Der Hamilton-Operator H stellt die Messgröße ‚Energie' dar. Er ist aus physikalischen Gründen nach unten beschränkt. Der zum niedrigsten Eigenwert E_0 gehörende Eigenvektor ϕ_0 ist durch die Eigenwertgleichung

$$H\phi_0 = E_0\phi_0 \tag{6.138}$$

gekennzeichnet und dadurch, dass alle anderen Energie-Eigenwerte größer sind. Das kann man durch[35]

$$E_0 = \inf_{\phi \neq 0} \frac{(\phi, H\phi)}{(\phi, \phi)} \tag{6.139}$$

ausdrücken. Wohlgemerkt: alle nicht verschwindenden Wellenfunktionen ϕ des zuständigen Hilbert-Raumes $\mathcal{H}$ sind gemeint[36].

Die Variationsrechnung, die wir im folgenden Abschnitt vorstellen werden, wird uns nicht helfen, weil (6.138) herauskommt. Das wussten wir schon.

Wir geben uns mit einer Näherung zufrieden, indem das Infimum in (6.139) eingeschränkt wird auf handhabbare Funktionen in einem gewissen Funktionenraum $\mathcal{L}$, der durch endlich viele Parameter beschrieben wird.

---

[35] Das Infimum inf ist die größte untere Schranke.
[36] genauer: alle Wellenfunktionen im Definitionsbereich von H

Dabei gibt es wiederum zwei Möglichkeiten: die Parameter gehen entweder linear in die handhabbaren Funktionen ein oder nicht. Den letzteren Fall handeln wir im nächsten Unterabschnitt ab. Hier diskutieren wir die Verstümmelung des Hilbert-Raumes $\mathcal{H}$ auf einen linearen Teilraum

$$\mathcal{L} = \{\phi \in \mathcal{H} \,|\, \phi = p_1\phi_1 + p_2\phi_2 + \ldots + p_n\phi_n\}. \tag{6.140}$$

Der lineare Raum $\mathcal{L}$ wird durch linear unabhängige Wellenfunktionen ϕ_r aufgespannt, die Koeffizienten p_r sind komplexe Zahlen, und r läuft von 1 bis n. Unsere Aufgabe ist es, das Minimum des Ausdrucks

$$K(p_1, p_2, \ldots, p_n) = \frac{\sum_{r,s=1}^{n} p_r^*(\phi_r, H\phi_s) p_s}{\sum_{r,s=1}^{n} p_r^*(\phi_r, \phi_s) p_s} \tag{6.141}$$

auszurechnen.

Man muss die Kostenfunktion nach den Realteilen und nach den Imaginärteilen von p_r ableiten. Das Ergebnis ist

$$\sum_{s=1}^{n} (H_{rs} - K G_{rs}) p_s = 0, \tag{6.142}$$

mit

$$H_{rs} = (\phi_r, H\phi_s) \quad \text{und} \quad G_{rs} = (\phi_r, \phi_s). \tag{6.143}$$

H und G in (6.142) sind hermitesche $n \times n$-Matrizen, (6.142) ist ein verallgemeinertes Eigenwertproblem. Der Eigenwert K bedeutet die beim Eigenvektor $p_1, p_2, \ldots, p_n$ ausgewertete Kostenfunktion.

Natürlich können wir hier nicht darauf eingehen, nach welchen Gesichtspunkten man den n-dimensionalen Teilraum $\mathcal{L}$ auswählt. Das erfordert physikalisches Verständnis und wird auch durch die Überlegung bestimmt, wie schwierig es ist, die Matrixelemente H_{rs} und G_{rs} zu berechnen. Ist man dann so weit, löst ein einziger MATLAB-Befehl das Eigenwertproblem:

```
>> [V,D]=eig(H,G);
```

V enthält die Eigenvektoren und D ist eine Diagonalmatrix mit den Eigenwerten. Es gilt H*V=G*V*D.

Hinter dem eig-Befehl steckt mehr, als man vermutet. Es gibt nämlich verschiedene Strategien für das Eigenwertproblem. MATLAB untersucht zuerst die Matrizen H und G und wählt selbständig die beste Methode. Sind die Matrizen reell? Sind sie sogar symmetrisch, oder wenigsten hermitesch? Ist G positiv definit[37]? Wer sich damit auskennt, kann das Verfahren durch zusätzliche Angaben selber steuern.

---
[37] im Sinne von $\sum_{jk} x_j^* G_{jk} x_k \geq 0$ für alle $x_k \in \mathbb{C}$

Viele Eigenwertprobleme betreffen dünn besetzte Matrizen[38], Matrizen, die zum überwiegenden Teil Nullen enthalten. Solche Matrizen speichert man besser dadurch, dass man eine Liste mit den von Null verschiedenen Matrixelementen anlegt: Zeilenindex, Spaltenindex, Wert. Für dünn besetzte Matrizen gibt es den `eigs`-Befehl.

Wir erwähnen an dieser Stelle das riesige Gebiet der linearen partiellen Differentialgleichungen.

Da gibt es einmal die Strategie, das Grundgebiet Ω mit einem Netz meist äquidistanter Stützstellen $r = 1, 2, \ldots, n$ zu überziehen. Die Lösung hat an der Stützstelle r den Wert p_r. Die partielle Differentialgleichung legt fest, durch welche Vorschrift p_r mit den übrigen Feldwerten p_s verknüpft wird (Methode der finiten Differenzen). Linear, also durch eine Matrix L_{rs}. Randwerte gehen als Vektor R_s ein. Nachdem man alles ausgetüftelt hat, ergibt sich ein Problem der Art

$$Lp = R, \qquad (6.144)$$

das man nach p auflösen muss, nämlich durch den Befehl

`>> p=L\R`

Ja, so einfach ist das. Fragen wir lieber nicht nach den Zentnern von Code, die hinter diesem Befehl stecken!

Die Methode der finiten Differenzen ist nur ein Verfahren unter vielen, wie man partielle Differentialgleichungen numerisch löst. Viele andere können als spezielle Verfahren der Galerkin-Methode aufgefasst werden.

Der lineare Differential-Operator L soll $Lp = R$ bewirken. L und R sind bekannt. Wie berechnet man p?

Wir haben das oben schon erörtert. Der unendlich-dimensionale Raum der möglichen Lösungen wird durch einen endlich-dimensionalen linearen Raum $\mathcal{L}$ approximiert. $\phi_1, \phi_2, \ldots, \phi_n$ sei ein endliches Orthonormalsystem, das $\mathcal{L}$ aufspannt. Die gesuchte Lösung entwickelt man in $p = \sum p_r \phi_r$, darauf wirkt L und ergibt $\sum p_r L \phi_r$. Ebenso verfährt man mit der rechten Seite, $R = \sum_r R_r \phi_r$. Das Ergebnis soll verschwinden, jedenfalls in $\mathcal{L}$, und das heißt

$$\sum_s L_{rs} p_s = R_r, \qquad (6.145)$$

mit $L_{rs} = (\phi_s, L\phi_r)$.

Auf Galerkin geht auch ein Ausdruck für den Fehler zurück, der entsteht, wenn man ein unendlich-dimensionales Problem auf eins mit endlich vielen Freiheitsgraden zurückführt.

Die Methode der finiten Elemente ist ein spezielles Galerkin-Verfahren. Das Gebiet, auf dem die partielle Differentialgleichung lebt, wird in Simplizes zerlegt. Bei zwei Dimensionen sind das Dreiecke, bei drei Dimensionen handelt

---

[38] *sparse matrices*

es sich um Tetraeder. Jeder Stützpunkt – zu ihm gehört eine Variable – hat seine Zeltfunktion, die linear von Eins auf Null zu den Kanten der angrenzenden Simplizes abfällt. Wir haben das im Abschnitt über die *Methode der Finiten Elemente* erörtert, im Kapitel über *Partielle Differentialgleichungen*. Man möge dort weiterlesen.

6.5.4 Nicht-lineare Optimierung

Die Kostenfunktion $K(p_1, p_2, \ldots)$ kann anders als quadratisch von den Kosten p_r abhängen. Dann muss man rohe Gewalt anwenden, um das Optimum aufzuspüren. Wir erläutern das an einem Beispiel.

Vorgegeben sind Messdaten (X,Y), an die ein Modell angepasst werden soll. Das Modell sei

$$y = y_0 + s\,\mathrm{e}^{-a(x-x_0)^2} . \tag{6.146}$$

$\boldsymbol{p} = (p_1, p_2, p_3, p_4) = (y_0, s, a, x_0)$ sind die Parameter des Modells. Es handelt sich um eine Glockenkurve bei x_0, deren Breite durch den Parameter a bestimmt wird. Diese Glockenkurve hat die Höhe s, und sie sitzt auf einem konstanten Untergrund y_0.

Die folgenden zwei Zeilen legen das Modell und die Fehlabweichung (Kostenfunktion) fest:

```
1   peak=@(p,x) p(1)+p(2)*exp(-p(3)*(x-p(4)).^2);
2   misfit=@(p,X,Y) norm(Y-peak(p,X));
```

Als nächstes simulieren wir Daten. Der wahre Peak[39] liegt bei $p_1 = x_0 = 3$, wird durch die Höhe $p_2 = s = 1$ und die Breite $p_3 = a = 4$ gekennzeichnet, und sitzt auf einem Untergrund der Höhe $p_4 = y_0 = 2.5$:

```
3   tp=[3;1;4;2.5];
4   X=linspace(0,5,1024);
5   tY=peak(tp,X);
6   sY=tY+0.5*randn(size(X));
```

tY sind die wahren y-Werte, sY die verrauschten, simulierten Daten.

Wir tun nun so, als ob wir die wirklichen Parameter des Modells nicht kennten und suchen grob nach einem guten Startwert:

```
7   mm=Inf;
8   for j=1:1000
9       p=[6*rand;2*rand;8*rand;5*rand];
10      m=misfit(p,X,sY);
```

---

[39] *peak*: Gipfel, Erhebung, auffallende Überhöhung

```
11    if (m<mm)
12      mm=m;
13      sp=p;
14    end;
15  end;
```

Das folgende Kommando veranlasst MATLAB, nach einem Minimum zu suchen:

```
16  bp=fminsearch(misfit,sp,[],X,sY);
```

Und diese Zeilen erzeugen die Abbildung 6.5:

```
17  rY=peak(bp,X);
18  plot(X,tY,'-k',X,rY,'-k',X,sY,'.k','LineWidth',1.5);
```

Wir können hier nur andeuten, wie fminsearch arbeitet. Das erste Argument ist die Kostenfunktion, das zweite ein Ausgangs-Parametersatz (Startvektor). Das dritte Argument ist ein Vektor, der das Verfahren steuert. Keine Angaben, so wie hier, bewirken, dass die Voreinstellungen übernommen werden.

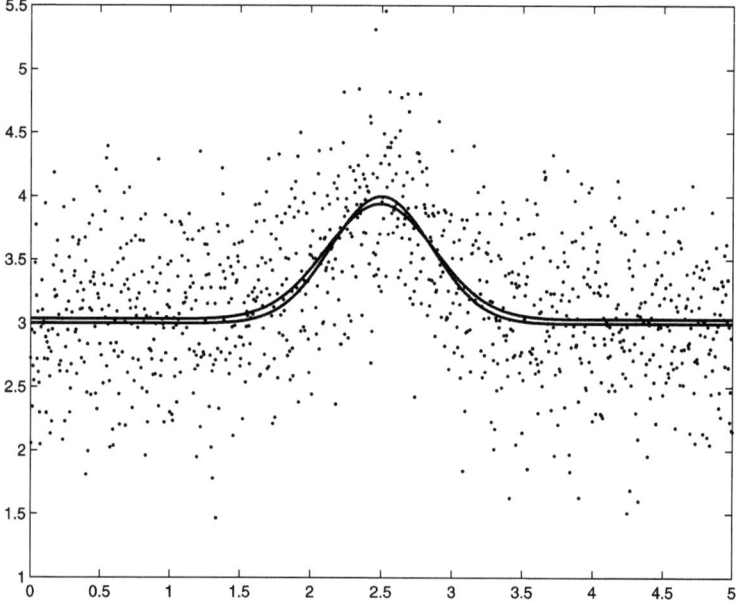

Abb. 6.5. Anpassung simulierter Messdaten an ein Modell. Dargestellt werden die ursprüngliche Funktion (*durchgezogen*), die stark verrauschten Daten (*Punkte*) und das wiederhergestellte Signal (*durchgezogen*). Das Modell ist eine Glockenkurve über einem konstanten Untergrund

Die folgenden Argumente werden an die Kostenfunktion weitergereicht. Zurückgegeben wird der beste Parametersatz, hier bp.

Aus den Angaben über den Startvektor wird ein anfänglicher Simplex erzeugt. Ein Eckpunkt gilt als der schlechteste, ihm gegenüber wird ein guter Punkt vermutet. In Richtung vom schlechtesten Punkt zum guten Punkt wird erst auf der doppelten, dann auf der dreifachen und schließlich auf der halben Strecke nach einem besseren Punkt gesucht. Mit dem neuen besten Punkt wird ein neuer Simplex gebildet, der wieder nach dem geschilderten Verfahren umgearbeitet wird. Wenn sich kein besserer Punkt finden lässt, wird der Simplex um den bisherigen besten Punkt herum halbiert. Die Iteration bricht ab, wenn eine vorgegebene Anzahl von Wiederholungen erreicht wird, oder wenn die Kostenfunktion am besten und am schlechtesten Punkt kaum verschieden ist, oder wenn der Simplex hinreichend klein geworden ist. Diese Voreinstellungen lassen sich wunschgemäß verändern. Das Verfahren ist recht anschaulich in *Numerical Recipes*[40] beschrieben.

Das Simplex-Verfahren nach Nelder[41] und Mead zur Kostenoptimierung läuft im Allgemeinen in das nächstgelegene lokale Minimum. Deswegen sollte man immer eine Grobsuche vorschalten, wie wir das oben vorgeführt haben.

6.6 Variationsrechnung

Im Mittelpunkt dieses Abschnittes stehen Funktionale, Ausdrücke, die einer gesamten Funktion einen Wert zuweisen, etwa das Integral. Die Variationsrechnung untersucht, wie sich der Wert des Funktionals ändert, wenn sich die Funktion ein wenig ändert. Insbesondere wird die Frage beantwortet, bei welchen Funktionen das Funktional stationär ist.

6.6.1 Fréchet-Ableitung eines Funktionals

Ein Funktional $\Phi : \mathcal{L} \to \mathbb{R}$ weist jedem Element f einer Funktionenmenge $\mathcal{L}$ eine reelle Zahl $\Phi(f)$ zu. Wir halten uns hier zurück, die Funktionenmenge $\mathcal{L}$ genau zu beschreiben, um möglichst viele Beispiele aus der Praxis erfassen zu können. Wir fordern vorerst lediglich, dass mit $f \in \mathcal{L}$ und $\bar{f} \in \mathcal{L}$ auch die einparametrige Schar $f + zv$ zu $\mathcal{L}$ gehört, für $z \in \mathbb{R}$ und $v = \bar{f} - f$. Nicht einmal das ist notwendig, es genügt, dass das Funktional für $\Phi(f + zv)$ in der Umgebung um $z = 0$ definiert ist, also für $|z| < \epsilon$ mit $\epsilon > 0$. Das Symbol v steht für eine Abweichung, eine Variation, für eine Differenz zwischen erlaubten Funktionen.

---

[40] William H. Press, Brian P. Flannery, Saul A. Teukolsky und William T. Vetterling, Numerical Recipes, ISBN 0521-300811-9
[41] John Nelder, *1924, englischer Mathematiker

Die Ableitung des Funktionals Φ bei f in Richtung v ist wiederum ein Funktional $\mathcal{L} \to \mathbb{R}$, das wir mit $\delta_v \Phi(f)$ bezeichnen. Es ist durch

$$\delta_v \Phi(f) = \left. \frac{\mathrm{d}\Phi(f + zv)}{\mathrm{d}z} \right|_{z=0} \tag{6.147}$$

definiert und linear in der Variation v. Diese Richtungsableitung des Funktionals Φ heißt auch Fréchet[42]-Ableitung.

6.6.2 Kürzester Weg zwischen zwei Punkten

Als Beispiel für ein nicht-triviales Funktional und eine Variationsaufgabe wollen wir der Frage nachgehen, welcher Weg von a nach b am kürzesten ist. Dazu parametrisieren wir den Weg durch drei glatte Funktionen $x(s)$ mit $x(0) = a$ und $x(1) = b$. Dieser Weg hat die Länge

$$\ell(x) = \int_0^1 \mathrm{d}s \, \sqrt{\dot{x}_1(s)^2 + \dot{x}_2(s)^2 + \dot{x}_3(s)^2}. \tag{6.148}$$

Dabei steht hier der Punkt über einem Symbol für die Ableitung nach s.

Wenn $\bar{x}$ ein anderer Weg von a nach b ist, dann gilt für die Differenz $v = \bar{x} - x$, dass $v(0)$ und $v(1)$ verschwinden müssen.

Der kürzeste Weg ist dadurch ausgezeichnet, dass kleine Abweichungen davon weder zu einer Verlängerung noch zu einer Verkürzung führen. Der kürzeste Weg x erfüllt die Bedingung

$$0 = \delta_v \ell(x) = \int_0^1 \mathrm{d}s \, \frac{\dot{x}_1(s)\dot{v}_1(s) + \dot{x}_2(s)\dot{v}_2(s) + \dot{x}_3(s)\dot{v}_3(s)}{\sqrt{\dot{x}_1(s)^2 + \dot{x}_2(s)^2 + \dot{x}_3(s)^2}}. \tag{6.149}$$

Wir integrieren partiell und erhalten

$$0 = \sum_{j=1}^3 \int_0^1 \mathrm{d}s \, v_j(s) \frac{\mathrm{d}}{\mathrm{d}s} \frac{\dot{x}_j(s)}{\sqrt{\dot{x}_1(s)^2 + \dot{x}_2(s)^2 + \dot{x}_3(s)^2}}. \tag{6.150}$$

Dabei haben wir $v_j(0) = v_j(1) = 0$ herangezogen. (6.150) kann für <u>alle</u> Abweichungen $v = v(s)$ nur dann gelten, wenn

$$\frac{\mathrm{d}}{\mathrm{d}s} \frac{\dot{x}_j(s)}{\sqrt{\dot{x}_1(s)^2 + \dot{x}_2(s)^2 + \dot{x}_3(s)^2}} = 0 \tag{6.151}$$

erfüllt ist. (6.152) verschwindet, wenn der Weg $s \to x(s)$ eine lineare Funktion von s ist. Andere Lösungen sind lediglich Umparametrisierungen davon, wie man leicht nachrechnet.

Der kürzeste Weg zwischen zwei Punkten ist die Gerade. Zwar nicht neu, aber jetzt weiß man auch, warum das so ist.

---
[42] Maurice René Fréchet, 1878–1973, französischer Mathematiker

6.6.3 Variation mit Nebenbedingung

Wir betrachten ein zylinderförmiges Gefäß mit Querschnitt Ω. Dieses Gefäß ist mit einer Flüssigkeit der Dichte ρ gefüllt, die Oberfläche werde durch $h = h(x,y)$ beschrieben.

Wir rechnen die potentielle Energie E der Flüssigkeit aus:

$$E(h) = \rho g \int_\Omega \mathrm{d}x\mathrm{d}y \int_0^{h(x,y)} \mathrm{d}z\, z = \frac{\rho g}{2} \int_\Omega \mathrm{d}x\mathrm{d}y\, h(x,y)^2\,. \tag{6.152}$$

g steht für die Schwerebeschleunigung.

Wir suchen das Minimum der potentiellen Energie, dass durch

$$0 = \delta_v E(h) = \rho g \int_\Omega \mathrm{d}x\mathrm{d}y\, h(x,y) v(x,y) \tag{6.153}$$

gekennzeichnet ist. Das verschwindet für alle v genau dann, wenn $h(x,y) = 0$ gilt. Nun ja, keine Flüssigkeit, keine potentielle Energie. So war das eigentlich nicht gemeint. Gesucht ist vielmehr die Antwort auf diese Frage: welche Oberfläche stellt sich ein, wenn das Gefäß mit dem Volumen

$$V(h) = \int_\Omega \mathrm{d}x\mathrm{d}y\, h(x,y) \tag{6.154}$$

an Flüssigkeit gefüllt ist? Man darf also nicht alle Oberflächenveränderungen v in Betracht ziehen, sondern nur solche, die (6.154) unverändert lassen. V soll konstant bleiben, und das bedeutet

$$0 = \delta_v V(h) = \int_\Omega \mathrm{d}x\mathrm{d}y\, v(x,y)\,. \tag{6.155}$$

Beide Fréchet-Ableitungen müssen verschwinden, sowohl (6.153) als auch (6.155). Wenn beide Ableitungen verschwinden, dann verschwindet auch jede Linearkombination der Ableitungen, und umgekehrt. Also multiplizieren wir die rechten Seiten von (6.153) mit λ_1 und (6.155) mit λ_2, mit so genannten Lagrange[43]-Multiplikatoren. Wir addieren und setzen das Ergebnis auf Null:

$$0 = \int_\Omega \mathrm{d}x\mathrm{d}y\, \{\lambda_1 \rho g h(x,y) + \lambda_2\}\, v(x,y)\,. \tag{6.156}$$

Das verschwindet für alle Oberflächenvariationen $v = v(x,y)$ dann und nur dann, wenn $h(x,y)$ konstant ist, also weder von x noch von y abhängt. Das Minimum an potentieller Energie einer gewissen Flüssigkeitsmenge wird mit einer waagerechten Oberfläche erreicht. Das weiß zwar jeder, aber wir wissen jetzt auch, warum das so ist.

---
[43] Joseph Louis Lagrange, 1736–1813, italienischer Mathematiker

6.6.4 Mehr Beispiele

Wir formulieren das Hamilton-Prinzip der Mechanik ein wenig um, sodass der Zusammenhang mit der Variationsrechnung klar ersichtlich wird. Außerdem wird die Spur von linearen Operatoren als Funktional vorgestellt und eine einschlägige Variationsaufgabe mit Nebenbedingungen gelöst.

Lagrange-Gleichungen

Ein mechanisches System wird durch verallgemeinerte Koordinaten Q_j beschrieben und durch verallgemeinerte Geschwindigkeiten W_j. Die Lagrange-Funktion $L = L(\boldsymbol{Q}, \boldsymbol{W}, t)$ bildet man, indem die kinetische Energie ausgerechnet und die potentielle Energie abgezogen wird, alles ausgedrückt in verallgemeinerten Koordinaten $\boldsymbol{Q}$ und verallgemeinerten Geschwindigkeiten $\boldsymbol{W}$.

Das Hamilton-Prinzip besagt, dass die Wirkung[44]·

$$A(\boldsymbol{q}) = \int_{t_1}^{t_2} dt\, L(\boldsymbol{q}(t), \dot{\boldsymbol{q}}(t), t) \tag{6.157}$$

bei der richtigen Trajektorie $t \to \boldsymbol{q}(t)$ stationär ist. Das läuft auf

$$\delta_{\boldsymbol{v}} A(\boldsymbol{q}) = 0 \tag{6.158}$$

hinaus. Die Abweichungen $\boldsymbol{v}$ von der Trajektorie müssen $\boldsymbol{v}(t_1) = \boldsymbol{v}(t_2) = 0$ erfüllen.

Die Lösung dieser Variationsaufgabe lautet

$$\frac{d}{dt}\frac{\partial L}{\partial W_j}(\boldsymbol{q}(t), \dot{\boldsymbol{q}}(t), t) = \frac{\partial L}{\partial Q_j}(\boldsymbol{q}(t), \dot{\boldsymbol{q}}(t), t)\,. \tag{6.159}$$

Wir haben den Term mit $\dot{\boldsymbol{v}}$ partiell integriert und $\boldsymbol{v}(t_1) = \boldsymbol{v}(t_2) = 0$ verwendet.

Entropie-Maximum

Als Funktionale kommen nicht nur Integrale in Betracht. Beispielsweise ist die Spur[45] quadratischer Matrizen A, nämlich

$$\operatorname{tr} A = \sum_{j=1}^n A_{jj}\,, \tag{6.160}$$

ein Funktional auf dem linearen Raum der $n \times n$-Matrizen. Es ist sogar linear, denn es gilt $\operatorname{tr}(\alpha_1 A_1 + \alpha_2 A_2) = \alpha_1 \operatorname{tr} A_1 + \alpha_2 \operatorname{tr} A_2$.

---

[44] Der Punkt über einem Symbol bezeichnet die Zeitableitung
[45] Summe über die Diagonalelemente, englisch *trace*

Allgemeiner definiert man für lineare Operatoren, die einen Hilbert-Raum in sich abbilden, die Spur durch

$$\operatorname{tr} A = \sum_j (\phi_j, A\phi_j). \tag{6.161}$$

Dabei ist $\phi_1, \phi_2, \ldots$ ein vollständiges Orthonormalsystem. Jedes andere vollständige Orthonormalsystem ergibt dieselbe Spur. Einzelheiten dazu findet man im Kapitel über *Lineare Operatoren*.

In der Quantentheorie zeigt man, dass der Erwartungswert einer Observablen M im Zustand W durch

$$\langle M \rangle = \operatorname{tr} WM \tag{6.162}$$

gegeben ist. Dabei ist W ein Wahrscheinlichkeitsoperator, durch $0 \leq W \leq I$ gekennzeichnet und durch $\operatorname{tr} W = 1$. M ist selbstadjungiert, $M = M^\dagger$.

Die Entropie eines energetisch gut isolierten Systems ist[46]

$$S(W) = -\operatorname{tr} W \ln W. \tag{6.163}$$

Die innere Energie[47]

$$U = \operatorname{tr} WH \tag{6.164}$$

ist vorgegeben. Außerdem muss

$$1 = \operatorname{tr} W = \operatorname{tr} WI \tag{6.165}$$

immer eingehalten werden.

Wir suchen nach dem Zustand G mit der größten Entropie. Dabei sind die Nebenbedingungen (6.164) und (6.165) zu beachten.

Mit $W = G + zv$ gilt für die entsprechenden Ableitungen nach z bei $z = 0$:

$$0 = \operatorname{tr} vI, \tag{6.166}$$

$$0 = \operatorname{tr} vH \tag{6.167}$$

und

$$0 = \operatorname{tr} v \ln G. \tag{6.168}$$

Wiederum bilden wir eine Linearkombination dieser drei Bedingungen und ordnen an, dass

$$\operatorname{tr} v \{\lambda_1 I + \lambda_2 H + \lambda_3 \ln G\} \tag{6.169}$$

---

[46] Wir unterdrücken die Boltzmann-Konstante k_B.
[47] H steht für die Energie-Observable. Der Massenmittelpunkt des Systems soll ruhen, damit ist Energie dasselbe wie innere Energie.

für alle Variationen v verschwinden soll. Das ist nur mit

$$\lambda_1 I + \lambda_2 H + \lambda_3 \ln G = 0 \tag{6.170}$$

möglich und läuft auf

$$G = e^{(FI - H)/T} \tag{6.171}$$

hinaus. Die Lagrange-Parameter wurden der Tradition gemäß umbenannt. F ist die freie Energie (eine Zahl), I der Eins-Operator und T die Temperatur. Die Lagrange-Parameter F und T lassen sich bestimmen, indem man

$$1 = \operatorname{tr} G \tag{6.172}$$

und

$$U = \operatorname{tr} GH \tag{6.173}$$

ausrechnet.

6.7 Legendre-Transformation

Die Legendre-Transformierte einer Funktion $f = f(x)$ ist eine andere Funktion $f_L = f_L(y)$. Dabei gilt $df = y dx$ und $df_L = -x dy$. Die Rollen von Argument und Ableitung werden also ausgewechselt. Wie erklären, was genau das bedeutet.

6.7.1 Konvexe Mengen und konvexe Funktionen

Eine Punktmenge M in einem linearen Raum ist konvex, wenn mit $\boldsymbol{x}_1, \boldsymbol{x}_2 \in M$ auch die Punkte auf der Strecke $\boldsymbol{x} = (1-s)\boldsymbol{x}_1 + s\boldsymbol{x}_2$ für $0 \leq s \leq 1$ zu M gehören. Je zwei Punkte einer konvexen M kann man durch eine Gerade verbinden, die ganz zu M gehört.

Sei $f : \mathbb{R} \to \mathbb{R}$ eine reellwertige Funktion einer reellen Variablen. Man sagt, dass die Funktion f konvex sei, wenn die Punktmenge

$$M = \{(x, y) \in \mathbb{R}^2 \,|\, y \geq f(x)\} \tag{6.174}$$

konvex ist. Das läuft auf

$$f((1-s)x_1 + sx_2) \leq (1-s)f(x_1) + sf(x_2) \tag{6.175}$$

für alle $x_1, x_2 \in \mathbb{R}$ für $0 \leq s \leq 1$ hinaus. Man wählt zwei beliebige Punkte auf dem Graphen der Funktion f und verbindet sie durch eine Gerade. Wenn diese Gerade immer über dem Graphen dazwischen liegt, dann ist die Funktion f konvex.

Die Funktion f ist konkav, wenn die Punktmenge unter dem Graphen konvex ist, wenn also

$$f((1-s)x_1 + sx_2) \geq (1-s)f(x_1) + sf(x_2) \qquad (6.176)$$

für alle $x_1, x_2 \in \mathbb{R}$ gilt. Eine konkave Funktion ist das Negative einer konvexen Funktion. Davon kann man sich leicht überzeugen.

6.7.2 Summe, Supremum und Infimum, Krümmung

Die Summe zweier konvexer Funktionen ist offensichtlich wieder konvex. Ebenso ist die Summe konkaver Funktionen konkav. Das liest man den Gleichungen (6.175) und (6.176) sofort ab.

Das Supremum einer Zahlenmenge ist bekanntlich die kleinste obere Grenze, das Infimum die größte untere Grenze.

Wir betrachten eine Familie f_j konvexer Funktionen. Es lässt sich einfach zeigen, dass

$$f(x) = \sup_j f_j(x) \qquad (6.177)$$

wiederum eine konvexe Funktion definiert. Denn: die Menge M aller Punkte (x, y) über dem Graphen $y = f(x)$ ist gerade der Durchschnitt aller Mengen M_j über den Graphen $y = f_j(x)$. Und der Durchschnitt konvexer Mengen ist offensichtlich wieder konvex.

Die zu (6.177) analoge Aussage ist, dass das Infimum einer Familie konkaver Funktionen wiederum ein konkave Funktion ist.

Wenn die Funktion f zweifach differenzierbar ist, dann garantiert $f''(x) \geq 0$, dass f konvex ist. Umgekehrt, ist die Ableitung der zweifach differenzierbaren Funktion f niemals positiv, dann handelt es sich um eine konkave Funktion. Es genügt übrigens, dass die Funktion f stetig und stückweise zweifach differenzierbar ist. Auch dann garantiert $f''(x) \geq 0$, dass man eine konvexe Funktion vor sich hat und $f''(x) \leq 0$ besagt, dass die Funktion konkav ist.

Die lineare Funktion $f(x) = a + bx$ ist nach diesen Definitionen sowohl konvex als auch konkav. Diese banale Feststellung wird im folgenden Unterabschnitt eine wichtige Rolle spielen.

6.7.3 Legendre-Transformation einer konvexen Funktion

f sei eine konvexe Funktion. Wir erklären die Legendre[48]-Transformierte f_L durch

$$f_L(y) = \inf_x \{f(x) - xy\}. \qquad (6.178)$$

---
[48] Adrien-Marie Legendre, 1752–1833, französischer Mathematiker

Weil die durch x indizierten Funktionen $y \to f(x) - xy$ linear und damit auch konkav sind, ist das Infimum über diese Familie eine konkave Funktion.

Wir nehmen nun auch noch an, dass f differenzierbar ist. Das Infimum auf der rechten Seite von (6.178) ist dann ein Minimum. Es wird an einer gewissen Stelle $\bar{x}$ angenommen, und dort gilt

$$f'(\bar{x}) = y. \tag{6.179}$$

Weil die Ableitung selber eine wachsende Funktion ist, hat (6.179) nicht mehr als eine Lösung. Wir können daher die Funktion $X = X(y)$ durch

$$f'(X(y)) = y \tag{6.180}$$

einführen und damit

$$f_L(y) = f(X(y)) - X(y)y \tag{6.181}$$

schreiben.

Hierzu ein Beispiel. Die Funktion $f(x) = x^2$ ist konvex und differenzierbar. Die Gleichung $f'(\bar{x}) = y$ führt auf $X(y) = y/2$. Wenn das in (6.181) eingesetzt wird, ergibt sich $f_L(y) = -y^2/2$. In der Tat handelt es sich um eine konkave Funktion.

Noch ein Wort zum Definitionsbereich der Legendre-transformierten Funktion. Wenn die Ausgangsfunktion differenzierbar ist, dann ist der Definitionsbereich von f_L gerade der Wertebereich der Ableitung f'.

Wenn man sich auf die ursprüngliche Definition stützt, die auch für nicht-differenzierbare konvexe Funktionen gilt, dann kommt als Argument für f_L jeder Wert y in Frage, der sich als

$$y = \frac{f(x_2) - f(x_1)}{x_2 - x_1} \tag{6.182}$$

schreiben lässt, mit $x_2 \neq x_1$.

Die Legendre-Transformierte der Funktion $f(x) = \exp(x)$ beispielsweise ist auf $y \in (0, \infty)$ definiert und durch

$$f_L(y) = y(1 - \ln y) \tag{6.183}$$

gegeben. Mit $f_L(0) = 0$ kann sie sogar auf $y \in [0, \infty)$ zu einer stetigen, konkaven Funktion erweitert werden, weil $y \ln y \to 0$ mit $y \to 0$ gilt.

Für eine konkave Funktion f definiert man die Legendre-Transformierte durch

$$f_L(y) = \sup_x \{f(x) - xy\}. \tag{6.184}$$

Das Ergebnis ist eine konvexe Funktion.

6.7.4 Ableitung der Legendre-Transformierten

Wir gehen wieder davon aus, dass die ursprüngliche Funktion $f = f(x)$ konvex und differenzierbar ist. Die Ableitung der Legendre-Transformierten kann man dann ausrechnen:

$$f'_L(y) = f'(X(y))X'(y) - X'(y)y - X(y), \qquad (6.185)$$

und mit (6.180) läuft das auf

$$f'_L(y) = -X(y) \qquad (6.186)$$

hinaus. Abgesehen vom Vorzeichen ergibt die Ableitung $f'_L(y)$ der Legendre-Transformierten das Argument x, bei dem die ursprüngliche Funktion die Ableitung $y = f'(x)$ hat.

Dieser Tatbestand wird üblicherweise hinter einer zu bequemen Notation[49] versteckt. Man schreibt $f_L = f - xy$, wobei $df = y dx$ gilt. Damit ergibt sich $df_L = y dx - x dy - y dx$, also $df'_L = -x dy$. Das ist nicht wirklich falsch und als Merkhilfe sehr brauchbar, jedoch muss man wenigstens einmal nachvollzogen haben, um welche Funktionen mit welchen Argumenten es sich wirklich handelt.

In der Thermodynamik studiert man beispielsweise die freie Energie $F = F(T, V)$ für ein Mol eines Gases, das die Temperatur T hat und in einem Gefäß mit Volumen V eingesperrt ist. Es gilt

$$dF(T, V) = -S(T, V) dT - p(T, V) dV. \qquad (6.187)$$

S ist die Entropie der Gasmenge und p der Druck. Durch $G = F + pV$ führt man das Gibbs[50]-Potential G ein. Dafür gilt dann

$$dG(T, p) = -S(T, p) dT + V(T, p) dp. \qquad (6.188)$$

Jetzt sind die Temperatur und der Druck die unabhängigen Variablen, und die Entropie und das Volumen der Gasmenge sind partielle Ableitungen. Was hinter dieser Zauberei steckt, haben wir zu erklären versucht.

Aus physikalischen Gründen ist die Funktion $V \to F(T, V)$ fallend (positiver Druck) und konvex (positive isotherme Kompressibilität). Deswegen ist die Funktion $p \to G(T, p)$ wachsend (positives Volumen) und konkav. Letzteres folgt daraus, dass G die Legendre-Transformierte einer konvexen Funktion ist.

---

[49] Wir halten eine Notation für zu bequem und vermeiden sie, wenn viele Nebenabreden damit verbunden sind.
[50] Josiah Willard Gibbs, 1839–1903, US-amerikanischer Physiker

7

Tiefere Einsichten

Dieses Kapitel ist schwieriger als die anderen. Es stellt verhältnismäßig hohe Anforderungen an das Abstraktionsvermögen des Lesers, was man schon daran erkennt, dass kein einziges Bild gezeigt wird.

Im Abschnitt *Grundlagen der Topologie* bringen wir eine sehr allgemeine Definition von Stetigkeit. Eine Grundmenge von Punkten mit einem System von Teilmengen, die offen heißen, definiert einen topologischen Raum. Ein linearer Raum mit Skalarprodukt ist zugleich ein normierter linearer Raum, dieser wiederum ein metrischer Raum und damit auch ein topologischer Raum. Der allgemeine Begriff von Stetigkeit fällt für metrische Räume mit dem Begriff der Folgenstetigkeit zusammen.

Im Abschnitt über *Maßtheorie und Lebesgue-Integral* gehen wir wieder von einer Grundmenge von Punkten aus und erklären ein System von Teilmengen, die messbar heißen. Jeder messbaren Menge wird eine nicht-negative Zahl als Maß zugeordnet. Für die Menge der reellen Zahlen führen wir als Maß die Länge offener Intervalle ein. Damit lässt sich das Lebesgue-Integral definieren, das für viel mehr Funktionen erklärt ist als das bekannte Riemann-Integral.

Die *Einführung in die Wahrscheinlichkeitstheorie* geht von einem Maßraum aus, wobei der Grundmenge das Maß (die Wahrscheinlichkeit) 1 zugeschrieben wird. Die messbaren Mengen heißen nun Ereignisse. Wir erklären die wichtigsten Begriffe der Wahrscheinlichkeitstheorie und leiten zwei wichtige Sätze ab: das Gesetz der großen Zahlen und den zentralen Grenzwertsatz für Schwankungen.

Verallgemeinerte Funktionen, die man auch als Distributionen bezeichnet, machen nur unter einem Integral einen Sinn. Die üblichen Funktionen sind auch verallgemeinerte Funktionen. Manche Distributionen sind jedoch keine Funktionen, wie zum Beispiel die Dirac-Distribution (oder δ-Funktion). Wir erklären sorgfältig die Definition verallgemeinerter Funktionen und zeigen, wie man sie differenziert und Fourier-transformiert.

7.1 Grundlagen der Topologie

Die Topologie handelt von Punkten und deren Beziehungen zueinander, insbesondere von der Nachbarschaft. Damit kommen Vokabeln wie Umgebung, offen, abgeschlossen, Rand, Konvergenz und Stetigkeit ins Spiel. Stetige Abbildungen sind so beschaffen, dass benachbarte Punkte nach der Abbildung immer noch Nachbarn sind. Die Topologie untersucht auch Klassen von Objekten, die durch stetige Verzerrungen ineinander überführt werden können. Die Topologie ist ein Querschnittsgebiet der Mathematik, sie hat Verbindungen zu fast allen anderen Gebieten. Wir können hier nur an der Oberfläche kratzen.

7.1.1 Topologischer Raum

Wir gehen von einer nicht-leeren Grundmenge Ω aus, deren Elemente Punkte[1] heißen. Dazu gibt es eine Menge $\mathfrak{M}$ von Teilmengen von Ω, für die gilt:

- sowohl die leere Menge $\emptyset$ als auch Ω gehören zu $\mathfrak{M}$,
- die Vereinigung von beliebig vielen Mengen $A \in \mathfrak{M}$ gehört zu $\mathfrak{M}$,
- der Durchschnitt endlich vieler Teilmengen $A \in \mathfrak{M}$ gehört zu $\mathfrak{M}$.

Ω mit dem System $\mathfrak{M}$ von Teilmengen, die man als offen bezeichnet, ist ein topologischer Raum $(\Omega, \mathfrak{M})$. Das System $\mathfrak{M}$ der offenen Teilmengen von Ω beschreibt die Topologie von Ω.

Eine Menge $\bar{A}$ ist abgeschlossen, wenn sie das Komplement einer offenen Menge A ist, das heißt $\bar{A} = \Omega \backslash A$. Die leere Menge und Ω selber sind damit sowohl offen als auch abgeschlossen. Es gibt allerdings Teilmengen $A \subseteq \Omega$, die weder offen noch abgeschlossen sind.

Unter einer Umgebung U_x eines Punktes $x \in \Omega$ versteht man eine Menge, die eine offene Menge $A \in \mathfrak{M}$ als Teilmenge hat, welche x enthält. Insbesondere ist eine offene Menge A eine Umgebung aller ihrer Punkte.

$(\Omega, \mathfrak{M})$ und $(\Omega', \mathfrak{M}')$ seien topologische Räume. Eine Abbildung $f: \Omega \to \Omega'$ ist stetig, wenn das Urbild

$$f^{-1}(B) = \{x \in \Omega \mid f(x) \in B\} \tag{7.1}$$

jeder offenen Bildmenge $B \in \mathfrak{M}'$ offen ist, also zu $\mathfrak{M}$ gehört.

Wir erläutern das an einem trivialen Beispiel. Sei c ein Punkt aus Ω'. Jeder Punkt $x \in \Omega$ soll zu c abgebildet werden, $f(x) = c$. Die Funktion f ist also konstant. Wir betrachten ein beliebiges $B \in \mathfrak{M}'$ und unterscheiden zwei Fälle. Entweder gehört der Punkt c zu B, dann besteht das Urbild aus ganz Ω und gehört zu $\mathfrak{M}$, ist somit offen. Oder: der Punkt c gehört nicht zu B. Das Urbild

---

[1] das sind Objekte, deren innere Struktur in diesem Zusammenhang ohne Bedeutung ist

ist dann die leere Menge, und die gehört zu $\mathfrak{M}$. Das Urbild jeder offenen Menge ist also offen, die konstante Funktion ist daher stetig.

Ein anderes Beispiel. Sei Ω eine Menge mit Topologie $\mathfrak{M}$. Die identische Abbildung $I : \Omega \to \Omega$ wird durch die Funktion $I(x) = x$ beschrieben. Für jede offene Menge $B \in \mathfrak{M}$ ist das Urbild gerade B, also offen. Daher ist die identische Abbildung stetig.

Man beachte, dass dieselbe Abbildung $f : \Omega \to \Omega'$ stetig oder nicht stetig sein kann, je nachdem, von welchen Topologien $\mathfrak{M}$ und $\mathfrak{M}'$ die Rede ist.

Übrigens kann man Stetigkeit auch über abgeschlossene Mengen definieren. Ω sei mit der Topologie $\mathfrak{M}$ ausgestattet und Ω' mit der Topologie $\mathfrak{M}'$. Die Abbildung $f : \Omega \to \Omega'$ sei stetig in Bezug auf die entsprechenden Topologien. Wir wählen irgendeine abgeschlossene Menge $\bar{B} \subseteq \Omega'$. Deren Urbild ist $\bar{A} = f^{-1}(\bar{B})$. Das Komplement $A = \Omega \backslash \bar{A}$ ist die Menge aller Punkte, die nicht in $\bar{B}$ abgebildet werden, und das bedeutet $A = f^{-1}(B)$ mit $B = \Omega' \backslash \bar{B}$. B ist offen, daher auch A, weil f stetig ist. Damit steht aber auch fest, dass $\bar{A}$ abgeschlossen ist. Für eine stetige Abbildung ist das Urbild jeder abgeschlossenen Menge eine abgeschlossene Menge. Und die Umkehrung ist auch richtig: wenn das Urbild jeder abgeschlossenen Menge eine abgeschlossene Menge ist, dann handelt es sich um eine stetige Abbildung.

Wir reden wieder über den topologischen Raum $(\Omega, \mathfrak{M})$. $M \subseteq \Omega$ sei eine beliebige Menge. Der Rand ∂M ist die Menge aller Punkte x, in deren Umgebung sowohl Punkte in M als auch im Komplement $\Omega \backslash M$ liegen. Alle offenen Mengen U_x, die x enthalten, erfüllen sowohl $U_x \cap M \neq \emptyset$ als auch $U_x \cap (\Omega \backslash M) \neq \emptyset$. Es lässt sich leicht zeigen, dass $A = M \backslash \partial M$ eine offene Menge ist und dass $\bar{A} = M \cup \partial M$ abgeschlossen ist. Mengen M mit leerem Rand ∂M sind sowohl offen als auch abgeschlossen. Man prüfe das für $M = \emptyset$ und für $M = \Omega$ nach.

Die Umkehrung gilt auch. Eine Menge ist offen, wenn sie keinen Randpunkt enthält. Eine Menge ist abgeschlossen, wenn der Rand dabei ist.

Die Topologie $\mathfrak{M}$ als System von Teilmengen der Punktmenge Ω ist beinahe die einfachste Struktur, die man sich vorstellen kann. Trotzdem lassen sich damit so tief schürfende Begriffe wie Nachbarschaft, offen, abgeschlossen, Rand und Stetigkeit präzise formulieren. Dabei haben wir über Häufungspunkte, Überdeckungen und den Begriff der Kompaktheit noch gar nicht geredet.

7.1.2 Metrischer Raum

Wir werden jetzt konkreter. Für je zwei Punkte x, y der Grundmenge Ω ist ein Abstand $d(x, y)$ definiert, eine nicht-negative reelle Zahl. Die Abstandsfunktion soll folgenden Regeln genügen:

- Von x nach y ist es genauso weit wie von y nach x, $d(x, y) = d(y, x)$.
- Verschiedene Punkte haben einen positiven Abstand. Aus $d(x, y) = 0$ folgt $x = y$.

- Umwege lohnen sich nicht, $d(x,z) \leq d(x,y) + d(y,z)$ (Dreiecksungleichung).

Damit kann man offene Kugeln $K_R(x) = \{y \in \Omega \,|\, d(x,y) < R\}$ um $x \in \Omega$ mit Radius R definieren. Die Menge $\mathfrak{M}$ der offenen Mengen besteht aus beliebigen Vereinigungen solcher offenen Kugeln. Aus den Eigenschaften des Abstandes folgt, dass $\mathfrak{M}$ eine Topologie definiert, was wir hier nicht beweisen.

Beispielsweise kann man für $\mathbb{R}$ den Abstand $d(x,y) = |x-y|$ einführen. Man überzeugt sich leicht davon, dass d tatsächlich die Anforderungen an eine Abstandsfunktion erfüllt. Damit wird für $\mathbb{R}$ die Standard-Topologie definiert. Wenn man sagt, dass eine Funktion einer reellen Variablen stetig sei, bezieht man sich immer auf die Standard-Topologie: die offenen Mengen sind beliebige Vereinigungen offener Intervalle[2] (a,b).

Die Abstandsfunktion $d = d(x,y)$ erzeugt die natürliche Topologie für die Punktmenge Ω. Den entsprechenden topologischen Raum bezeichnet man auch als (Ω, d) oder einfach als Ω, wenn durch den Kontext klar ist, welcher Abstand d gemeint ist.

7.1.3 Linearer Raum mit Norm

Wir werden nun noch konkreter: Ω sei ein linearer Raum. Für jedes Paar von Vektoren $x_1, x_2 \in \Omega$ und für zwei Skalare[3] λ_1, λ_2 soll der Vektor $\lambda_1 x_1 + \lambda_2 x_2$ definiert sein und wieder zu Ω gehören. Dabei gelten die üblichen Regeln für die Addition von Vektoren und für die Multiplikation mit Skalaren. Insbesondere gibt es genau einen Nullvektor 0, für den $x + 0 = 0 + x = x$ gilt.

Als Beispiel führen wir die Menge $\mathcal{C}$ der stetigen komplexwertigen Funktionen $f : [0,1] \to \mathbb{C}$ an.

Eine Norm ordnet jedem Element x des linearen Raumes eine nicht-negative Zahl $\|x\|$ zu. Dabei gilt

- $\|x\| = 0$ bedeutet $x = 0$
- $\|\lambda x\| = |\lambda|\,\|x\|$
- $\|x + y\| \leq \|x\| + \|y\|$

Man weist leicht nach, dass $d(x,y) = \|x - y\|$ die Anforderungen an eine Abstandsfunktion erfüllt. Damit ist ein linearer Raum mit Norm zugleich ein metrischer Raum und damit ein topologischer Raum.

Für die oben erwähnte Menge C ist beispielsweise

$$\|f\|_\infty = \sup_{x \in [0,1]} |f(x)| \qquad (7.2)$$

---
[2] $x \in (a,b)$ wenn $a < x < b$.
[3] reelle oder komplexe Zahlen

eine Norm, die so genannte Supremumsnorm. Ein anderes Beispiel ist die L_2-Norm, nämlich

$$\|f\|_2 = \sqrt{\int_0^1 dx\, |f(x)|^2}\,. \tag{7.3}$$

Auf einem linearer Raum Ω mit Norm $\|.\|$ gibt es einen Abstand und damit eine Topologie. Der normierte lineare Raum ist also zugleich ein topologischer Raum, den man mit $(\Omega, \|.\|)$ bezeichnet, oder einfach als Ω, wenn durch den Kontext klar ist, welche Norm $\|.\|$ gemeint ist.

7.1.4 Linearer Raum mit Skalarprodukt

Wir spezialisieren weiter. Ω sei ein linearer Raum mit Skalarprodukt. Zu jedem Paar von Vektoren gibt es eine reelle beziehungsweise[4] komplexe Zahl (y, x), das Skalarprodukt. Das Skalarprodukt gehorcht den folgenden Regeln:

- $(y, x) = (x, y)$ beziehungsweise $(y, x) = (x, y)^*$
- $(y, \lambda_1 x_1 + \lambda_2 x_2) = \lambda_1 (y, x_1) + \lambda_2 (y, x_2)$
- $(x, x) \geq 0$
- $(x, x) = 0$ bedeutet $x = 0$

Offensichtlich ist $\sqrt{(x,x)} = \|x\|$ eine Norm. Daher ist jeder lineare Raum mit Skalarprodukt ein linearer Raum mit Norm, damit ein metrischer Raum und deswegen auch ein topologischer Raum.

Als Beispiel berufen wir uns wieder auf die oben erwähnte Menge $\mathcal{C}$ der auf $[0, 1]$ erklärten stetigen komplexwertigen Funktionen. Der Ausdruck

$$(g, f) = \int_0^1 dx\, g(x)^* f(x) \tag{7.4}$$

definiert ein Skalarprodukt. Damit ist $\|f\| = \sqrt{(f, f)}$ eine Norm, die wir bereits als $\|f\|_2$ kennen.

Auf einem linearer Raum Ω mit Skalarprodukt $(.)$ gibt es eine Norm, damit einen Abstand und damit eine Topologie. Der lineare Raum mit Skalarprodukt ist also zugleich ein topologischer Raum, den man mit $(\Omega, (.))$ bezeichnet, oder einfach als Ω, wenn durch den Kontext klar ist, welches Skalarprodukt $(.)$ gemeint ist.

7.1.5 Konvergente Folgen

Erinnern wir uns an die Hierarchie: Ein linearer Raum mit Skalarprodukt ist zugleich eine normierter linearer Raum. Ein normierter linearer Raum ist auch ein metrischer Raum. Und jeder metrische Raum ist ein topologischer Raum.

---
[4] je nachdem, ob die Skalare reelle oder komplexe Zahlen sind

Wir haben einen metrischen Raum $\Omega = (\Omega, d)$ vor uns mit seiner durch den Abstand $d = d(x, y)$ erklärten natürlichen Topologie. Damit können wir nachprüfen, ob eine Folge konvergiert.

Die Folge $x_1, x_2, \ldots$ von Punkten $x_j \in \Omega$ konvergiert gegen $x \in \Omega$, wenn $d(x, x_j)$ mit $j \to \infty$ gegen Null strebt. Anders ausgedrückt, zu jedem $\epsilon > 0$ gibt es eine natürliche Zahl n, sodass $d(x, x_j) \leq \epsilon$ gilt für alle $j \geq n$.

Eine Teilmenge $A \subseteq \Omega$ ist genau dann abgeschlossen, wenn jede konvergente Folge in A einen Grenzwert in A hat. Dieser wichtige Satz erlaubt es, topologische Aussagen mithilfe konvergierender Folgen zu formulieren. Hier der Beweis.

Sei $a_1, a_2, \ldots$ eine konvergente Folge in A, das heißt $a_j \in A$, und A sei abgeschlossen. Angenommen, der Grenzwert a der Folge liege nicht in A. Er gehört damit zu $\Omega \backslash A$, und diese Menge ist offen. Also gibt es eine gewisse Kugel $K_\epsilon(a)$, mit $\epsilon > 0$, die ganz in $\Omega \backslash A$ liegt. Daraus folgt $d(a, a_j) \geq \epsilon$ für alle Indizes j. Das ist ein Widerspruch, daher gilt $a \in A$. Konvergente Folgen in einer abgeschlossenen Menge haben einen Grenzwert in dieser Menge.

Umgekehrt: Sei A eine Menge mit der Eigenschaft, dass jede konvergente Folge in A einen Grenzwert in dieser Menge A hat. Nehmen wir an, dass A nicht abgeschlossen, dass also $\Omega \backslash A$ nicht offen sei. Es gibt dann einen Punkt $y \in \Omega \backslash A$, sodass jede Kugel $K_\epsilon(y)$ einen nicht verschwindenden Durchschnitt mit A hat. Für $j = 1, 2, \ldots$ betrachten wir $B_j = K_{1/j}(y)$. Wir wählen irgendeinen Punkt a_j aus $B_j \cap A$. Die Folge $a_1, a_2, \ldots$ liegt einerseits in A und konvergiert ganz offensichtlich gegen y, gegen einen Punkt, der nicht in A liegt. Das ist ein Widerspruch, und daher steht fest, dass die Menge A abgeschlossen ist.

Die natürliche Topologie eines metrischen Raumes Ω lässt sich also über das Konvergenzverhalten von Folgen definieren. Eine Teilmenge $A \subseteq \Omega$ ist abgeschlossen, wenn jede konvergente Folge $a_1, a_2, \ldots$ von Punkten $a_j \in A$ einen Grenzwert $a \in A$ hat. Eine Menge B ist offen, wenn sie als Komplement $B = \Omega \backslash A$ einer abgeschlossenen Menge A geschrieben werden kann.

Damit kann man für metrische Räume, also auch für lineare Räume mit Norm oder sogar mit Skalarprodukt, die gesamte Topologie durchdeklinieren. Was sich auf abgeschlossen oder offen bezieht, lässt sich in die Redeweise mit konvergenten Folgen übersetzen. Beispielhaft führen wir das für Stetigkeit von Abbildungen vor.

7.1.6 Stetigkeit

(Ω, d) und (Ω', d') seien metrische und damit topologische Räume. $d = d(x_1, x_2)$ misst den Abstand in Ω, $d' = d'(y_1, y_2)$ in Ω'. Wir befassen uns mit einer Abbildung $f : \Omega \to \Omega'$. Die Abbildung f ist stetig, wenn das Urbild jeder offenen Teilmenge von Ω' wiederum offen ist. Gleichwertig mit dieser Definition ist die Aussage, dass das Urbild einer beliebigen abgeschlossenen Teilmenge von Ω' wiederum abgeschlossen ist.

Diese allgemeine Definition von Stetigkeit wollen wir nun übersetzen in eine Redeweise mit konvergenten Folgen:

$f : \Omega \to \Omega'$ heißt folgenstetig, wenn jede konvergente Folge $x_1, x_2, \ldots$ in eine konvergente Folge $f(x_1), f(x_2) \ldots$ abgebildet wird, wenn also

$$\lim_{j \to \infty} f(x_j) = f(x) \text{ mit } x = \lim_{j \to \infty} x_j \tag{7.5}$$

gilt.

f sei folgenstetig. Wir wählen eine beliebige abgeschlossene Menge $B \subseteq \Omega'$. Das Urbild dazu ist $A = f^{-1}(B)$. Wenn die Menge A leer ist, dann ist sie auch abgeschlossen. Ansonsten wählen wir eine beliebige Folge $x_1, x_2, \ldots$ von Punkten $x_j \in A$, die gegen x konvergiert. Weil f folgenstetig ist, gilt $f(x_j) \to f(x)$. B ist abgeschlossen, daher liegt $f(x)$ in B. Deswegen gilt auch $x \in A$, das heißt, A ist abgeschlossen. Das Urbild einer beliebigen abgeschlossenen Menge ist wiederum abgeschlossen, f ist damit stetig.

Die Umkehrung gilt auch. Wenn f stetig ist, dann ist die Abbildung auch folgenstetig. Wir wählen irgendeine gegen x konvergierende Folge $x_1, x_2, \ldots$ $\epsilon > 0$ sei eine beliebige positive Zahl. Die Kugel $K_\epsilon(f(x))$ ist eine offene Menge in Bezug auf (Ω', d'). Weil f stetig sein soll, ist $f^{-1}(K_\epsilon(f(x)))$ ebenfalls offen bezüglich (Ω, d). Deswegen gibt es eine positive Zahl δ sodass

$$x \in K_\delta(x) \cup f^{-1}(K_\epsilon(f(x))) \tag{7.6}$$

gilt. Wegen $x_j \to x$ gibt es eine natürliche Zahl n sodass für alle Indizes $j \geq n$ die Aussage $x_j \in K_\delta(x)$ richtig ist. Das bedeutet

$$f(x_j) \in f(K_\delta(x)) \subseteq K_\epsilon(f(x)) \tag{7.7}$$

für alle $j \geq n$. Und das heißt $f(x_j) \to f(x)$, f ist folgenstetig.

Wir halten fest: für Abbildungen eines metrischen Raumes auf einen anderen metrischen Raum fallen die Begriffe Stetigkeit und Folgen-Stetigkeit zusammen. Das gilt dann natürlich auch für normierte lineare Räume und für lineare Räume mit Skalarprodukt.

7.1.7 Banachscher Fixpunktsatz

Wir betrachten einen Banach-Raum. Das ist ein vollständiger normierter linearer Raum Ω. Vollständig bedeutet dabei, dass jede konvergente Cauchy-Folge einen Grenzwert hat.

$M \subseteq \Omega$ sei eine Menge, auf der eine kontrahierende[5] Abbildung $f : M \to M$ erklärt ist. Für $x, y \in M$ soll

$$\|f(y) - f(x)\| \leq \kappa \|y - x\| \text{ mit } 0 < \kappa < 1 \tag{7.8}$$

gelten.

---
[5] zusammenziehende

$x_0 \in M$ sei ein Startpunkt. Wir betrachten die Folge $x_1 = f(x_0)$, $x_2 = f(x_1) = f(f(x_0))$ und so weiter. Der Banachsche Fixpunktsatz besagt:

$$\lim_{j \to \infty} x_j = x = f(x). \tag{7.9}$$

Mehr noch, der Fixpunkt $x = f(x)$ ist eindeutig, er hängt von der Wahl des Startpunktes nicht ab.

Zum Beweis schreiben wir

$$x_n - x_0 = a_n = \sum_{j=0}^{n-1}(x_{j+1} - x_j) \tag{7.10}$$

und schätzen ab:

$$\|a_n\| \leq \sum_{j=0}^{n-1} \|x_{j+1} - x_j\|. \tag{7.11}$$

Nun gilt $\|x_2 - x_1\| \leq \kappa \|x_1 - x_0\|$, $\|x_3 - x_2\| \leq \kappa \|x_2 - x_1\| \leq \kappa^2 \|x_1 - x_0\|$, und so weiter. Mit (7.11) gilt also

$$\|a_n\| \leq \frac{1 - \kappa^n}{1 - \kappa} \|x_1 - x_0\|. \tag{7.12}$$

Weil die rechte Seite mit $n \to \infty$ konvergiert, ist $x_n - x_0$ eine Cauchy-konvergente Folge (Majorantenkriterium). Weil wir es mit einem vollständigen Raum zu tun haben, hat die Folge $x_0, x_1 = f(x_0), x_2 = f(x_1), \ldots$ einen Grenzwert.

Wenn man von dem Startwert $y_0 \in M$ ausgeht, bekommt man die Folge $y_0, y_1, y_2 \ldots$ Nun gilt aber

$$\|y_n - x_n\| \leq \kappa^n \|y_0 - x_0\|, \tag{7.13}$$

und deswegen haben die beiden Folgen denselben Grenzwert. Der Fixpunkt $x = f(x)$ existiert also und ist eindeutig.

Auf dem Banachschen Fixpunktsatz beruhen viele Beweise, zum Beispiel für die Existenz von Lösungen von Differentialgleichungen. Der Banachsche Fixpunktsatz gestattet es aber auch, Probleme der Art $f(x) = x$ durch Iteration zu lösen. Dabei geht man von der nullten Näherung x_0 aus, verbessert zu $x_1 = f(x_0)$ und fährt so fort. Damit ist er die mathematische Grundlage vieler iterativer Näherungsverfahren. Beispielsweise ist die Wurzel $x = \sqrt{y}$ ein Fixpunkt der Abbildung $f(x) = x + (y - x^2)/2$. Auf welcher Menge f eine kontrahierende Abbildung ist, wollen wir hier nicht erörtern.

7.2 Maßtheorie und Lebesgue-Integral

Wir führen in diesem Abschnitt den modernen Begriff eines Integrals ein. Die neue Definition hat den Vorteil, dass auch unstetige Funktionen integriert werden können. Für stetige Funktionen ergeben das gewöhnliche und das Lebesgue-Integral denselben Wert. Tatsächlich haben wir im Kapitel über *Lineare Operatoren* fast immer Integral geschrieben, aber das Lebesgue-Integral gemeint.

7.2.1 Maßraum

Wir gehen von einer nicht-leeren Grundmenge Ω aus. Dazu soll es eine σ-Algebra $\mathfrak{M}$ von Teilmengen geben, die man messbar nennt. Es gilt also

- Die leere Menge ist messbar, $\emptyset \in \mathfrak{M}$.
- Das Komplement jeder messbaren Menge ist messbar. Aus $A \in \mathfrak{M}$ folgt $\bar{A} = \Omega \backslash A \in \mathfrak{M}$.
- Die abzählbare Vereinigung messbarer Mengen ist messbar. Aus $A_j \in \mathfrak{M}$ folgt $A_1 \cup A_2 \cup \ldots \in \mathfrak{M}$.

Ω selber ist messbar, weil es das Komplement der leeren Menge ist. Mit der allgemein gültigen Beziehung $A \cap B = \Omega \backslash (\bar{A} \cup \bar{B})$ steht fest, dass auch abzählbare Durchschnitte messbarer Mengen wiederum messbare Mengen sind.

Als drittes benötigen wir ein Maß, eine Funktion, die jeder messbaren Menge eine nicht-negative reelle Zahl oder Unendlich zuweist. Das Maß μ soll den folgenden Anforderungen genügen:

- Die leere Menge hat das Maß Null, $\mu(\emptyset) = 0$.
- Wenn A die Vereinigung disjunkter Mengen A_j ist, dann addieren sich die Maße. Für $A_j \cap A_k = \emptyset$ ($j \neq k$) gilt

$$\mu(A_1 \cup A_2 \cup \ldots) = \mu(A_1) + \mu(A_2) + \ldots. \tag{7.14}$$

Das Tripel $(\Omega, \mathfrak{M}, \mu)$ nennt man einen Maßraum[6]. Einige Teilmengen von Ω, im Allgemeinen nicht alle, sind messbar, und das Maß einer messbaren Menge ist eine reelle Zahl zwischen 0 und ∞.

Das Maß ist monoton. Für $A, B \in \mathfrak{M}$ und $A \subseteq B$ gilt $\mu(A) \leq \mu(B)$. Das macht man sich so klar. $C = B \backslash A = \bar{A} \cap \bar{B}$ ist messbar. Mit $B = A \cup C$ und $A \cap C = \emptyset$ berechnet man $\mu(A) + \mu(C) = \mu(B)$, also $\mu(A) \leq \mu(B)$.

Das Maß ist subadditiv

$$\mu(A_1 \cup A_2 \cup \ldots) \leq \mu(A_1) + \mu(A_2) + \ldots \tag{7.15}$$

Das folgt aus der Monotonie, wenn man die Durchschnitte entfernt.

---

[6] Wenn $\mu(\Omega) = 1$ gilt, spricht man von einem Wahrscheinlichkeitsraum. Siehe die *Einführung in die Wahrscheinlichkeitstheorie*.

Man bezeichnet eine messbare Menge A als Nullmenge, wenn sie das Maß Null hat. Aufgepasst: die leere Menge ist eine Nullmenge, aber es kann andere Nullmengen geben, die nicht leer sind.

7.2.2 Borel-Mengen

Die Grundmenge Ω sei $\mathbb{R}$, die Menge der reellen Zahlen. Die offenen Intervalle $(a, b) = \{x \in \mathbb{R} \mid a < x < b\}$ für $a \leq b$ sollen messbare Mengen sein mit dem Maß $\mu((a, b)) = b - a$. Die kleinste σ-Algebra, die die offenen Intervalle enthält, wird mit $\mathfrak{B}$ bezeichnet, die entsprechenden messbaren Mengen heißen Borel[7]-Mengen. Jedes $B \in \mathfrak{B}$ hat ein Maß, das wir mit $\mu_B(B)$ bezeichnen. Definitionsgemäß gilt $\mu_B((a,b)) = b-a$. Wenn in Zukunft von der Punktmenge $\mathbb{R}$ die Rede ist und der Begriff eines Maßes ins Spiel kommt, und wenn nichts anderes gesagt wird, dann ist immer der Borel-Maßraum $(\mathbb{R}, \mathfrak{B}, \mu_B)$ gemeint.

Man kann leicht zeigen, dass für $a \leq b$ auch die halboffenen Intervalle $I = [a, b)$ und $I = (a, b]$ sowie die abgeschlossenen Intervalle $I = [a, b]$ messbar sind und das Maß $\mu_B(I) = b-a$ haben. Daraus folgt, dass eine Menge aus nur abzählbar vielen reellen Zahlen eine Nullmenge ist, dass ihr Borel-Maß verschwindet.

Übrigens: die Menge $\mathbb{Q}$ der rationalen Zahlen ist abzählbar, daher ist sie eine Nullmenge.

7.2.3 Messbare Funktionen

Wir betrachten jetzt die zwei Maßräume $(\Omega, \mathfrak{M}, \mu)$ und $(\Omega', \mathfrak{M}', \mu')$. Eine Abbildung $f : \Omega \to \Omega'$ ist messbar, wenn das Urbild einer messbaren Menge wiederum messbar ist. Für $A' \in \mathfrak{M}'$ soll $A = \{x \in \Omega \mid f(x) \in A'\}$ messbar sein, $A \in \mathfrak{M}$.

Handelt es sich um reellwertige Funktionen, dann beziehen wir uns immer auf den Borel-Maßraum. Eine Funktion ist Borel-messbar, oder messbar, wenn das Urbild eines jeden offenen Intervalls (a, b) messbar ist.

Als Beispiel betrachten wir die konstante Funktion $f : \Omega \to \mathbb{R}$, die durch $f(x) = c$ erklärt wird, mit $x \in \Omega$ und $c \in \mathbb{R}$. Wir betrachten ein offenes Intervall (a, b). Wenn $c \in (a, b)$ gilt, dann ist das Urbild die messbare Menge Ω. Andernfalls ist das Urbild leer, also ebenfalls messbar. Die konstante Funktion ist messbar.

Ein anderes Beispiel ist die Identität. Bildet man den Maßraum $(\Omega, \mathfrak{M}, \mu)$ auf sich selber durch $I(x) = x$ ab, dann ist trivialerweise das Urbild jeder messbaren Menge $A \in \mathfrak{M}$ eine messbare Menge, nämlich A selber. Die Identitäts-Abbildung ist eine messbare Funktion.

---

[7] Émile Borel, 1871–1956, französischer Mathematiker

7.2.4 Lebesgue-Integral

Wir haben die Maßräume $(\Omega, \mathfrak{M}, \mu)$ und $(\mathbb{R}, \mathfrak{B}, \mu_B)$ vor Augen und betrachten eine messbare Funktion $f : \Omega \to \mathbb{R}$. Weil $\mathfrak{B}$ aus Vereinigungen und Durchschnitten von Intervalle entstanden ist, kann man sich auf

$$f^{-1}([a,b)) = \{x \in \Omega \,|\, a \leq f(x) < b\} \in \mathfrak{M} \qquad (7.16)$$

beschränken.

Wir erklären zuerst das Lebesgue-Integral für nicht-negative messbare Funktionen. Es soll also $f(x) \geq 0$ für alle $x \in \Omega$ gelten.

Wir geben eine Zahl $h > 0$ vor. Für $j = 1, 2, \ldots$ definieren wir Stützstellen $y_j = jh$ und Intervalle $Y_j = [y_j, y_j + h)$. Damit können wir

$$\mathbb{R}_+ = [0, \infty) = \bigcup_{j=0}^{\infty} Y_j \qquad (7.17)$$

schreiben. Jedes Y_j ist eine Borel-Menge. Weil f messbar sein soll, ist $X_j = f^{-1}(Y_j)$ eine messbare Menge, und wir bezeichnen ihr Maß mit μ_j. Das Integral unter der nicht-negativen messbaren Funktion f wird durch

$$I_h = \sum_{j=0}^{\infty} \mu_j y_j \qquad (7.18)$$

nach unten abgeschätzt. Man beachte, dass es sich um Summen über nicht-negative Beiträge handelt, die auf jeden Fall konvergieren, entweder gegen einen endlichen Wert oder gegen Unendlich[8].

Man kann sich leicht davon überzeugen, dass I_h wächst, wenn h kleiner wird. Der Limes von I_h bei $h \to 0$ ist das Lebesgue-Integral

$$\int \mathrm{d}\mu(f)\, y = \int \mathrm{d}x\, f(x)\,. \qquad (7.19)$$

Es kann den Wert Unendlich annehmen.

Um das Integral über eine beliebige messbare Funktion f zu definieren, zerlegen wir diese vorher in den positiven und in den negativen Anteil (in Bezug auf die Ordinate). Auf der Menge $\Omega_+ = \{x \in \Omega \,|\, f(x) > 0\}$ setzen wir $f_+(x) = f(x)$ fest, auf dem Rest $\Omega \backslash \Omega_+$ hat f_+ den Wert 0. Auf $\Omega_- = \{x \in \Omega \,|\, f(x) < 0\}$ erklären wir $f_-(x) = -f(x)$, auf dem Komplement den Wert 0. Offensichtlich gilt $f(x) = f_+(x) - f_-(x)$ für alle $x \in \Omega$, und beide Anteile, sowohl f_+ als auch f_-, sind nicht-negative Funktionen. Beide sind auch messbar, wie man sich leicht klar macht. Wenn sowohl das Lebesgue-

---

[8] Eine Folge $a_1, a_2, \ldots$ konvergiert gegen Unendlich, wenn es für jedes $R > 0$ eine natürliche Zahl n gibt, sodass $a_j \geq R$ gilt für alle $j \geq n$.

Integral über f_+ als auch das Lebesgue-Integral über f_- endlich ausfallen, setzt man

$$\int \mathrm{d}x\, f(x) = \int \mathrm{d}x\, f_+(x) - \int \mathrm{d}x\, f_-(x) \tag{7.20}$$

fest.

Wenn die Funktion $f: \Omega \to \mathbb{C}$ komplexwertig ist, kann man sie gemäß

$$f(x) = \operatorname{Re} f(x) + i \operatorname{Im} f(x) \tag{7.21}$$

zerlegen. Die komplexwertige Funktion f ist messbar, wenn sowohl der Realteil $\operatorname{Re} f$ als auch der Imaginärteil $\operatorname{Im} f$ messbare Funktionen sind. Wir ordnen der messbaren Funktion $f: \Omega \to \mathbb{C}$ das Integral

$$\int \mathrm{d}x\, f(x) = \int \mathrm{d}x\, \operatorname{Re} f(x) + i \int \mathrm{d}x\, \operatorname{Im} f(x) \tag{7.22}$$

zu.

7.2.5 Bemerkungen

Dieses *Mathematikbuch* ist kein vollständiges Lehrbuch der Mathematik. Daher können wir hier den angefangenen Faden nicht weiterspinnen. Die folgenden Bemerkungen sind jedoch angebracht.

Messbare Funktionen

Wir reden hier von Abbildungen $f: \Omega \to \mathbb{R}$ mit den entsprechenden Maßräumen. Die Eigenschaft einer Funktion, messbar zu sein, überlebt die üblichen Operationen mit Funktionen.

- Für messbare Funktionen f_1, f_2 und reelle Zahlen α_1, α_2 ist $f = \alpha_1 f_1 + \alpha_2 f_2$ wiederum messbar. Ebenso ist das Produkt $f(x) = f_2(x) f_1(x)$ messbarer Funktionen f_1 und f_2 eine messbare Funktion. Summe und Produkt können auf abzählbare Summen und abzählbare Produkte ausgedehnt werden.
- Jede punktweise konvergente Folge $f_1, f_2, \ldots$ messbarer Funktionen konvergiert gegen eine messbare Funktion f.
- Für jede Folge $f_1, f_2, \ldots$ messbarer Funktionen definiert $f(x) = \sup_j f_j(x)$ eine messbare Funktion. Das gilt nicht nur für das Supremum[9], sondern auch für das Infimum.
- Auch wenn man messbare Abbildungen nacheinander ausführt, erhält man eine messbare Abbildung.
- Wenn $|f|$ messbar ist, dann ist auch f messbar, und umgekehrt.

---
[9] die kleinste obere Schranke

Das Lebesgue-Integral ist also für eine sehr große Menge von Funktionen definiert, für sehr viel mehr Funktionen, als das Riemann-Integral, das wir im *Grundlagen*-Kapitel vorgestellt haben.

Funktionenräume

Wir betrachten komplexwertige Funktionen. Zwei messbare Funktionen f_1 und f_2 sind äquivalent, wenn sie sich nur auf einer Nullmenge unterscheiden. Man überzeugt sich leicht davon, dass die Menge $D = \{x \in \Omega \,|\, f_1(x) \neq f_2(x)\}$ messbar ist. Wenn D das Maß $\mu(D) = 0$ hat, also eine Nullmenge ist, dann spielt der Unterschied in Integralen keine Rolle. Man sagt auch, dass dann f_1 und f_2 <u>fast überall</u> übereinstimmen. Wenn ein Funktionenraum durch eine Integralbedingung definiert wird, dann sind die Objekte nicht Funktionen, sonder Klassen[10] äquivalenter Funktionen.

Beispielsweise ist der Funktionenraum der quadratintegrablen Funktionen durch

$$\mathcal{L}_2(\Omega) = \{f : \Omega \to \mathbb{C} \,|\, \int \mathrm{d}x \, |f(x)|^2 < \infty\} \qquad (7.23)$$

definiert. Wohlgemerkt, $\mathcal{L}_2$ besteht nicht aus Funktionen, sondern aus Klassen von Funktionen. Die Funktionen in einer Klasse unterscheiden sich nur auf Mengen mit verschwindendem Maß. Will man etwas ausrechnen, genügt es, irgendeinen Vertreter der Klasse heranzuziehen.

Man überzeugt sich leicht davon, dass $\mathcal{L}_2$ ein linearer Raum ist. Zwei Äquivalenzklassen werden addiert, indem man zwei beliebige Vertreter addiert und nachweist, dass sich die Ergebnisse nur auf Nullmengen unterscheiden. Dasselbe gilt für die Multiplikation mit Skalaren, also mit komplexen Zahlen.

Übrigens: Die für die rationalen Zahlen charakteristische Funktion $x \to \chi_\mathbb{Q}(x)$ hat den Wert 1, wenn x eine rationale Zahl ist und verschwindet für irrationale Zahlen. Sie wird immer wieder als Horrorbeispiel für eine Funktion angeführt, die nirgendwo stetig ist. Sie ist jedoch äquivalent zur Nullfunktion und kann damit integriert werden, allerdings im Sinne von Lebesgue.

$\mathcal{L}_2$ als Hilbert-Raum

Mit der Schwarzschen Ungleichung

$$\int \mathrm{d}x \, |g(x)^* f(x)| \leq \sqrt{\int \mathrm{d}x \, |g(x)|^2} \sqrt{\int \mathrm{d}x \, |f(x)|^2} \qquad (7.24)$$

---

[10] Damit man Klassen bilden kann, muss die Äquivalenzrelation $a \equiv b$ den Bedingungen $a \equiv a$ genügen, aus $a \equiv b$ muss $b \equiv a$ folgen und es muss gelten, dass aus $a \equiv b$ und $b \equiv c$ auch $a \equiv c$ folgt.

steht fest, dass für $f,g \in \mathcal{L}_2$ auch das Skalarprodukt

$$(g,f) = \int \mathrm{d}x\, g^*(x) f(x) \tag{7.25}$$

einen definiert endlichen Wert hat. Wir wiederholen (zum letzten Mal), dass f und g irgendwelche Vertreter ihrer Äquivalenzklassen sind, die sich von den anderen Mitgliedern der Klasse nur auf Nullmengen unterscheiden.

Das Skalarprodukt induziert eine Norm und diese eine Topologie. Siehe hierzu den Abschnitt *Einführung in die Topologie*. Der Raum $\mathcal{L}_2$ ist vollständig in dem Sinne, dass jede Cauchy-Folge $f_1, f_2, \ldots$ einen Grenzwert in $\mathcal{L}_2$ hat. Einen linearen Raum mit Skalarprodukt, der zudem vollständig ist, bezeichnet man als Hilbert-Raum. $\mathcal{L}_2$ mit dem Skalarprodukt (7.25) ist ein Hilbert-Raum.

Beflissene Studentinnen und Studenten sollten mit dieser vertieften Einsicht noch einmal das Kapitel über *Lineare Operatoren* lesen und dabei vielleicht die Schwierigkeiten des Autors verstehen, komplizierte Dinge so klar und einfach wie möglich darzustellen, ohne dass es falsch wird.

Warum man ohne Lebesgue-Integrale auskommt

Für stetige Abbildungen $f : \mathbb{R} \to \mathbb{R}$ über ein endliches Intervall fallen das Riemann-Integral, wie wir es im Kapitel über die *Grundlagen* vorgestellt haben, und das Lebesgue-Integral zusammen. Im Kapitel über *Gewöhnliche Differentialgleichungen* ist ebenfalls nur von differenzierbaren und damit stetigen Funktionen die Rede. Auch das Kapitel über *Felder* handelt von differenzierbaren, zumindest stetigen Funktionen. Dasselbe gilt für die *Partielle Differentialgleichungen*. Einige, nein, fast alle Integrale im Kapitel über *Lineare Operatoren* sind in Wirklichkeit Lebesgue-Integrale. Den Text habe ich jedoch so verfasst, dass für endlich-dimensionale Hilbert-Räume alles einsichtig ist, nur an wenigen Stellen wurde die Floskel ‚man kann zeigen, dass...' bemüht. Man kommt beim ersten Lesen auch hier eigentlich ohne das Lebesgue-Integral davon. Von den Abschnitten über *Verschiedenes* ist nur der über die *Fourier-Zerlegung* heikel. Das wird aber dadurch geheilt, dass wir uns später direkt mit *Verallgemeinerten Funktionen* befassen, darunter mit der Dirac-Distribution, einem Punktmaß.

Zum Unterschied zwischen Riemann- und Lebesgue-Integral

Lebesgue[11] hat den Unterschied zum üblichen Riemann-Integral wie folgt beschrieben:

---
[11] Zitiert in Jürgen Elstrodt, *Maß- und Integrationstheorie*, Springer-Lehrbuch ISBN 978-3-540-21390-1, Kapitel 3

Man kann sagen, dass man sich bei dem Vorgehen von Riemann verhält wie ein Kaufmann ohne System, der Geldstücke und Banknoten zählt in der zufälligen Reihenfolge, wie er sie in die Hand bekommt; während wir vorgehen wie ein umsichtiger Kaufmann, der sagt:

- *Ich habe $m(E1)$ Münzen zu einer Krone, macht $1 \times m(E1)$,*
- *ich habe $m(E2)$ Münzen zu zwei Kronen, macht $2 \times m(E2)$,*
- *ich habe $m(E3)$ Münzen zu fünf Kronen, macht $5 \times m(E3)$,*
- *und so weiter,*

ich habe also insgesamt $S = 1 \times m(E1) + 2 \times m(E2) + 5 \times m(E3) + \ldots$ Die beiden Verfahren führen sicher den Kaufmann zum gleichen Resultat, weil er – wie reich er auch sei – nur eine endliche Zahl von Banknoten zu zählen hat; aber für uns, die wir unendlich viele Indivisiblen[12] zu addieren haben, ist der Unterschied zwischen beiden Vorgehensweisen wesentlich.

7.3 Einführung in die Wahrscheinlichkeitstheorie

Wir stellen die Grundbegriffe der modernen Wahrscheinlichkeitstheorie vor. Sie ist eine mathematische Disziplin, weil die Frage nach der Anwendbarkeit den Anwendern zugeschoben wird. Um mathematisch argumentieren zu können, braucht man als Stütze einen Wahrscheinlichkeitsraum. Die interessanten Sätze sind allerdings solche, die für alle Wahrscheinlichkeitsräume gelten. Das Gesetz der Großen Zahlen und der Zentrale Grenzwertsatz sind die wichtigsten Beispiele dafür. Wir haben uns im *Physikbuch* mehrfach darauf berufen. Die Axiomatisierung der Wahrscheinlichkeitsrechung geht auf Kolmogorow[13] zurück.

7.3.1 Wahrscheinlichkeitsraum

Wir gehen von irgendeiner Grundmenge Ω aus. Zu dieser Grundmenge soll es eine σ-Algebra $\mathfrak{M}$ von Teilmengen geben, die man Ereignisse nennt. Das bedeutet:

- Die leere Menge $\emptyset$ ist ein Ereignis.
- Mit E ist auch das Komplement $\bar{E} = \Omega \backslash E$ ein Ereignis.
- Wenn $E_1, E_2, \ldots$ Ereignisse sind, dann ist auch die abzählbare Vereinigung $E = E_1 \cup E_2 \cup \ldots$ ein Ereignis.

Man kann leicht schließen, dass auch Ω ein Ereignis ist. In der σ-Algebra $\mathfrak{M}$ darf man nicht nur Komplemente und abzählbare Vereinigungen bilden,

---

[12] infinitesimale Größen
[13] Andrei Nikolajewitsch Kolmogorow, 1903–1987, russischer Mathematiker

abzählbare Durchschnitte sind ebenfalls erlaubt. Das folgt aus $E_1 \cap E_2 \cap \ldots = \Omega \backslash (\bar{E}_1 \cup \bar{E}_2 \cup \ldots)$, mit $\bar{E}_j = \Omega \backslash E_j$.

$\emptyset$ ist ein unmögliches, Ω ein sicheres Ereignis. $\bar{E}$ bedeutet, dass E nicht eintrifft. $E_1 \cup E_2$ beschreibt das Ereignis ‚E_1 oder E_2', während ‚E_1 und E_2' durch $E_1 \cap E_2$ dargestellt wird. Wenn die Mengen E_1 und E_2 disjunkt sind, $E_1 \cap E_2 = \emptyset$, dann sind die beiden Ereignisse E_1 und E_2 miteinander unverträglich, d. h. ‚E_1 und E_2' ist unmöglich.

Als drittes brauchen wir ein Wahrscheinlichkeitsmaß Pr, das jedem Ereignis $E \in \mathfrak{M}$ eine reelle Zahl zuordnet, wobei

- $\Pr(\emptyset) = 0$,
- $\Pr(E_1 \cup E_2 \cup \ldots) = \Pr(E_1) + \Pr(E_2) + \ldots$ für paarweise unverträgliche Ereignisse,
- $\Pr(\Omega) = 1$

gilt. $\Pr(E)$ ist die Wahrscheinlichkeit[14] dafür, dass das Ereignis E eintrifft. Aus den Definitionsgleichungen folgt sofort $0 \leq \Pr(E) \leq 1$. Die Wahrscheinlichkeit für das Eintreffen eines Ereignisses ist eine Zahl zwischen Null und Eins. Für zwei unverträgliche Ereignisse E_1 und E_2 gilt $\Pr(E_1 \text{ oder } E_2) = \Pr(E_1) + \Pr(E_2)$. Auch das kann den Wert 1 niemals übersteigen.

Das Tripel $(\Omega, \mathfrak{M}, \Pr)$ nennt man einen Wahrscheinlichkeitsraum. Es handelt sich dabei um einen Maßraum $(\Omega, \mathfrak{M}, \mu)$ mit der zusätzlichen Maßgabe, dass $\mu(\Omega) = 1$ sein soll.

7.3.2 Zufallsvariable

Wir betrachten jetzt Abbildungen in die Menge $\mathbb{R}$ der reellen Zahlen. Die kleinste σ-Algebra, die die offenen Intervalle (a, b) enthält, wird mit $\mathfrak{B}$ bezeichnet, sie besteht aus den so genannten Borel-Mengen. Indem man den offenen Intervallen (a, b) das Maß $b - a$ zuschreibt (für $b \geq a$), erklärt man auch ein Maß auf $\mathfrak{B}$. Vergleiche hierzu den Abschnitt *Einführung in die Maßtheorie*.

$(\Omega, \mathfrak{M}, \Pr)$ sei ein Wahrscheinlichkeitsraum. Unter einer Zufallsvariablen versteht man eine Abbildungen $X : \Omega \to \mathbb{R}$ mit der Eigenschaft, dass das Urbild jeder Borel-Menge ein Ereignis ist:

$$X^{-1}(B) = \{\omega \in \Omega \,|\, X(\omega) \in B\} \in \mathfrak{M} \quad \text{für alle } B \in \mathfrak{B}. \tag{7.26}$$

Man wählt eine beliebige Borel-messbare Menge B reeller Zahlen. Die Urbilder, welche durch X in diese Menge B abgebildet werden, bilden eine gewisse Menge $X^{-1}(B) = E \subseteq \Omega$. Weil X eine Zufallsvariable darstellen soll, ist die Menge E ein Ereignis und hat damit eine Wahrscheinlichkeit $w = \Pr(E)$. Mit der Wahrscheinlichkeit w nimmt die Zufallsvariable X einen Wert in B an.

---
[14] englisch *probability*

Zufallsvariable beschreibt man durch Wahrscheinlichkeitsverteilungen. Das Intervall $(-\infty, s]$ ist offensichtlich eine Borel-Menge. $\{\omega \in \Omega \,|\, X(\omega) \leq s\}$ beschreibt daher ein Ereignis und hat eine gewisse Wahrscheinlichkeit. Diese Wahrscheinlichkeit, als Funktion von s, heißt Wahrscheinlichkeitsverteilung:

$$W(X;s) = \Pr(X \leq s) \equiv \Pr(\{\omega \in \Omega \,|\, X(\omega) \leq s\})\,. \tag{7.27}$$

Über die Wahrscheinlichkeitsverteilung einer Zufallsvariablen X lässt sich unmittelbar folgendes sagen:

- $W(X;s)$ wächst monoton in s
- $W(X;-\infty) = 0$
- $W(X;+\infty) = 1$

Daher kann man

$$W(X;s) = \int_{-\infty}^{s} \mathrm{d}u \; p(X;u) \tag{7.28}$$

schreiben mit

$$p(X;u) \geq 0 \text{ und } \int \mathrm{d}u \; p(X;u) = 1\,. \tag{7.29}$$

Die Wahrscheinlichkeitsdichte $u \to p(X,u)$ ist eine nicht-negative normierte (verallgemeinerte) Funktion, sie kann Dirac-Distributionen[15] als Beiträge haben, also Punktmaße.

Der Erwartungswert einer Zufallsvariablen ist als

$$\langle X \rangle = \int \mathrm{d}u \; p(X;u)\,u \tag{7.30}$$

erklärt.

Die gemeinsame Verteilung der beiden Zufallsvariablen X und Y wird durch

$$W(X,Y;s,t) = \Pr(X \leq s \text{ und } Y \leq t) \tag{7.31}$$

erklärt. Sie ist durch

$$W(X,Y;s,t) = \int_{-\infty}^{s} \mathrm{d}u \int_{-\infty}^{t} \mathrm{d}v \; p(X,Y;u,v) \tag{7.32}$$

gegeben. Man sieht leicht $W(X,Y;s,\infty) = W(X;s)$ und $W(X,Y;\infty,t) = W(Y;t)$ ein.

Die Zufallsvariablen X und Y sind voneinander unabhängig, falls

$$W(X,Y;s,t) = W(X;s)\,W(Y;t) \tag{7.33}$$

---
[15] Siehe hierzu den Abschnitt über *Verallgemeinerte Funktionen*.

gilt. Das ist mit

$$p(X, Y; u, v) = p(X; u)\, p(Y; v) \tag{7.34}$$

gleichwertig.

Wenn f eine Borel-messbare Abbildung $\mathbb{R} \to \mathbb{R}$ ist (das Urbild jeder Borel-Menge ist ebenfalls eine Borel-Menge), dann ist $f(X) = f \circ X$ wieder eine Zufallsvariable. Ihr Erwartungswert lässt sich gemäß

$$\langle f(X) \rangle = \int du\, p(X; u)\, f(u) \tag{7.35}$$

berechnen.

Multipliziert man eine Zufallsvariable mit dem Faktor $z > 0$, dann muss die Verteilung gemäß

$$p(zX; u) = \frac{1}{z}\, p\left(X; \frac{u}{z}\right) \tag{7.36}$$

umgerechnet werden.

X und Y seien zwei unabhängige Zufallsvariable. Die Wahrscheinlichkeitsdichte der Summe ist durch

$$p(X + Y; v) = \int du\, p(X; u)\, p(Y; v - u) \tag{7.37}$$

gegeben, also durch die Faltung der Wahrscheinlichkeitsdichten der Summanden.

Für viele Zwecke ist die charakteristische Funktion einer Zufallsvariablen von Nutzen:

$$\pi(X; \lambda) = \int du\, e^{iu\lambda}\, p(X; u). \tag{7.38}$$

Einmal kann man damit einfach die Momente berechnen:

$$\langle X^k \rangle = \int du\, p(X; u) u^k = (-i)^k\, \pi^{(k)}(X; 0). \tag{7.39}$$

Zum anderen gilt für die Summe unabhängiger Zufallsvariablen

$$\pi(X + Y; \lambda) = \pi(X; \lambda)\, \pi(Y; \lambda). \tag{7.40}$$

Siehe hierzu den Abschnitt über *Fourierzerlegung* im Kapitel *Verschiedenes*. Bei Skalierung mit dem Faktor $z > 0$ findet man

$$\pi(zX; \lambda) = \pi(X; z\lambda). \tag{7.41}$$

7.3.3 Gesetz der großen Zahlen

Wir betrachten eine Folge $X_1, X_2, \ldots$ paarweise unabhängiger, identisch verteilter Zufallsvariablen. Die Wahrscheinlichkeitsdichte der X_i sei $p = p(u)$, sie hängt also nicht vom Index i ab. $\langle X \rangle = \int du\, p(u)\, u$ ist das erste Moment, dasselbe für alle X_i. Natürlich haben die X_i auch dieselbe erzeugende Funktion $\pi = \pi(\lambda)$. Wir berechnen die charakteristische Funktion für den Mittelwert $M_n = (X_1 + X_2 + \ldots + X_n)/n$:

$$\begin{aligned}
\pi(M_n; \lambda) &= \prod_{i=1}^{n} \pi\left(\frac{1}{n} X_i; \lambda\right) \\
&= \pi\left(\frac{\lambda}{n}\right)^n \\
&= \left(1 + \frac{i\lambda}{n}\langle X \rangle + \frac{1}{2}\left(\frac{i\lambda}{n}\right)^2 \langle X^2 \rangle + \ldots\right)^n.
\end{aligned} \quad (7.42)$$

Mit $\lim(1 + x/n)^n = e^x$ folgt für den Limes

$$\pi(M_n; \lambda) \to \pi_\infty(\lambda) = e^{i\lambda \langle X \rangle}, \quad (7.43)$$

die zugehörige Wahrscheinlichkeitsdichte ist[16]

$$p_\infty(u) = \delta(u - \langle X \rangle). \quad (7.44)$$

Dieser Befund wird als Gesetz der großen Zahlen bezeichnet. Wie auch immer die Ergebnisse einer einzelnen Messung X_i verteilt sind: je größer die Anzahl n von unabhängigen Wiederholungen, umso mehr kann man sich darauf verlassen, dass der Mittelwert M_n mit dem Erwartungswert $\langle X \rangle$ übereinstimmt.

7.3.4 Zentraler Grenzwertsatz

Wir nehmen jetzt zusätzlich an, dass der Erwartungswert $\langle X \rangle = 0$ verschwindet. Man spricht dann auch von einer Fluktuationen. Nun haben sogar die Verteilungsfunktionen für $Q_n = (X_1 + X_2 + \ldots + X_n)/\sqrt{n}$ einen Grenzwert. Man beachte: wir reden nicht vom Mittelwert, sondern dividieren durch die Wurzel aus n. Es gilt

$$\begin{aligned}
\pi(Q_n; \lambda) &= \left(1 + \frac{1}{2}\left(\frac{i\lambda}{\sqrt{n}}\right)^2 \langle X^2 \rangle + \ldots\right)^n \\
&\to \pi_\infty(\lambda) = e^{-\lambda^2 \langle X^2 \rangle / 2}.
\end{aligned} \quad (7.45)$$

---

[16] δ steht für die so genannte Delta-Funktion.

Dazu gehört die Normalverteilung mit $\langle X \rangle = 0$ und Varianz $\sigma^2 = \langle X^2 \rangle$:

$$p_\infty(u) = \frac{1}{\sqrt{2\pi\sigma^2}}\, e^{-u^2/2\sigma^2}\,. \tag{7.46}$$

Das ist der Zentrale Grenzwertsatz: Identisch verteilte unabhängige Fluktuationen X_i addieren sich gemäß $Q_n = (X_1 + X_2 + \ldots + X_n)/\sqrt{n}$ zu einer Zufallsvariablen, die mit wachsendem n immer besser normal verteilt ist.

7.4 Verallgemeinerte Funktionen

Dieser Abschnitt bringt eine geraffte Übersicht über Distributionen, oder verallgemeinerte Funktionen. Er soll verdeutlichen, dass die im *Physikbuch* verwendeten Methoden mathematisch gut begründet sind. Distribution machen nur in Integralen einen Sinn und müssen zusammen mit braven Funktionen auftreten. Eine große Klasse von Funktionen sind zugleich Distributionen, insofern wird der Begriff von einer Funktion verallgemeinert.

7.4.1 Testfunktionen

Wir betrachten komplexwertige Funktionen einer reellen Variablen. Eine Testfunktion ist beliebig oft differenzierbar und fällt im Unendlichen stärker als jede negative Potenz ab. Genauer, bei einer Testfunktion t sind alle Ableitungen $t^{(m)}$ stetige Funktionen, und

$$\|t\|_{m,n} = \sup_{x \in \mathbb{R}} |x^n t^{(m)}(x)| \tag{7.47}$$

ist endlich für jede Ordnung $m = 0, 1, \ldots$ und für jede Potenz $n = 0, 1, \ldots$

$$t(x) = e^{-a(x-b)^2} \quad \text{mit } a > 0 \tag{7.48}$$

ist ein Beispiel.

Den Raum der Testfunktionen bezeichnen wir mit S. S ist ein linearer Raum. In S darf man beliebig differenzieren, d.h. mit t ist auch $t^{(m)}$, die m-fache Ableitung, eine Testfunktion. Eine Testfunktion fällt im Unendlichen stärker als jede Potenz $|x|^{-n}$ ab.

Eine Folge $t_1, t_2, \ldots$ von Testfunktionen konvergiert gegen die Testfunktion t, wenn

$$\lim_{k \to \infty} \|t_k - t\|_{m,n} = 0 \quad \text{für alle } m, n \in \mathbb{N} \tag{7.49}$$

gilt. Wir schreiben dann $t_k \to t$.

7.4.2 Distributionen

Ein stetiges lineares Funktional $\Phi: S \to \mathbb{C}$ bezeichnet man als Distribution. Eine Distribution Φ ordnet also jeder Testfunktion t eine komplexe Zahl $\Phi(t)$ zu. Linear bedeutet: für beliebige komplexe Zahlen z_1, z_2 und für beliebige Testfunktionen t_1, t_2 gilt

$$\Phi(z_1 t_1 + z_2 t_2) = z_1 \Phi(t_1) + z_2 \Phi(t_2). \tag{7.50}$$

Stetig heißt, dass

$$\lim_{k \to \infty} \Phi(t_k) = \Phi(t) \tag{7.51}$$

gilt, wenn die Folge $t_1, t_2, \ldots$ von Testfunktionen gegen die Testfunktion t konvergiert.

Distributionen kann man linear kombinieren. $\Phi = z_1 \Phi_1 + z_2 \Phi_2$, definiert durch $\Phi(t) = z_1 \Phi_1(t) + z_2 \Phi_2(t)$, ist wieder eine Distribution. Den linearen Raum der Distributionen bezeichnet man üblicherweise als S'.

Jede Testfunktion s erzeugt gemäß

$$\Phi(t) = \int \mathrm{d}x \, s(x) \, t(x) \tag{7.52}$$

ein lineares Funktional auf S. An

$$|\Phi(t_k) - \Phi(t)| \leq \|t_k - t\|_{0,0} \int \mathrm{d}x \, |s(x)| \tag{7.53}$$

erkennt man, dass das Funktional stetig ist[17]. Im Sinne von (7.52) darf man also $S \in S'$ schreiben: Testfunktionen erzeugen Distributionen.

Lokal integrierbare, schwach wachsende Funktionen erzeugen ebenfalls Distributionen. Eine Funktion f heißt lokal integrierbar, wenn das Integral des Absolutwertes für alle endlichen Intervalle definiert ist. Beispielsweise sind stückweise stetige Funktionen lokal integrierbar.

Eine Funktion f heißt schwach wachsend, wenn es eine natürliche Zahl n gibt, sodass

$$K = \sup_x \frac{|f(x)|}{1 + |x|^n} < \infty \tag{7.54}$$

gilt. Die Funktion wächst im Unendlichen also nicht stärker als irgendeine Potenz. Für die Exponentialfunktion trifft das <u>nicht</u> zu.

Jede lokal integrierbare schwach wachsende Funktion f kann als Gewichtsfunktion herhalten, um die Testfunktion t zu integrieren. Sie erzeugt dann

---

[17] $t_k \to t$ bedeutet $\|t_k - t\|_{m,n} \to 0$ für alle $m, n \in \mathbb{N}$, also auch für $m = n = 0$.

nämlich gemäß $\Phi(t) = \int dx\, f(x)\, t(x)$ eine Distribution. Linearität ist klar, und um die Stetigkeit nachzuweisen schreiben wir

$$\Phi(t) = \int dx\, \frac{1}{1+|x|^2} \frac{f(x)}{1+|x|^n}(1+|x|^n)(1+|x|^2)\, t(x)\,. \tag{7.55}$$

Das kann man durch

$$|\Phi(t)| \leq \pi K \sum_{i=0}^{n+2} c_i\, \|t\|_{0,i} \tag{7.56}$$

abschätzen, und daher ist Φ ein stetiges Funktional.

Es gibt aber auch Distributionen, die nicht durch Überintegrieren mit einer Gewichtsfunktion erzeugt werden. Trotzdem schreibt man sie dann suggestiv als

$$\Phi(t) = \int dx\, \phi(x)\, t(x)\,. \tag{7.57}$$

ϕ ist dabei im Allgemeinen bloß ein Symbol, mit dem man der Distribution einen Namen gibt. Nach einiger Zeit gewöhnt man sich daran, dieses Symbol selber als die Distribution aufzufassen.

Zu der Linearkombination $\Phi = z_1\Phi_1 + z_2\Phi_2$ schreibt man dann ebenfalls die Linearkombination $\phi = z_1\phi_1 + z_2\phi_2$ für die entsprechenden Symbole in (7.57). Wenn die Distributionen durch Funktionen erzeugt werden, dann handelt es sich aber tatsächlich um die Linearkombination dieser Funktionen.

7.4.3 Ableitung

Distributionen kann man differenzieren. Die Ableitung Φ' der Distribution Φ wird durch

$$\Phi'(t) = -\Phi(t') \tag{7.58}$$

definiert. Weil mit $t_k \to t$ auch $t'_k \to t'$ konvergiert, ist Φ' tatsächlich ein stetiges lineares Funktional auf dem Raum S der Testfunktionen.

Wenn die Distribution Φ gemäß (7.52) durch eine Testfunktion s erzeugt wird, dann erzeugt s' die Distribution Φ'. Es gilt nämlich

$$\Phi'(t) = -\int dx\, s(x)\, t'(x) = \int dx\, s'(x)\, t(x)\,, \tag{7.59}$$

wie man durch partielles Integrieren nachrechnet. Die Randterme verschwinden. (7.59) rechtfertigt die Bezeichnung ‚Ableitung'.

Wird die Distribution Φ durch das Symbol ϕ dargestellt, im Sinne von (7.57), dann soll ϕ' das Symbol für die Distribution Φ' sein.

7.4.4 Fourier-Transformation

Die Fourier-Transformierte $\hat{t} = \mathcal{F}t$ einer Testfunktion,

$$\hat{t}(y) = \int dx\, e^{ixy}\, t(x), \tag{7.60}$$

ist wieder eine Testfunktion. Einmal existiert die m-fache Ableitung,

$$\hat{t}^{(m)}(y) = i^m \int dx\, e^{ixy}\, x^m\, t(x), \tag{7.61}$$

und sie ist stetig. Zum anderen kann man

$$|y^n\, \hat{t}^{(m)}(y)| = \left| \int dx\, e^{ixy}\, \frac{d^n}{dx^n} x^m t(x) \right| \tag{7.62}$$

ausrechnen. Damit ist

$$\|\hat{t}\|_{m,n} \leq \int dx\, \left| \frac{d^n}{dx^n} x^m t(x) \right| < \infty \tag{7.63}$$

garantiert.

Aus der Fourier-Transformierten lässt sich die ursprüngliche Testfunktion durch

$$\mathcal{R}t(x) = t(-x) = \int \frac{dy}{2\pi}\, e^{ixy}\, \hat{t}(y) \tag{7.64}$$

zurückgewinnen, also wieder durch eine Fourier-Transformation. $\mathcal{R}$ bezeichnet die Reflexion am Nullpunkt. (7.64) lässt sich bündig als

$$\mathcal{F}^{-1} = 2\pi \mathcal{R} \mathcal{F} \tag{7.65}$$

formulieren.

Die Fourier-Transformation $\mathcal{F}: S \to S$ ist nicht nur linear und umkehrbar, sie ist auch eine stetige Abbildung im Raum der Testfunktionen. Es genügt zu zeigen, dass mit $t_k \to 0$ auch $\hat{t}_k \to 0$ konvergiert. Um das einzusehen, schauen wir uns die rechte Seite von (7.63) genauer an. Sie besteht aus einer endlichen Summe von Beiträgen der folgenden Art:

$$\int dx\, |x^p t^{(q)}(x)| = \int dx\, \left| x^p t^{(q)}(x) \frac{1+x^2}{1+x^2} \right| = \pi \{ \|t\|_{q,p} + \|t\|_{q,p+2} \}. \tag{7.66}$$

Das Ergebnis $\|\hat{t}\|_{m,n} \leq \sum a_{mnpq} \|t\|_{p,q}$ zeigt, dass die Fourier-Transformation $\mathcal{F}$ in der Tat stetig ist, weil nur endlich viele Terme zur Summe beitragen.

Man kann den Ausdruck $\iint dx dy\, e^{ixy}\, s(x)\, t(y)$ zweifach lesen:

$$\int dy\, \hat{s}(y)\, t(y) = \int dx\, s(x)\, \hat{t}(x). \tag{7.67}$$

Wir definieren deswegen die Fourier-Transformierte $\hat{\Phi}$ einer Distribution Φ durch

$$\hat{\Phi}(t) = \Phi(\hat{t}). \tag{7.68}$$

$\hat{\Phi}$ ist linear und stetig, weil die Fourier-Transformation in S stetig ist. Wird die Distribution durch das Symbol ϕ dargestellt, soll $\hat{\phi}$ das Symbol für die Distribution $\hat{\Phi}$ sein.

7.4.5 Beispiele

Das erste Beispiel ist die 1-Distribution. Die Eins-Funktion $1(x) = 1$ ist lokal integrierbar und schwach wachsend. Folglich handelt es sich um eine Distribution. Anwenden der 1-Distribution auf eine Testfunktion ergibt deren Integral. Unser zweites Beispiel betrifft die Sprung-Funktion: $\theta(x) = 0$ für $x \leq 0$ und $\theta(x) = 1$ für $x > 0$. Diese Funktion ist lokal integrierbar und schwach wachsend. Deswegen erzeugt sie direkt eine Distribution:

$$\int \mathrm{d}x\, \theta(x)\, t(x) = \int_0^\infty \mathrm{d}x\, t(x). \tag{7.69}$$

Ihre Ableitung ist jedoch keine Funktion.

Drittens führen wir die Dirac-Distribution δ an:

$$\int \mathrm{d}x\, \delta(x)\, t(x) = t(0). \tag{7.70}$$

δ ist sicherlich keine Funktion. Wegen

$$|t_k(0) - t(0)| \leq \|t_k - t\|_{0,0} \tag{7.71}$$

ist das lineare Funktional $t \to t(0)$ stetig, δ also das Symbol für eine Distribution. Wegen

$$\int \mathrm{d}x\, \theta'(x)\, t(x) = -\int \mathrm{d}x\, \theta(x)\, t'(x) = t(0) \tag{7.72}$$

gilt $\theta' = \delta$.

Die Fourier-Transformierte der Dirac-Distribution berechnet man so:

$$\int \mathrm{d}x\, \hat{\delta}(x)\, t(x) = \int \mathrm{d}x\, \delta(x)\, \hat{t}(x) = \hat{t}(0) = \int \mathrm{d}x\, t(x), \tag{7.73}$$

und das bedeutet $\hat{\delta} = 1$. Die Fourier-Transformierte der 1-Distribution ergibt sich mit (7.64) aus

$$\int \mathrm{d}x\, \hat{1}(x)\, t(x) = \int \mathrm{d}x\, 1(x)\, \hat{t}(x) = 2\pi t(0), \tag{7.74}$$

und das bedeutet $\hat{1} = 2\pi\delta$.

Wir fassen das alles in der folgenden Tabelle zusammen.

Die Ableitung δ' der Dirac-Distribution ist durch

$$\int \mathrm{d}x\, \delta'(x)\, t(x) = -t'(0) \tag{7.75}$$

erklärt.

Die Fourier-Transformierte $\hat{\theta}$ der Sprungfunktion haben wir im Abschnitt *Analytische Funktionen* im Kapitel *Verschiedenes* ausgerechnet.

Tabelle 7.1. Einige Distributionen, deren Ableitungen und ihre Fourier-Transformierten

$\Phi(t) = \int \mathrm{d}x\, \phi(x)\, t(x)$	ϕ	ϕ'	$\hat{\phi}$
$\int_{-\infty}^{\infty} \mathrm{d}x\, t(x)$	1	0	$2\pi\delta$
$\int_{0}^{\infty} t(x)$	θ	δ	siehe (6.73)
$t(0)$	δ	δ'	1

A
Matlab

Eine kurze Einführung in die Programmiersprache MATLAB soll den Leser in die Lage versetzen, die in den Text eingestreuten Programmstücke zu verstehen und auch einige längere Programme nachzuvollziehen, die ebenfalls im Anhang abgedruckt sind. Mehr noch, diese Einführung zusammen mit den Beispielen ist durchaus geeignet, den Leser zu befähigen, auch schwierigere numerische Probleme anzupacken. Es ist eine Binsenweisheit, dass die erste Hürde die schwierigste ist. Die soll jetzt gemeistert werden.

A.1 Einführung in Matlab

Wir fassen uns sehr kurz, um in die Benutzung von MATLAB einzuführen. Kenntnisse in Mathematik auf Abitur-Niveau reichen dafür aus. Komplexe Zahlen sind vorerst ausgespart, Grundkenntnisse über Matrizen werden aber vorausgesetzt.

Wir lernen, wie man den Kommandozeilen-Interpreter bedient, wie man Zahlen, Zahlenreihen und rechteckige Zahlenblöcke (Matrizen) erzeugt und bearbeitet. Damit man dieselben Kommandozeilen nicht immer wieder eintippen muss, kann man sie zu Skripten zusammenfassen und dann als Paket ablaufen lassen. Funktionen sind Unterprogramme, die einen oder mehrere Datensätze aufnehmen, diese verarbeiten und ein oder mehrere Ergebnisse abliefern. Dabei wird der Speicherplatz für die Zwischenergebnisse automatisch wieder freigegeben.

Eine Einführung in MATLAB wie diese sollte gleich zu Beginn des Studiums durchgearbeitet werden. Schritt für Schritt können Sie sich so die fast unerschöpflichen Möglichkeiten des Programmpaketes verfügbar machen. Diese Einführung kann nur der Anstoß dazu sein. Wir bauen darauf, dass die angehenden Naturwissenschaftler am besten anhand von gut gewählten Beispielen lernen, um sich dann selber mit dem Hilfe-System weiter zu helfen.

A.1.1 Kommandozeile

Wir gehen davon aus, dass Sie vor einer funktionierenden MATLAB-Installation sitzen. Für gewöhnlich[1] werden drei Fenster angezeigt, nämlich *Workspace, Command History* und *Command Window.* Das erste zeigt den Arbeitsspeicher, das zweite führt Protokoll über die bisher abgesetzten Befehle, und das dritte empfängt und verarbeitet neue Befehle. Mit dem Cursor sollten Sie das *Command Window* aktivieren.

```
>>
```

und ein blinkender Cursor zeigt an, dass MATLAB auf einen Befehl wartet.

Geben Sie

`=`   `>> x=12.5`

ein. Das System[2] antwortet, dass x den Wert 12.500 hat. Zugleich kann man im *Workspace*-Fenster sehen, dass es eine Matrix x gibt, die den Wert 12.5 hat und die Klasse *double*. Es handelt sich also um eine reelle Zahl doppelter Genauigkeit. Das ist der Standard: 64 bit beziehungsweise 8 byte.

Weil es noch keine Variable x gab, wird sie durch den Zuweisungsbefehl angelegt. Man kann der Variable nun durch

```
>> x=3.141592654
```

einen neuen Wert zuweisen. Wiederum antwortet MATLAB mit der Feststellung, dass x den Wert 3.1416 hat. Offensichtlich wurde bei der Ausgabe auf fünfstellige Genauigkeit gerundet. Der Befehl

format long   `>> format long`

ändert das. Die Antwort auf

```
>> x
```

sollte nun 3.14159265400000 sein. Wahrscheinlich war π gemeint, was als vorab definierte Variable[3] zur Verfügung steht:

pi   `>> x=pi`

ergibt 3.14159265358979. Mit

short   `>> format short`

---

[1] Voreinstellung
[2] genauer: der Kommandozeilen-Interpreter
[3] Vorsicht: kann umdefiniert werden.

kann man wieder auf grobe Genauigkeit (nur in der Anzeige!) umschalten.

Ein Semikolon als Abschluss eines Befehls unterdrückt das Echo. Nach

`>> x=1.4142;`   `;`

erfolgt keine Reaktion im *Command Window*, obgleich ein Blick in das *Workspace*-Fenster den veränderten Wert anzeigt.

Sehr wahrscheinlich war übrigens

`>> x=sqrt(2);`   `sqrt`

gemeint. Überzeugen Sie sich im *Workspace*-Fenster über die Wirkung. `sqrt`, die Quadratwurzel, ist eine von hunderten von eingebauten Funktionen. Der Goldene Schnitt $(\sqrt{5}-1)/2$ beispielsweise hat den Wert

`>> gs=(sqrt(5)-1)/2;`   `+` `-` `*` `/`

MATLAB-Namen beginnen mit einem Buchstaben und können weitere Buchstaben, Ziffern und den Unterstrich enthalten, so wie `XY_fun12`. Große und kleine Buchstaben gelten als verschieden.

Mit den einmal erzeugten Variablen lässt sich weiterrechnen. Z. B. kann man sich überzeugen, ob der Goldene Schnitt tatsächlich die Lösung der quadratischen Gleichung $x^2 + x - 1 = 0$ darstellt:

`>> gs^2+gs-1`   `^`

sollte 0 zurückgeben. `x^2` ist dasselbe wie `x*x`. Es sind aber auch reellwertige Exponenten zugelassen.

Im *Command History*-Fenster können Sie jeden bisher erteilten Befehl anklicken, er wird dann wieder ausgeführt.

A.1.2 Matrizen

Unter einer Matrix versteht man bekanntlich eine rechteckige Anordnung von Zahlen. Von links nach rechts durchläuft man eine Zeile, von oben nach unten eine Spalte. In MATLAB werden Zeilen und Spalten durch ganze Zahlen nummeriert, beginnend mit 1. Damit steht MATLAB in der Tradition von FORTRAN (und der gesamten Literatur über Numerik), während in C und in den davon abgeleiteten Sprachen C++ und Java die Indizes mit 0 anfangen.

Intern wird eine Matrix als Vektor gespeichert, wobei der Zeilenindex schneller läuft als der Spaltenindex. Wir machen das am besten anhand einer 2×3-Matrix klar:

$$A = \begin{pmatrix} a_{11} & a_{12} & a_{13} \\ a_{21} & a_{22} & a_{23} \end{pmatrix} \tag{A.1}$$

wird intern als

$$A = \begin{pmatrix} a_1 & a_3 & a_5 \\ a_2 & a_4 & a_6 \end{pmatrix} \tag{A.2}$$

gespeichert. Die Matrix hat zwei Zeilen und drei Spalten[4], daher $R = 2$ und $C = 3$. Für $a_{jk} = a_m$ gilt $m = j + (k-1)R$. Das letzte Matrixelement wird durch $m = R + (C-1)R = CR$ indiziert, wie es sein muss.

Wir erzeugen durch den folgenden Befehl

>> A=[1,2,3;4,5,6]

eine 2×3-Matrix. Die eckigen Klammern fassen die Daten zusammen, mit dem Komma wird von links nach rechts zusammengestellt, mit dem Semikolon von oben nach unten. Auf die Datenelemente kann man entweder gemäß

>> x=A(1,3)

oder als

>> x=A(5)

zugreifen. In beiden Fällen sollte übrigens 3 angezeigt werden.

$1 \times N$-Matrizen heißen Zeilenvektoren, $N \times 1$-Matrizes sind Spaltenvektoren. Beispielsweise kann man

>> x1=[1,2,3];
>> x2=[4,5,6];

schreiben und dann zu der obigen Matrix montieren,

>> A=[x1;x2]

Die Größe einer Matrix kann man durch

>> [R,C]=size(A)

abfragen. `size` gibt einen Zeilenvektor mit zwei Elementen zurück, dessen Komponenten wir mit den Variablen R und C belegt haben.

A' ist die zu A transponierte Matrix. Überprüfen Sie das durch

>> [R,C]=size(A')

Mit `linspace(a,b,N)` erzeugt man einen Zeilenvektor von N gleichmäßig im Intervall $[a,b]$ verteilten Stützstellen. Hier ein Beispiel:

>> x=linspace(-pi,pi,128);

---

[4] englisch *rows* und *columns*

ones(R,C) und zeros(R,C) erzeugen mit Einsen oder Nullen be- ones
setzte $R \times C$-Matrizen. eye(N) liefert die $N \times N$-Eins-Matrix[5]. zeros
    eye

A.1.3 Punktweise Operationen

Matrizen können auf einen Schlag mit einer Zahl multipliziert werden. Mit dem A von oben schreiben wir

```
>> B=0.5*A
```
⊡ *

um alle Elemente zu halbieren. Genauso hätte man

```
>> B=A/2
```
⊡ /

schreiben können. Ebenso kann man auf einen Schlag zu einer Matrix eine Zahl z addieren oder von ihr subtrahieren:

```
>> B=A-1+z
```
⊡ + ⊡ −

Matrizen der gleichen Größe, wie A und B, kann man addieren und subtrahieren. Sehen Sie sich

```
>> B-A
```
⊡ + ⊡ −

an. Matrizen der gleichen Größe kann man auch punktweise multiplizieren, wie in

```
>> D=A.*A
```
⊡ .*

Sie sollten eine 2×3-Matrix von Quadratzahlen sehen. Auch

```
>> D./A
```
⊡ ./

ist möglich, wenn kein Eintrag in der Matrix A verschwindet. Übrigens ist Multiplizieren mit einer Zahl, Addieren und Subtrahieren immer elementen- oder punktweise gemeint. Da Missverständnisse nicht möglich sind, ist der Punkt bei diesen punktweisen Operationen wegzulassen.

Man kann einen Datensatz punktweise quadrieren wie oben oder auch mit

```
>> D=A.^2
```
⊡ .^

Die Matrix A gewinnt man durch

```
>> sqrt(D)
```

zurück. Wichtig: die eingebaute Funktion sqrt kann nicht nur auf Zahlen, sondern auch auf Matrizen angewendet werden.

Wenn x das Intervall $[-\pi, \pi]$ approximiert, wie oben, dann ist

```
>> y=sin(x);
```
sin

ein Zeilenvektor der entsprechenden Sinus-Werte. Mit

```
>> plot(x,y)
```
plot

---
[5] Lautmalerisch englisch für I, Symbol der Eins-Matrix

kann man sich den entsprechenden Graphen ansehen. Wir erörtern später, wie man daraus ein schöneres Bild macht.

A.1.4 Matrixoperationen

Wir ordnen erst einmal

clear all
```
>> clear all;
```
an, um den Arbeitsspeicher völlig zu löschen.

Matrizen beschreiben lineare Abbildungen. Beispielsweise wird im dreidimensionalen Raum ein Spaltenvektor z durch die 3×3-Matrix M in den Spaltenvektor $y = M\,z$ abgebildet, nämlich gemäß

$$y_j = \sum_{k=1}^{3} M_{jk} z_k \text{ für } j = 1, 2, 3. \tag{A.3}$$

Mit
```
>> z=[-1;2;4];
```
und
```
>> M=[-1,3,0.5;-0.2,0.9,0.1;0,0.3,1.2];
```
dürfen wir in MATLAB einfach

*
```
>> y=M*z;
```
schreiben. Das Ergebnis ist ein Spaltenvektor y mit den Einträgen 9.0, 2.4 und 5.4.

Nun kann man die Frage stellen: Gegeben sei der Spaltenvektor y und die Matrix M. Welcher Vektor x wird mit M in y abgebildet? Anders formuliert, man soll das lineare Gleichungssystem $y = M\,x$ nach x auflösen. In MATLAB bewerkstelligt man das durch

\
```
>> x=M\y;
```
Man beachte den Unterschied zum gewöhnlichen Divisions-Operator.

In der Tat stimmen das ursprüngliche z und x überein – beinahe. Zwar sehen auch im langen Format x und z gleich aus, die Differenz $z - x$ jedoch ist von der Größen 10^{-15}, das sind ein oder zwei bit in der letzten Stelle. Man kann das durch

norm
```
>> norm(z-x)
```
feststellen. Dass z in $y = M\,z$ und x in dem linearen Gleichungssystem $y = M\,x$ nicht exakt übereinstimmen, hat eine einfache Erklärung. Dezimalzahlen mit endlicher Genauigkeit können im Binärsystem im Allgemeinen nicht mit endlich vielen Stellen dargestellt werden. Daher gibt es Rundungsfehler.

Wir können hier noch nicht erklären, wie die Norm $\|A\|$ einer Matrix berechnet wird. Sie verschwindet jedenfalls dann und nur dann, wenn A eine Null-Matrix ist, wenn alle Einträge Nullen sind.

Unser Beispiel kann man verallgemeinern. Die Matrizenmultiplikation $C = BA$ ist immer dann wohldefiniert, wenn die Zahl N der Zeilen von A mit der Zahl der Spalten von B übereinstimmt. C hat so viel Zeilen wie B und so viel Spalten wie A. Die 2×3-Matrix A kann mit der 4×2-Matrix B gemäß $C = BA$ multipliziert werden. C ist dann eine 4×3-Matrix. In MATLAB schreibt man C=B*A. Das steht für ∗

$$C_{jk} = \sum_{n=1}^{N} B_{jn} A_{nk}. \qquad (A.4)$$

Die Länge eines Spaltenvektors x ist

`>> sqrt(x'*x),`

während man für einen Zeilenvektor

`>> sqrt(x*x')`

schreiben muss. In beiden Fällen stimmt diese Länge mit `norm(x)` überein.

A.1.5 Programme

Nacheinander auszuführende Befehle kann man in eine Datei schreiben, die die Endung `.m` haben muss. Der Name dieser Datei – ohne Endung – ist für den Interpreter ein Befehl. Allerdings muss die Datei auch gefunden werden. MATLAB sucht im Dateisystem auf einem Suchpfad, und darin muss der Speicherort der .m-Datei vorkommen.

`>> path`   path

zeigt den Suchpfad an. Mit

`>> help path`   help

können Sie sich informieren, wie man den Suchpfad verändern kann, sowohl vorübergehend als auch dauerhaft. Mit

`>> helpdesk`   helpdesk

rufen Sie die gesamte Dokumentation zu MATLAB auf. Das ist natürlich auch direkt über die Benutzeroberfläche möglich.

`>> edit`   edit

aktiviert den Editor. Hier ein Beispiel.

```
1    % this file is empr_1.m for Matlab
2    z=[-1;2;4];
```

```
3    M=[-1,3,0.5;-0.2,0.9,0.1;0,0.3,1.2];
4    y=M*z;
5    x=M\y;
6    norm(z-x)
```

|%|

Text, der nach einem Prozent-Zeichen kommt, gilt als Kommentar. Die Zeilennummern gehören nicht zum Programm. Das Programm wird durch die Eingabe

>> empr_1

ausgeführt. Mit dem Programm erweitert man den Wortschatz von MATLAB um einen neuen Befehl. Es kann vom Kommandozeilen-Interpreter verarbeitet oder in anderen Programmen verwendet werden.

rand
for
|:|
end

In dem folgenden Beispielprogramm erzeugen wir zwei riesige Matrizen aus Zufallszahlen und multiplizieren diese. Einmal mit dem Blockbefehl *, einmal mit geschachtelten for-Schleifen, die jeweils durch end beendet werden.

```
1    clear all
2    A=rand(500,1000);
3    B=rand(2000,500);
4    tic;
5    C=B*A;
6    toc
7    clear C;
8    tic;
9    for j=1:2000
10     for k=1:1000
11       sum=0;
12       for n=1:500
13         sum=sum+B(j,n)*A(n,k);
14       end;
15       C(j,k)=sum;
16     end;
17   end;
18   toc
```

tic
toc

tic schaltet eine interne Stoppuhr ein, toc liest die gestoppte Zeit ab. Auf meinem Rechner (Jahrgang 2002) waren das 0.75 s und etwa 150 s, vielleicht sind es ja bald beidesmal vernachlässigbare Zeiten. Prüfen Sie das nach. Nicht nur Rechner veralten, auch Ratschläge, wie man optimieren soll!

Mit dem Beispielprogramm sollte gezeigt werden, dass man in MATLAB auch herkömmlich programmieren kann und: dass Blockbefehle viel effizienter sind. Allerdings lässt sich der prozedurale

Programmierstil nicht immer vermeiden. Es stehen dafür die üblichen Konstrukte zur Verfügung:

- `if-else-elseif` für die von einer auszuwertenden Bedingung abhängige Programmverzweigung
- `switch-case-otherwise` für die Fallunterscheidung
- `for-end` für eine feststehende Anzahl von Wiederholungen
- `while-end` für die durch eine Bedingung gesteuerte Wiederholung
- `continue, break` für den sofortigen Übergang zur nächsten Wiederholung beziehungsweise zum vorzeitigen Ausstieg aus der Wiederholungsschleife
- `try-catch` um den Normalfall und die Reaktion auf Fehler zu beschreiben
- `return` um eine Funktion vorzeitig zu beenden

Wir werden diese Möglichkeiten zur Steuerung des Befehlsflusses immer dann besprechen, wenn sie wirklich benötigt werden.

Um endlich einmal eine sinnvolle Anwendung vorzuführen, soll die kürzeste Entfernung zwischen zwei Orten auf dem Globus berechnet werden.

Die Orte nennen wir s (für *start*) und d (für *destination*). Deren Position auf dem Globus wird durch Breite und Länge charakterisiert. Die Breite θ ist die Winkelentfernung vom Äquator, wobei nördlich positiv und südlich negativ gerechnet wird. Die Länge ϕ ist die Winkelentfernung von Greenwich, wobei östlich positiv und westlich negativ gerechnet wird. In den Atlanten werden Länge und Breite in Graden angegeben, intern benutzen wir das Bogenmaß: 360° sind 2π im Bogenmaß. Zu jedem Ort gehört der Einheitsvektor

$$\boldsymbol{n} = (\cos\theta\sin\phi, \cos\theta\cos\phi, \sin\theta)\,. \tag{A.5}$$

Der Kosinus des Winkels α zwischen zwei Einheitsvektoren $\boldsymbol{n}_1$ und $\boldsymbol{n}_2$ ist durch das Skalarprodukt gegeben,

$$\boldsymbol{n}_1 \cdot \boldsymbol{n}_2 = \cos\alpha\,. \tag{A.6}$$

Dem Winkel α zwischen zwei Orten entspricht auf dem Globus die Entfernung $R\alpha$, wobei R die Entfernung zum Erdmittelpunkt ist (die wir hier als konstant annehmen). Bekanntlich beträgt der Erdumfang gerade 40000 km.

```
1   R=40000/2/pi;
2   slat=input('start latitude(degrees)    : ')/180*pi;
```

```
3  slon=input('start longitude (degrees) : ')/180*pi;
4  dlat=input('dest latitude(degrees)    : ')/180*pi;
5  dlon=input('dest longitude (degrees)  : ')/180*pi;
6  sv=[cos(slat)*sin(slon),cos(slat)*cos(slon),sin(slat)];
7  dv=[cos(dlat)*sin(dlon),cos(dlat)*cos(dlon),sin(dlat)];
8  alpha=acos(sv*dv');
9  fprintf('distance is %.1f km\n', alpha*R);
```

input
acos
fprintf

input fordert zu einer Eingabe von der Tastatur auf. acos ist die Umkehrfunktion zum Kosinus (arcus cosinus). Mit fprintf wird formatiert ausgegeben. Für Einzelheiten des Formatierungsstrings befrage man die Hilfe.

A.1.6 Funktionen

Funktionen sind Unterprogramme. Sie nehmen ein oder mehrere Argumente auf und geben ein oder mehrere Ergebnisse zurück. Als Beispiel schreiben wir das Programm zur Berechnung der Großkreisentfernung in eine Funktion um.

```
1  function l=distance(s,d);
2  % s=[latitude,longitude] in degrees, d likewise
3  s=pi/180*s; d=pi/180*d; % now in radians
4  R=40000/2/pi; % earth radius in km
5  sv=[cos(s(1))*sin(s(2)),cos(s(1))*cos(s(2)),sin(s(1))];
6  dv=[cos(d(1))*sin(d(2)),cos(d(1))*cos(d(2)),sin(d(1))];
7  l=R*acos(sv*dv'); % distance in km
```

function

Auch Funktionen werden in .m-Dateien abgelegt. Sie beginnen mit dem Schlüsselwort function und einem symbolischen Aufruf, aus dem die Argumente (hier s und d) hervorgehen und der Rückgabewert (hier l). Funktionsname und Dateiname (ohne die .m-Endung) müssen gleich sein.

Die beiden Argumente sind Zweiervektoren aus Breite und Länge in Graden (dezimal).

Mit

>> FRA=[50.03,8.61];

>> PEK=[40.08,116.58];

>> distance(FRA,PEK)

berechnet man nun die kürzeste Flugstrecke von Frankfurt am Main nach Beijing. Das sind 7793 km. Weniger als ein Fünftel des Äquatorumfanges!

Lokale Variable, die innerhalb einer Funktion definiert werden (hier R, sv, dv und l), sind nach der Ausführung nicht mehr vorhanden. Davon kann man sich im *Workspace*-Fenster überzeugen.

Umgekehrt kann man innerhalb der Funktion nur die übergebenen Variablen sehen. Dieser Schutz lässt sich allerdings mit dem global-Kommando aushebeln, was man aber vermeiden sollte. Deswegen erklären wir es auch gar nicht erst.

global

Funktionen selber können Argumente sein. Beispielsweise hängt ein Integral von der zu integrierenden Funktion, von der unteren Grenze und von der oberen Grenze ab. Die eingebaute Funktion quad ruft man gemäß

quad

```
>> quad('cos',0,pi/2)
```

auf, um das Integral

$$\int_0^{\pi/2} \mathrm{d}x \cos(x) = \sin(\pi/2) - \sin(0) = 1 \tag{A.7}$$

numerisch zu ermitteln. Die Funktion wird dabei durch ihren Namen (eine Zeichenkette in einfachen Anführungszeichen) gekennzeichnet. Auch die fest eingebaute Kosinusfunktion verhält sich so, als ob sie in einer Datei cos.m definiert wäre.

'..'

Der Name quad für das Integrier-Programm kommt von *Quadratur*. Darunter versteht man den Versuch, irgendwelche Gebiete durch Operationen, die den Flächeninhalt bewahren, so umzuformen, dass am Ende ein Quadrat entsteht. An der Quadratur des Kreises sind die alten Griechen bekanntlich gescheitert. Sie haben es nicht vermocht, das Integral

$$4 \int_0^1 \mathrm{d}x \sqrt{1-x^2} = \pi \tag{A.8}$$

zu berechnen (weil sie Grenzwerte und die irrationalen Zahlen noch nicht kannten).

Heute[6] schreiben wir in MATLAB:

```
>> f=@(x) sqrt(1-x.*x);
```

@

Das bedeutet: f ist eine Formel mit der Variablen x, nämlich sqrt(1-x.*x). Diesen Ausdruck kann man wie eine Funktion verwenden, etwa in

```
>> 4*quad(f,0,1)
```

Das Ergebnis ist 3.1416. Übrigens kann man auch die eingebauten Funktionen wie den Sinus als @sin ansprechen.

Man kann natürlich auch eine Datei

```
1  function y=circle(x);
2  y=sqrt(1-x.*x);
```

---

[6] erst ab MATLAB version 7

erzeugen und dann
```
>> 4*quad('circle',0,1)
```
aufrufen. Auch
```
>> 4*quad(@(x) sqrt(1-x.*x),0,1)
```
funktioniert.

A.1.7 Vermischtes

Wir stellen abschließend einige wichtige Konstrukte vor, die sich bisher nicht zwanglos einfügen ließen.

Zugriff auf eine Matrix

Wir haben bisher immer nur eine Matrix als Ganzes verarbeitet oder mit A(j,k) oder A(l) auf die Matrixelemente einzeln zugegriffen. In der ersten Form über (Zeilenindex,Spaltenindex), in der zweiten über (Laufindex). Das ist aber nur die halbe Wahrheit. j, k oder l können nämlich selber wieder Vektoren von Indizes sein! Um solche Indexvektoren zu bilden, ist der Doppelpunktoperator nützlich. Dabei steht : allein für ‚alle erlaubten Indizes'. m:n sind alle Indizes im Intervall von m bis n. Bei zwei Doppelpunkten m:d:n ist die mittlere Zahl d die Schrittweite.

```
>> B=A(:,[1,2,4])
```
etwa stellt die Spalten 1,2 und 4 von A zu einer neuen Matrix B zusammen.

Wahr und Falsch

Ob eine Matrix einer logischen Bedingung genügt, wird elementenweise überprüft. Die Ergebnisse sind 1=true (wahr) oder 0=false (falsch). Aus der mithilfe von

```
>> A=rand(5,4)
```
erzeugten 5 × 4-Matrix zufälliger Zahlen wird durch

```
>> B=(A>0.5)
```
eine gleichgroße Matrix von Wahrheitswerten. Mit

```
>> sum(sum(B))
```
kann man abzählen, wie viele Einträge größer als 0.5 sind. Zuerst wird über die Spalten summiert, danach über den Zeilenvektor der Spaltensummen.

Die (laufenden) Indizes der Matrixelemente, die den Wert 0.5 übersteigen, lassen sich mithilfe von

```
>> k=find(A>0.5);
```
find

finden.

Will man beispielsweise für einen Datensatz x punktweise $y = \sin(x)/x$ ausrechnen, so ist zu berücksichtigen, dass nicht durch Null dividiert werden darf. Vielmehr ist gemäß

```
1  y=ones(size(x));
2  k=find(x~=0);
3  y(k)=sin(x(k))./x(k);
```

zu programmieren[7]. Die Tilde steht für das logische ‚nicht', ~= mithin für ‚ungleich'. Auf Gleichheit wird mit zwei Gleichheitszeichen überprüft.

~=

==

Winzig, Unendlich und Unsinn

Das so genannte Maschinen-Epsilon, die Zahl eps, ist die größte Zahl, sodass sich 1+0.5*eps und 1 nicht mehr unterscheiden. Auf keinem Rechner, mit seiner endlichen Speicherfähigkeit, kann man alle reele Zahlen genau darstellen. eps ist ein Maß dafür, wie fein die Zahlengerade unterteilt ist. Probieren Sie

eps

```
>> (1+0.51*eps)-1
```

und danach

```
>> (1+0.49*eps)-1
```

aus.

Die wirkliche Zahlengerade ist nach beiden Seiten unbeschränkt. Auf einem Rechner ist das nicht möglich: es gibt eine größte darstellbare reelle Zahl. Wenn das Ergebnis einer Rechnung diese Zahl übersteigt, wird einfach nur noch ‚Unendlich' vermerkt, der Wert inf. Unendlich hat ein Vorzeichen. Probieren Sie

inf

```
>> -10^400
```

aus.

Wenn das Ergebnis einer Rechnung undefiniert ist, vermerkt MATLAB den Unsinn und gibt **nan** zurück, ‚not a number'. In manchen anderen Programmiersprachen wird entweder Null eingesetzt, oder Unendlich, oder irgendetwas, oder das Programm wird angehalten. Falls der Unsinnswert weiterverarbeitet wird, erhält man wiederum Unsinn. Prüfen Sie das nach durch

nan

```
>> x=0*inf
```

---
[7] Mit $x \to 0$ strebt $\sin(x)/x$ gegen 1.

```
>> x=0*x
```
nan ist fast immer das Anzeichen für einen Programmierfehler. In unserem $\sin(x)/x$-Beispiel haben wir vorgeführt, wie man eine nan-Operation, nämlich 0/0, vermeiden kann. MATLAB selber verwendet inf in manchen Funktionen für ‚beliebig oft', z. B. beim Durchsuchen einer Datei.

Einfache Graphik

Viele Sachverhalte drückt man in der Physik und in verwandten Fächern durch funktionale Abhängigkeiten vom Typ $y = f(x)$ aus. Man hat einen Vektor von x-Werten und zugehörige y-Werte. Die Datenpunkte (x_k, y_k) kann man einzeln darstellen oder durch Linienstücke miteinander verbinden. Man kann die Datenpunkte durch Kreise (o), Kreuze (x), Pluszeichen (+), Sterne (*) und so weiter kennzeichnen. Für Farben stehen die Buchstaben b, g, r, c, m, y, k zur Verfügung (blau, grün, rot, cyan, magenta, gelb und schwarz). Linien zwischen den Punkten können ausgezogen (-), gepunktet (:) oder gestrichelt (- -) sein. Diese Merkmale fasst man in einer Zeichenkette zusammen. Hier ein Beispiel:
```
>> x=linspace(-4,4,64);
>> y=exp(-x.*x);
>> plot(x,y,'rx-');
```
Sie können in das Bild mehr als einen Graphen einzeichnen, indem Sie die entsprechenden y-Werte zu einer Matrix zusammenfassen, etwa wie in
```
>> plot(x,[y1;y2],'rx-');
```
Beide Graphen werden gleichartig dargestellt. Es geht aber auch
```
>> plot(x,y1,'rx-',x,y2,'bx-');
```
Die Graphen sind dann rot und blau.

An dem Bild lässt sich alles verändern: die Achsenbeschriftung, die Linienstärken, die Maßstäbe der Achsen und so weiter.

print — Das Bild können Sie auch abspeichern. Wir empfehlen das Format *encapsulated PostScript*. Mit dem print-Befehl wird das Bild farbig auf die Festplatte geschrieben[8]:
```
>> print -depsc 'gaussian.eps';
```
.eps-Dateien sind beliebig skalierbar. Sie können sehr einfach in LaTeX-Dokumente eingefügt werden, entweder direkt, oder nach-

---

[8] -depsc ist als ‚option device eps color' zu lesen.

dem sie in das .pdf-Format umgewandelt wurden. Das kann man sogar von MATLAB aus machen:

>> ! epstopdf gaussian.eps   !

Der !-Operator veranlasst das jeweilige Betriebssystem, den darauf folgenden Befehl auszuführen. Damit erschließen sich ungeahnte Möglichkeiten. MATLAB-Funktionen für das File-Transfer-Protokoll (ftp), der Zugriffen auf das Datei-System, die Möglichkeit zur Kompression und Bündelung von Dateien aller Art in .zip-Dateien, Funktionen für die Verarbeitung von .xml-Dateien und starke Funktionen für das Durchsuchen und Ersetzen mit regulären Ausdrücken machen im Grunde andere Skript-Sprachen wie Perl, Python, Ruby und so weiter überflüssig. Das aber nur nebenbei, wir verwenden MATLAB vor allem für das, was es am besten kann: rechnen, und das effizient.

Schreiben und Lesen von Dateien

Mit dem Befehl

>> fid=fopen('test.dat', 'w');   fopen

öffnet man eine Datei 'test.dat', in die man anschließend schreiben kann ('w' für *writing*). Wenn die Datei vorhanden ist, wird sie auf die Länge 0 zurückgesetzt, wenn sie nicht vorhanden war, wird sie erzeugt. Diese Datei kann man nun unter dem *file identifier* fid ansprechen. (fid==-1) zeigt einen Fehler an.

>> x=0:0.1:1;

>> y=exp(x);

erzeugt im Arbeitsspeicher eine Tabelle der Exponentialfunktion. Diese kann man nun mit

>> fprintf(fid,'%6.2f %12.8f\n', [x;y]);   fprintf

in die vorbereitete Datei schreiben.

Die Zeichenkette für die Formatierung ist so zu lesen: Zuerst kommt eine Gleitkommazahl (*floating point number*), für die 6 Plätze gebraucht werden, davon zwei Stellen nach dem Dezimalpunkt. Das würde gerade bis −99.99 ausreichen. Dann folgen zwei Leerzeichen, dann kommt eine Gleitkommazahl mit 12 Plätzen, davon 8 nach dem Komma. Anschließend wird das Sonderzeichen \n geschrieben, um eine neue Zeile (*newline*) anzufangen.

Diese Formatierungsvorschrift wird immer wieder angewendet, bis [x;y] abgearbeitet ist. Man beachte, dass Matrizen spaltenweise ausgelesen werden: zuerst die erste Spalte von oben nach unten, dann die zweite Spalte von oben nach unten, und so weiter. Unsere

Matrix hat zwei Zeilen, oben x, unten y. Das ergibt dann zwei Zahlen auf einer Zeile in der Datei.

Mit

fclose
```
>> fclose(fid);
```
schließt man die Datei.

In einem ganz anderen MATLAB-Programm kann man später

```
1   td=fopen('test.dat','r');
2   z=fscanf(td,'%f',[2,inf]);
3   fclose(td);
```

schreiben.

fscanf
Zeile 1 öffnet die Datei für den Lese-Zugriff (*reading*). In Zeile 2 wird angeordnet, dass diese Datei immer wieder auf reelle Zahlen durchsucht werden soll. Damit sind Spalten der Länge 2 zu füllen, und zwar so oft es geht. Das Ergebnis z wird nicht genau mit dem ehemaligen [x;y] übereinstimmen, weil wir nur mit achtstelliger Genauigkeit geschrieben haben.

Es gibt noch sehr viel mehr Möglichkeiten, aus dem Arbeitsspeicher in Geräte zu schreiben und Daten aller Art aus Geräten in den Arbeitsspeicher zu lesen. Mit den hier vorgeführten Möglichkeiten kommt man jedoch schon recht weit.

A.2 Kommentierte Programme

Sehr kurze MATLAB-Programme werden im Text kommentiert. Wenn sie länger sind und wegen zu vieler Einzelheiten ablenken könnten, wurden sie in diesen Anhang verschoben.

A.2.1 Einfache Graphik

Wir drucken ein kleines MATLAB-Programm ab um zu zeigen, wie sich das Aussehen von Linien, Marken und Achsen beeinflussen lässt. Das zugehörige Bild findet man im Abschnitt *Grundlagen: Elementare Funktionen*.

```
1   clear all;
2   close;
```

Damit fegt man den Arbeitsspeicher frei und schließt eine Graphik, falls vorhanden.

Der Befehl

```
3    x=linspace(-pi,pi,512);
```

definiert die Abszisse. Wir wollen den Sinus und den Kosinus darstellen, wissen also, dass die Ordinate das Intervall $[-1, 1]$ umfassen muss.

```
4    axes('XTick',-3:1:3,'YTick',-1:0.5:1,'FontSize',14);
5    axis([-pi pi -1.1 1.1]);
6    box on;
7    hold on;
```

sagt, dass die x-Achse mit kleinen Strichen (*tics*) bei $x = -3, -2, \ldots, 2, 3$ versehen und entsprechend beschriftet werden soll, die y-Achse bei $y = -1, -0.5, 0, 0.5, 1$. Die Zahlen werden einem 14-Punkte-Zeichensatz entnommen. Der Datenbereich soll das Rechteck $x \in [-\pi, \pi]$ und $y \in [-1.1, 1.1]$ sein. Das Ganze ist einzurahmen. Die Graphik wird für mehrere plot-Befehle offen gehalten (hold on).

Die kommen jetzt:

```
8    plot(x,cos(x),'-k','LineWidth',1.5);
9    plot(x,sin(x),'--k','LineWidth',1.5);
```

fügt den Kosinus als schwarze durchgezogene Linie ein[9] und den Sinus als gestrichelte Linie. Beide sollen 1.5 Punkte breit sein.

Wir malen nun eine dünne x- und y-Achse:

```
10   plot([-pi,pi],[0,0],'-k','LineWidth',0.5);
11   plot([0,0],[-1.1,1.1],'-k','LineWidth',0.5);
```

und bringen Marken an[10]:

```
12   plot(0,0,'Marker','o','MarkerSize',8,...
13      'MarkerFaceColor','w', 'MarkerEdgeColor','k');
14   plot(0,1,'Marker','o','MarkerSize',8,...
15      'MarkerFaceColor','k', 'MarkerEdgeColor','k');
16   plot(pi/2,0,'Marker','s','MarkerSize',8,...
17      'MarkerFaceColor','k', 'MarkerEdgeColor','k');
```

Die Marken sollen 8 Punkte groß sein. Die erste ist eine weiße, schwarz umrandete Kreisscheibe, die zweite eine schwarz gefüllte Kreisscheibe, die dritte ein schwarz gefülltes Quadrat.

Jetzt haben wir alles gemalt, daher

---

[9] k steht für *blac*k, schwarz.
[10] Die drei Punkte am Ende einer Programmzeile sagen, dass diese fortgesetzt wird.

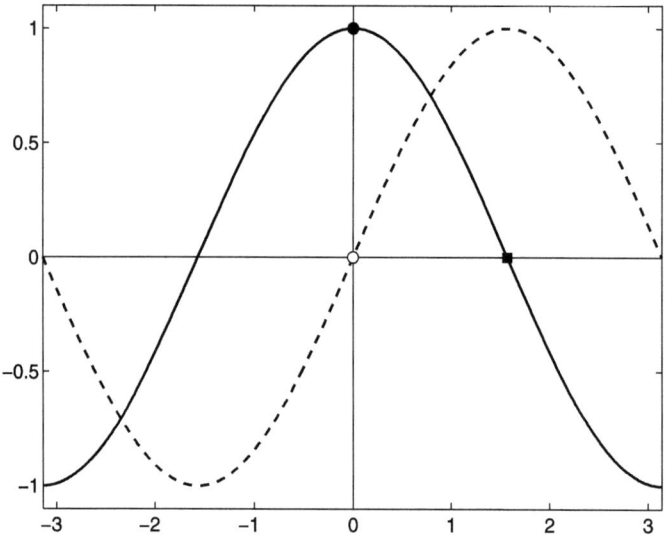

Abb. A.1. Kosinus (*durchgezogen*) und Sinus (*gestrichelt*) sowie drei markante Punkte

```
18   hold off;
```

Das Bild wird als `mlkp_0.eps` im Format *Encapsulated PostScript* abgespeichert und in `mlkp_0.pdf` (*Portable Document Format*) umgewandelt:

```
19   print -deps2 'mlkp_0.eps'
20   ! epstopdf mlkp_0.eps
```

Erinnern Sie sich, dass der !-Operator den Kommando-Prozessor des Betriebssystems aufruft. Wer sehr gründlich ist, räumt mit

```
21   clear all;
22   close;
```

auf. Abbildung A.1 zeigt noch einmal das Ergebnis.

A.2.2 Gewöhnliche Differentialgleichungen: Kepler-Problem

Ein Planet bewegt sich in der 1,2-Ebene, gesucht wird die Bahn $t \to \boldsymbol{x}(t)$. Der Zustandsvektor ist $y_1 = x_1$, $y_2 = x_2$, $y_3 = \dot{x}_1$, $y_4 = \dot{x}_2$.

Wir formulieren zuerst das System gewöhnlicher Differentialgleichungen:

```
1   function yd=newton(t,y)
2   r=sqrt(y(1)^2+y(2)^2);
3   yd=[y(3);y(4);-y(1)/r^3;-y(2)/r^3];
```

Das Programm kepler soll eine Bahn berechnen, bei der zur Zeit $t=0$ der Planet im Aphel steht, etwa $y_1 = 1$, $y_2 = 0$, $y_3 = 0$, $y_4 = 0.8$. Wir wollen die Bahn von $t = 0$ bis $t = 50$ berechnen. Also los:

```
1   r=1;
2   v=0.8;
3   y_0=[r;0;0;v];
4   t=linspace(0,50,2049);
5   [T,Y]=ode45('newton',t,y_0);
6   X1=Y(:,1);
7   X2=Y(:,2);
8   axis equal;
9   axis off;
10  hold on;
11  plot(X1,X2,'-k');
12  plot(0,0,'ok','MarkerSize',8,'MarkerEdgeColor','k',...
13     'MarkerFaceColor','w');
14  plot(0,0,'ok','MarkerSize',2,'MarkerEdgeColor','k',...
15     'MarkerFaceColor','k');
16  hold off;
17  print -deps2 mlkp_1.eps
18  ! epstopdf mlkp_1.eps
19  close;
```

Abbildung A.2 zeigt das Ergebnis.

Das ist im Ansatz wohl richtig, aber irgend etwas stimmt nicht. Sehen wir uns die Energie an (Abbildung A.3):

```
20  V1=Y(:,3);
21  V2=Y(:,4);
22  R=sqrt(X1.^2+X2.^2);
23  E=0.5*(V1.^2+V2.^2)-1./R;
24  plot(T,E-E(1),'-k');
25  print -deps2 mlkp_2.eps
26  ! epstopdf mlkp_2.eps
27  close;
```

Der Planet verliert ständig an Energie, was nicht sein darf. Das liegt offensichtlich daran, dass wir die voreingestellte Genauigkeit stillschweigend übernommen haben. Unsere Lösung ist nicht falsch, aber nicht genau genug!

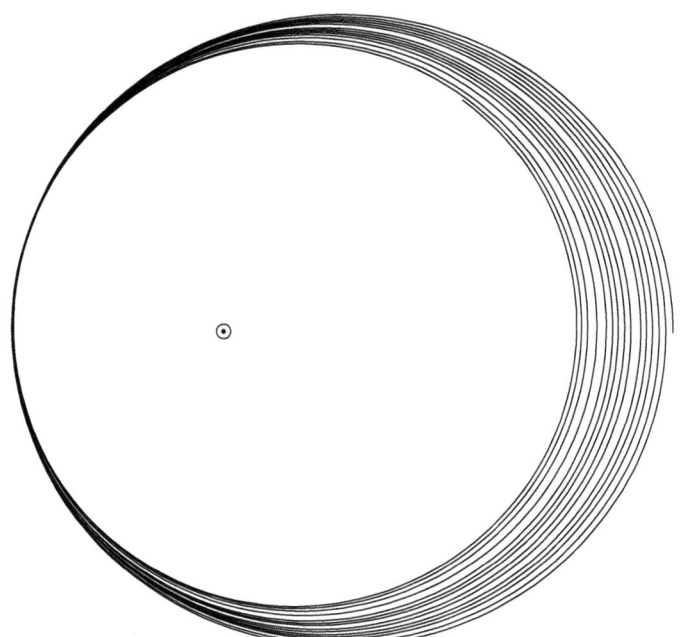

Abb. A.2. Numerische Integration der Newtonschen Bewegungsgleichungen für einen Planeten. ⊙ markiert das Gravitationszentrum. Die Genauigkeit wird durch die Voreinstellungen bestimmt. Das Bild sollte mit Abbildung A.5 verglichen werden

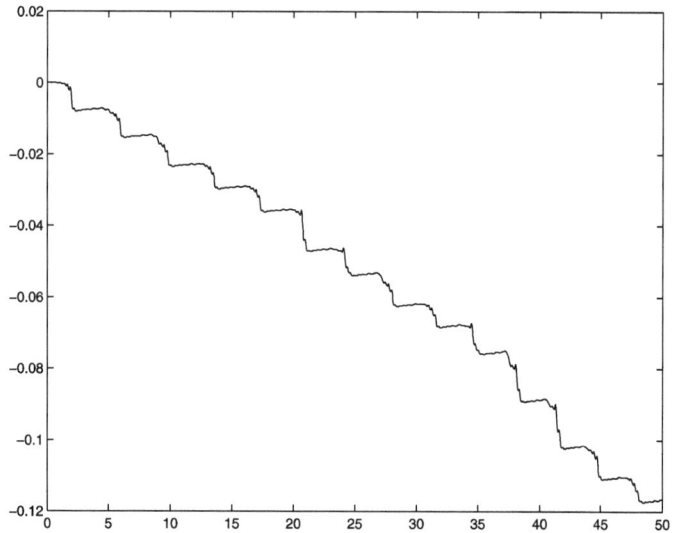

Abb. A.3. Aufgetragen ist die Veränderung der Energie über der Zeit. Der Wert sollte bei 0 bleiben. Die Differentialgleichungen wurden mit den voreingestellten Anforderungen an die Genauigkeit gelöst

MATLAB stellt verschiedene Verfahren bereit, um gewöhnliche Differentialgleichungen[11] aufzuintegrieren, wie zum Beispiel ode45. Diese Programme akzeptieren ein weiteres Argument, die Toleranz. Das ist ein Datensatz, der das Lösungsverfahren steuert. Der Datensatz hat eine Voreinstellung, die herangezogen wird, wenn nichts darüber gesagt wird, und diese Voreinstellung heißt ‚schnell, aber möglicherweise ungenau'. Mit

```
28    tol=odeset('RelTol',1e-6);
```

beispielsweise wird die relative Genauigkeit der Lösung auf sechs Nachkommastellen gesetzt (anstelle von drei), alle anderen Parameter der Voreinstellung behalten ihren Wert. Wir ordnen nunmehr folgendes an:

```
29    [T,Y]=ode45('newton',t,y_0,tol);
30    X1=Y(:,1);
31    X2=Y(:,2);
32    V1=Y(:,3);
33    V2=Y(:,4);
34    R=sqrt(X1.^2+X2.^2);
35    E=0.5*(V1.^2+V2.^2)-1./R;
36    plot(T,E-E(1),'-k');
37    print -deps2 mlkp_3.eps
38    ! epstopdf mlkp_3.eps
39    close;
```

Das ist dasselbe wie vorher bis auf die erhöhte relative Genauigkeit, siehe Abbildung A.4.

Das Analogon zu Abbildung A.2 ist Abbildung A.5, sie wird durch

```
40    axis equal;
41    axis off;
42    hold on;
43    plot(X1,X2,'-k');
44    plot(0,0,'ok','MarkerSize',8,'MarkerEdgeColor','k',...
45       'MarkerFaceColor','w');
46    plot(0,0,'ok','MarkerSize',2,'MarkerEdgeColor','k',...
47       'MarkerFaceColor','k');
48    hold off;
49    print -deps2 mlkp_4.eps
50    ! epstopdf mlkp_4.eps
51    close;
```

erzeugt.

---

[11] ODE, <u>o</u>rdinary <u>d</u>ifferential <u>e</u>quations

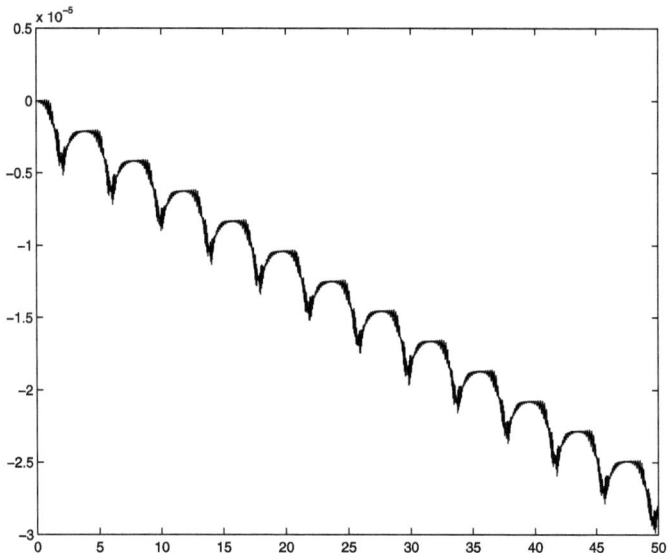

Abb. A.4. Aufgetragen ist die Veränderung der Energie über der Zeit. Der Wert sollte bei 0 bleiben. Die Differentialgleichungen wurden mit der Forderung nach einer relativen Genauigkeit von 10^{-6} anstelle von 10^{-3} integriert. Man beachte die Skalierung der Ordinate mit dem Faktor 10^{-5}

Für die Zwecke dieses Buches genügt der Hinweis darauf, dass man die Genauigkeit der numerischen Integration steuern kann – nein, muss. Einzelheiten findet man in der MATLAB-Dokumentation unter `odeset`.

A.2.3 Gewöhnliche Differentialgleichungen: Randwertproblem

Gesucht wird die Lösung der linearen homogenen gewöhnlichen Differentialgleichung $y'' = y$ auf $[a, b]$ mit den Randbedingungen $f(a) = \sinh(a)$ und $f(b) = \sinh(b)$. Die analytische Lösung des Problems springt ins Auge: $f(x) = \sinh(x)$.

```
1   a=-3;
2   b=3;
3   n=16;
4   x=linspace(a,b,n);
5   h=x(2)-x(1);
6   f=zeros(1,n);
7   f(1)=sinh(a);
8   f(n)=sinh(b);
```

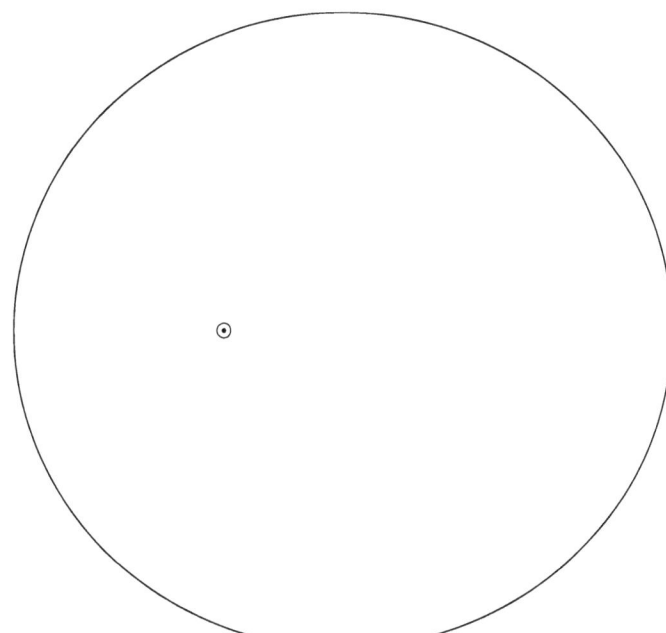

Abb. A.5. Numerische Integration der Newtonschen Bewegungsgleichungen für einen Planeten mit erhöhter Genauigkeitsanforderung. ⊙ markiert das Gravitationszentrum. Das Bild sollte mit Abbildung A.2 verglichen werden

Wir legen das Intervall $x \in [a,b]$ fest und die Randwerte. Das Intervall wird durch $n = 16$ Stützstellen repräsentiert, davon 14 im Inneren. h steht für die Diskretisierungslänge. Bis jetzt sind von der gesuchten Funktion f nur die Werte an den Rändern bekannt.

Wir befassen uns nun mit dem linearen Gleichungssystem. Es ist vom Typ $M\boldsymbol{v} = \boldsymbol{r}$, eine Matrix M wird auf die Variablen $\boldsymbol{v}$ angewendet, das soll die rechte Seite $\boldsymbol{r}$ ergeben.

Die Matrix besteht aus dem diskretisierten zweifachen Ableitungsoperator (y'') und der Multiplikation mit der Eins (y). Der zweifache Ableitungsoperator hat eine Eins in der oberen und unteren Nebendiagonalen und -2 in der Hauptdiagonalen, das ganze geteilt durch h^2. Siehe dazu den Abschnitt *Mehr über gewöhnliche Differentialgleichungen*, in dem wir die Methode der finiten Differenzen erklären. Die entsprechenden Matrizen LD (*lower diagonal*), MD (*main diagonal*) und UD (*upper diagonal*) werden mithilfe der MATLAB-Funktion diag berechnet, ebenso die Eins-Matrix II. Anschließend wird die rechte Seite rhs (*right hand side*) definiert:

```
9   LD=diag(ones(n-3,1),-1)/h^2;
10  MD=-2*diag(ones(n-2,1),0)/h^2;
11  UD=diag(ones(n-3,1),1)/h^2;
12  DD=LD+MD+UD;
13  II=diag(ones(n-2,1));
14  rhs=zeros(n-2,1);
15  rhs(1)=-f(1)/h^2;
16  rhs(n-2)=-f(n)/h^2;
```

Die nächste Programmzeile löst das lineare Gleichungssystem:

```
17  sol=(DD-II)\rhs;
```

Die Lösung `sol` muss in den Lösungsvektor eingebaut, das Ganze dargestellt werden:

```
18  f(2:n-1)=sol;
19  xx=linspace(a,b,256);
20  plot(x,f,'.r',xx,sinh(xx),'-k',...
21     'Linewidth',1.5,'MarkerSize',20);
22  axis tight;
23  print -deps2 'gdmd_1.eps';
24  close;
25  ! epstopdf gdmd_1.eps
```

`x` und `f` werden als Punkte dargestellt, wenn möglich in Rot, die analytische Lösung $x \to \sinh(x)$ durch eine durchgezogene schwarze Linie. Das Bild wird als *Encapsulated Postscript*-Datei abgespeichert und durch ein externes Programm in das *Portable Document Format* umgewandelt. Wir haben es als Abbildung 2.2 bereits dargestellt.

A.2.4 Partielle Differentialgleichungen: Laplace-Operator

Das Gebiet Ω, auf dem der Laplace-Operator definiert ist, wird durch eine Matrix `D` von Wahrheitswerten beschrieben: 1 steht für einen Stützpunkt im Inneren, also für eine Variable, 0 für einen Punkt auf dem Rand $\partial \Omega$ oder außerhalb. Dort soll die gesuchte Funktion verschwinden. Zudem wird h gebraucht, die Maschenweite des Netzes, mit dem man den $\mathbb{R}^2$ überzieht. Die Funktion `laplace` gibt den Laplace-Operator L als dünn besetzte Matrix zurück. Die Variablen werden durch einen laufenden Index `l=1:Nv` indiziert. Zu jeder Variablen mit dem Index `l` gehört der Index `j=J(l)` und der Index `k=K(l)`, sodass $u_l = u(x_j, y_k)$ gilt.

```
1   function [L,J,K]=laplace(D,h);
2   [Nx,Ny]=size(D);
3   jj=zeros(Nx*Ny,1);
4   kk=zeros(Nx*Ny,1);
5   aa=zeros(Nx,Ny);
6   Nv=0;
7   for j=1:Nx
8     for k=1:Ny
9       if D(j,k)==1
10        Nv=Nv+1;
11        jj(Nv)=j;
12        kk(Nv)=k;
13        aa(j,k)=Nv;
14      end
15    end
16  end
```

Damit werden die Variablen fortlaufend nummeriert. Nv ist die Anzahl der Variablen. Dafür reklamieren wir eine dünn besetzte Matrix,

```
17  L=sparse(Nv,Nv);
```

Diese Matrix wird nun besetzt. Mit $-4/h^2$, wenn es sich um ein Diagonalelement handelt und mit $1/h^2$, wenn es sich um einen Nachbarn recht, oben, links oder unten handelt.

```
18  for a=1:Nv
19    j=jj(a);
20    k=kk(a);
21    L(a,a)=-4/h^2;
22    if D(j+1,k)==1
23      L(a,aa(j+1,k))=1/h^2;
24    end
25    if D(j-1,k)==1
26      L(a,aa(j-1,k))=1/h^2;
27    end
28    if D(j,k+1)==1
29      L(a,aa(j,k+1))=1/h^2;
30    end
31    if D(j,k-1)==1
32      L(a,aa(j,k-1))=1/h^2;
33    end
34  end
35  J=jj(1:Nv);
36  K=kk(1:Nv);
```

Die Vektoren jj und kk werden auf ihre wirkliche Länge gestutzt und als J beziehungsweise K zurückgegeben, zusammen mit der dünn besetzten Matrix L, die näherungsweise den Laplace-Operator darstellt.

B

Glossar

Die Einträge für Begriffserklärungen sind alphabetisch angeordnet. ▷ *Stichwort* verweist auf einen anderen Eintrag in diesem Glossar. Wir versuchen, mit so wenig Einträgen wie nötig einen so großen Anteil des *Mathematikbuches* wie möglich zu überdecken.

A

Abbildung: eine Vorschrift $f : X \to Y$, die manchen oder allen Elementen einer Menge X Elemente einer Menge Y eindeutig zuordnet. Die Menge $D \subseteq X$ der Elemente x, für die Bildpunkte $y = f(x)$ erklärt sind, heißt Definitionsbereich. Die Menge $W = \{y \in Y \,|\, y = f(x)\,,\, x \in D\}$ ist der Wertebereich, die Menge der Bildpunkte. Jedem x aus X entspricht entweder kein oder nur ein Bild $y = f(x) \in Y$. Jedes $y \in Y$ hat entweder kein Urbild $x \in X$, oder eins, oder mehrere, sodass $y = f(x)$ gilt. In diesem Buch gehen wir fast immer davon aus, dass Abbildungen auf ihrem Definitionsbereich erklärt sind, $X = D$. Den Wertebereich schreiben wir dementsprechend als $W = f(X)$. Wenn $f(X) = Y$ gilt, handelt es sich um eine ▷ *surjektive* Abbildung: der Zielbereich Y ist dasselbe wie der Wertebereich. Wir reden von einer ▷ *bijektiven* oder umkehrbaren Abbildung, wenn es zu jedem Bildpunkt y nur ein Urbild x gibt, sodass $y = f(x)$ gilt. Wenn X und Y die Zahlenmengen $\mathbb{R}$ oder $\mathbb{C}$ sind, dann reden wir von einer ▷ *Funktion*. Eine Abbildung $\mathbb{N} \to Y$ wird auch als ▷ *Folge* bezeichnet.

abelsch: eine ▷ *Gruppe* heißt abelsch (nach dem norwegischen Mathematiker Abel), wenn die Verknüpfung kommutativ ist. Alle Gruppenelemente vertauschen miteinander.

abgeschlossene Menge: Eine Punktmenge $M \subseteq \Omega$ ist abgeschlossen, wenn der ▷ *Rand* ∂M dazu gehört. Das ▷ *Intervall* $[a,b] \subseteq \mathbb{R}$ ist ein Beispiel. ▷ *Cauchy-konvergente* Folgen von Punkten in M haben dann einen ▷ *Grenzwert* in M, das erklärt die Bezeichnung ‚abgeschlossen'. Das Komplemente $\Omega \setminus M$ einer abgeschlossenen Menge M ist eine ▷ *offene Menge*.

Ableitung: siehe ▷ *differenzierbare Funktion* oder ▷ *partielle Ableitung*. Siehe auch ▷ *Produktregel*, ▷ *Quotientenregel* und ▷ *Kettenregel*.

Abstand: In einem metrischen Raum M haben je zwei Punkte $x, y \in M$ einen Abstand $d = d(x,y)$. Es müssen $d(x,y) = d(y,x)$ gelten (Reziprozität), die ▷ *Dreiecksungleichung* $d(x,z) \leq d(x,y) + d(y,z)$, und dass die Metrik trennt: $d(x,y) = 0$ gilt dann und nur dann, wenn x und y übereinstimmen. Wenn der Raum linear ist und eine ▷ *Norm* hat, wird meist mit $d(x,y) = \|x - y\|$ gerechnet.

Absteige-Operator: auch Vernichter. ▷ *Leiter-Operator*.

adjungierter Operator: Zu jedem ▷ *linearen Operator* $L: \mathcal{H} \to \mathcal{H}$ gibt es einen adjungierten Operator $L^\dagger$, der $(g, Lf) = (L^\dagger g, f)$ bewirkt für alle Vektoren f, g des Hilbert-Raumes $\mathcal{H}$. Wenn die lineare Abbildung durch eine Matrix M vermittelt wird, dann hat die adjungierte Matrix $M^\dagger$ die Elemente $(M^\dagger)_{jk} = (M_{kj})^*$. Adjungieren bedeutet dann ▷ *Transponieren* (Vertauschung der Rolle von Zeilen und Spalten) und komplex Konjugieren. Es gilt $(L_1 L_2)^\dagger = L_2^\dagger L_1^\dagger$ und die entsprechende Beziehung für Matrizen.

analytische Funktion: Eine Funktion $f = f(z)$, die komplexe Zahlen in komplexe Zahlen abbildet, heißt analytisch, wenn sie in einer ▷ *offenen Menge* Ω definiert ist und an jeder Stelle $z \in \Omega$ in eine konvergente ▷ *Potenzreihe* entwickelt werden kann beziehungsweise überall in Ω ▷ *komplex differenzierbar* ist.

Assoziativgesetz: Objekte können verschieden assoziiert (zusammengefasst) werden. Wenn es auf die Reihenfolge der Zusammenfassung nicht ankommt, gilt das Assoziativgesetz. Für eine Verknüpfung $\diamond$ soll dann immer $c \diamond (b \diamond a) = (c \diamond b) \diamond a$ gelten. Für die Addition von Zahlen, die Multiplikation von Zahlen oder für das Hintereinanderausführen von Abbildungen beispielsweise gilt das Assoziativgesetz, auch für die Vereinigung oder den Durchschnitt von Mengen.

Aufsteige-Operator: auch Erzeuger. ▷ *Leiteroperator*.

äquivalent, Äquivalenzrelation: Für eine Äquivalenzrelation $\sim$ muss gelten: a ist mit sich selber äquivalent ($a \sim a$), die Beziehung ist symmetrisch (aus $a \sim b$ folgt $b \sim a$), und sie ist transitiv (aus $a \sim b$ und $b \sim c$ folgt $a \sim c$). Diesen Anforderung genügt beispielsweise die Festsetzung, dass zwei ▷ *messbare* Funktionen als äquivalent gelten, wenn sie sich nur auf einer Nullmenge unterscheiden. Ein anderes Beispiel: Zwei Brüche a/b und c/d ganzer Zahlen sind äquivalent, wenn $ad = bc$ gilt (natürlich für $b, d \neq 0$). Die ▷ *Klasse* aller in diesem Sinne gleichwertigen Brüche repräsentiert eine rationale Zahl. Noch ein Beispiel: Zwei ▷ *Cauchy-konvergente* Folgen rationaler Zahlen gelten als äquivalent, wenn die Folge der Differenzen eine Nullfolge ist. Die Klasse aller äquivalenten Cauchy-konvergenten Folgen rationaler Zahlen stellt eine reelle Zahl dar.

B

Banach-Raum: ein ▷ *vollständiger* ▷ *normierter Raum*.

beschränkter Operator: Ein linearer Operator $B : \mathcal{H} \to \mathcal{H}$ ist beschränkt, wenn es eine endliche Zahl K gibt, sodass $\|Bf\| \leq K\|f\|$ gilt für alle $f \in \mathcal{H}$. Die kleinste solche Schranke ist die ▷ *Norm* $\|B\|$ des Operators. Jeder ▷ *unitäre Operator* U ist beschränkt, es gilt $\|U\| = 1$.

bijektiv: Die Abbildung $f : X \to Y$ ist bijektiv, oder umkehrbar, wenn es für jedes $y \in Y$ höchstens ein $x \in X$ gibt, sodass $y = f(x)$ gilt. Dieses Urbild kann man dann als $x = f^{-1}(y)$ schreiben. Die Umkehrfunktion $f^{-1} : Y \to X$ ist wiederum bijektiv, und es gilt $(f^{-1})^{-1} = f$. Bijektive Abbildungen einer Menge auf sich selber bezeichnet man auch als ▷ *Transformationen* (Umformungen).

Bogenmaß: Winkel können in Grad oder im Bogenmaß angegeben werden. Dabei entsprechen 360 Grad dem Bogenmaß 2π. Ein Grad besteht aus 60 Minuten, eine Minute aus 60 Sekunden. Will man eine geographische Länge oder Breite in das Bogenmaß umrechnen, muss man zuerst die Grad/Minuten/Sekunden-Angaben in eine Dezimalzahl für Grade umwandeln und anschließend mit $\pi/180$ multiplizieren. Wir verwenden für ▷ *Winkelfunktionen* immer das Bogenmaß.

Borel-Maß: Den offenen Intervallen $I = (a, b) \subseteq \mathbb{R}$ mit $a \leq b$ ordnet man das Maß $\mu(I) = b - a$ zu. Die kleinste ▷ σ-*Algebra*, die die offenen Intervalle enthält, ist das System $\mathfrak{B}$ der Borel-Mengen. Die halboffenen Intervalle $[a, b)$

und $(a,b]$ sowie das abgeschlossene Intervall $[a,b]$ sind ebenfalls Borel-Mengen, sie haben ebenfalls das Maß $b-a$. Mengen aus abzählbar vielen Punkten haben das Borel-Maß 0, sind also Nullmengen.

Bunjakowski-Cauchy-Schwarz-Ungleichung: Die ▷ *Schwarzsche Ungleichung* wurde von Bunjakowski lange vor Schwarz und Cauchy publiziert.

C

Cauchy-Konvergenz: Eine ▷ *Folge* $a_1, a_2, \ldots$ von Elementen eines ▷ *metrischen Raumes* (zum Beispiel $\mathbb{R}$) konvergiert im Sinne von Cauchy, wenn fast alle Folgenglieder beliebig nahe beieinander sind. Zu jedem $\epsilon > 0$ gibt es eine Zahl N, sodass $d(a_m, a_n) \leq \epsilon$ gilt für alle $m, n \geq N$. Die Folgen können aus rationalen, reellen oder komplexen Zahlen bestehen, aus Funktionen oder linearen Operatoren. Cauchy-konvergente Folgen haben nicht immer einen ▷ *Grenzwert*. Meist ist der metrische Raum ein ▷ *linearer Raum* mit ▷ *Norm*.

Cauchy-Riemann-Differentialgleichungen: Eine auf der ▷ *offenen Menge* $\Omega \subseteq \mathbb{C}$ ▷ *analytische Funktion* $f = f(z)$ kann man durch $f(x + iy) = u(x,y) + iv(x,y)$ beschreiben, mit reellem x, y, u, v. Es gelten die ▷ *partiellen Differentialgleichungen* $u_x = v_y$ sowie $u_y = -v_x$.

Cauchy-Schwarz-Ungleichung: ▷ *Schwarzsche Ungleichung*.

D

Delta-Funktion: ▷ *Dirac-Funktion*.

Determinante: Die Determinante der 2×2-Matrix A beträgt $\det(A) = \epsilon_{ij} A_{i1} A_{j2} = A_{11} A_{22} - A_{21} A_{12}$. Sie ist für 3×3-Matrizen durch $\det(A) = \epsilon_{ijk} A_{i1} A_{j2} A_{k3}$ erklärt (▷ *Einsteinsche Summenkonvention*, ▷ *Levi-Civita-Symbol*). Eine entsprechende Formel lässt sich für $n \times n$-Matrizen angeben. Es gilt $\det(BA) = \det(B)\det(A)$: die Determinante eines Produktes quadratischer Matrizen stimmt überein mit dem Produkt der Determinanten. Nur für Matrizen A mit $\det(A) \neq 0$ existiert die ▷ *inverse Matrix* A^{-1}. Die Zahl z ist ein ▷ *Eigenwert* von A, wenn $\det(A - zI) = 0$ gilt, mit I als ▷ *Eins-Matrix*.

dicht: Eine Menge $\mathcal{D}$ von ‚braven' Funktionen ist dicht in der Funktionenmenge $\mathcal{L}$, wenn jede Funktion $f \in \mathcal{L}$ als $f = \lim d_j$ mit $d_j \in \mathcal{D}$ geschrieben werden kann, als Grenzwert braver Funktionen. Was brave Funktionen sind und wie der Grenzwert präzisiert wird, hängt vom Kontext ab. Im Zusammenhang mit dem ▷ *Hilbert-Raum* $\mathcal{H}$ gilt das sinngemäß für Teilräume. Der lineare Teilraum $\mathcal{D}$ ist dicht in $\mathcal{H}$, wenn jedes $f \in \mathcal{H}$ durch Vektoren d_j in $\mathcal{D}$ im Sinne von $f = \lim d_j$ darstellbar ist. Beispielsweise ist die Menge der ▷ *Testfunktionen* dicht im Hilbert-Raum der quadratintegrablen Funktionen.

Dichteoperator: Ein ▷ *positiver Operator* W, der zudem die ▷ *Spur* 1 hat. Die Eigenwerte verschwinden oder sind positiv, und summieren sich (mit ihrer ▷ *Multiplizität*) zu 1 auf. Dichteoperatoren beschreiben in der Quantentheorie Zustandsgemische, also gemischte Zustände.

differenzierbare Funktion: Eine ▷ *Funktion* $f : \mathbb{R} \to \mathbb{R}$ ist bei x differenzierbar, wenn $f(x+h) = f(x) + hf'(x) + \ldots$ gilt, wobei der durch $\ldots$ angedeutete Rest mit $h \to 0$ verschwindet, selbst nachdem man ihn durch h dividiert hat. Die Steigung $f'(x)$ der Geraden $h \to f(x) + hf'(x)$ ist die ▷ *Ableitung* der Funktion f an der Stelle x. Eine Funktion ist differenzierbar, wenn sie an jeder Stelle im Definitionsbereich differenzierbar ist. $f'(x)$ wird oft als $\mathrm{d}f(x)/\mathrm{d}x$ geschrieben. Eine Funktion ist stetig differenzierbar, wenn die Ableitung $x \to f'(x)$ eine ▷ *stetige Funktion* ist.

Dirac-Distribution, Dirac-Funktion: Mit δ bezeichnet man eine bestimmte ▷ *Distribution*, die – wie alle Distributionen – nur unter einem Integral zusammen mit glatten Funktionen Sinn macht. Sie wird oft auch δ-Funktion genannt. Für eine hinreichend glatte Funktion $t = t(x)$ gilt $\int \mathrm{d}x\, \delta(x-y)\, t(x) = t(y)$.

disjunkt: Zwei Mengen A und B heißen disjunkt (unverbunden), wenn sie kein Element gemeinsam haben. Es gilt also $A \cap B = \emptyset$.

Distribution: Statt Distribution sagt man oft auch Verallgemeinerte Funktion. Es handelt sich um ein stetiges ▷ *lineares Funktional* Φ, das jeder ▷ *Testfunktion* t einen Wert $\Phi(t)$ zuweist, den man dann gern symbolisch als $\Phi(t) = \int \mathrm{d}x\, \phi(x)\, t(x)$ schreibt. Beispielsweise ist die ▷ *Dirac-Distribution* δ durch $\int \mathrm{d}x\, \delta(x-y)\, t(x) = t(y)$ gekennzeichnet. Distributionen kann man beliebig oft differenzieren und auch ▷ *Fourier-transformieren*. Als Beispiel führen wir $\int \mathrm{d}x\, \mathrm{e}^{\mathrm{i}kx} = 2\pi\delta(k)$ für die Fourier-Transformierte der Eins-Funktion an.

Distributivgesetz: Wenn auf einer Menge zwei Verknüpfungen definiert sind, wir nennen sie Addition und Multiplikation, dann soll $(a+b) \cdot c = (a \cdot c) + (b \cdot c)$ gelten sowie, weil die Multiplikation nicht kommutativ sein muss, $c \cdot (a+b) = (c \cdot a) + (c \cdot b)$.

Divergenz: Einem ▷ *Vektorfeld* $V = V(x)$ wird die Divergenz $D = \nabla \cdot V$ zugeordnet, mit ∇ als ▷ *Nabla-Operator*. Das ist ein ▷ *Skalarfeld*. Wenn beispielsweise j eine Stromdichte ist, dann gibt die Divergenz $\nabla \cdot j$ an, wie viel pro Zeit- und Volumeneinheit mehr abfließt als zufließt.

Dreiecksungleichung: Der kürzeste Weg von x nach z ist nie länger als der kürzeste Weg von x nach z mit dem Umweg über y. Vorschriften d, wie man Abstand zwischen zwei Punkten ermittelt, müssen diese Anforderungen erfüllen: $d(x,z) \leq d(x,y) + d(y,z)$. Siehe auch ▷ *Abstand* und ▷ *metrischer Raum*.

dünn besetzte Matrix: eine Matrix, die vorwiegend aus Nullen besteht. Man speichert sie als Liste von Einträgen ab, die den Spaltenindex, den Zeilenindex und den Wert des von Null verschiedenen Matrixelementes angeben. Die meisten Verfahren zur Lösung partieller Differentialgleichungen führen auf dünn besetzte Matrizen.

E

Eigenraum: L sei ein ▷ *linearer Operator* und $z \in \mathbb{C}$ ein ▷ *Eigenwert*. Die Vektoren f, für die $Lf = zf$ gilt, spannen einen ▷ *linearen Raum* auf, den Eigenraum von L zum Eigenwert z. Die Dimension dieses Eigenraumes ist die ▷ *Multiplizität* des Eigenwertes.

Eigenvektor: L sei ein ▷ *linearer Operator*. Ein von Null verschiedener Vektor ist ein Eigenvektor von L, wenn $Lf = zf$ gilt, mit $z \in \mathbb{C}$.

Eigenwert: $z \in \mathbb{C}$ ist ein Eigenwert, wenn $Lf = zf$ gilt. Dabei ist L ein ▷ *linearer Operator* und f ein von Null verschiedener Vektor aus dem ▷ *Eigenraum* von L zum Eigenwert z. Für Matrizen L heißt das: z ist ein Eigenwert, wenn $\det(L - zI) = 0$ gilt, mit I als Eins-Matrix. ▷ *Determinante* ▷ *Eins-Matrix*.

Eins-Funktion, Eins-Matrix, Eins-Operator: I ist ein ▷ *linearer Operator*, der $If = f$ für alle Vektoren f eines ▷ *linearen Raumes* bewirkt. Im n-dimensionalen linearen Raum wird er durch die Eins-Matrix I dargestellt. I hat auf der Diagonalen Einsen und Nullen sonst. Es gilt also $I_{jk} = \delta_{jk}$ mit dem ▷ *Kronecker-Symbol* δ_{jk}. Die Eins-Funktion ist durch $1(x) = 1$ definiert und darf nicht mit der identischen Abbildung $I(x) = x$ verwechselt werden.

Einsteinsche Summenkonvention: Wenn in einem Term derselbe Index zweifach auftritt, wird darüber automatisch summiert. Die Terme sind ▷ *Tensoren*, sie werden durch Plus-, Minus- oder Gleichheitszeichen getrennt. Ein Index soll oben stehen (kovariant), einer unten (kontravariant). Wenn die Tensorindizes mit Drehmatrizen umgerechnet werden, gibt es zwischen kovariant und kontravariant keinen Unterschied, die Indizes werden dann meist tiefgestellt.

elementare Funktion: Eine aus dem Argument, Exponentialfunktion, Sinus und Kosinus sowie deren Umkehrfunktionen durch die Grundrechenarten, Verketten und Invertieren in endlich vielen Schritten zusammengesetzte ▷ *Funktion*. Jede elementare Funktion kann analytisch differenziert werden. Die ▷ *Stammfunktion* einer elementaren Funktion muss nicht elementar sein. Anders ausgedrückt, die ▷ *Ableitung* einer nicht-elementaren Funktion kann trotzdem elementar sein.

Erwartungswert: (1) ▷ *Zufallsvariable* (2) M sei ein ▷ *selbstadjungierter Operator* (der eine Messgröße darstellt) und $f \in \mathcal{H}$ ein gemäß $\|f\| = 1$ normierter Vektor aus dem entsprechenden ▷ *Hilbert-Raum*. Man nennt $\langle M \rangle = (f, Mf)$ dann den Erwartungswert von M im Zustand f. Allgemeiner werden Zustände durch ▷ *Dichteoperatoren* W beschrieben. Der Erwartungswert wird dann gemäß $\langle M \rangle = \operatorname{tr} WM$ als ▷ *Spur* ausgerechnet.

Erzeuger: (1) ▷ *Leiter-Operatoren* (2) Der ▷ *selbstadjungierte Operator* A erzeugt die einparametrige ▷ *Gruppe* $s \to U_s = \mathrm{e}^{\mathrm{i}sA}$ ▷ *unitärer Operatoren*.

Exponentialfunktion: Die Exponentialfunktion $f(x) = \mathrm{e}^x$ ist durch die Beziehung $f' = f$ und durch $f(0) = 1$ auf ganz $\mathbb{R}$ erklärt. Sie ist überall positiv. Es gilt $\mathrm{e}^{x+y} = \mathrm{e}^x \mathrm{e}^y$. Die Umkehrfunktion der Exponentialfunktion ist der ▷ *Logarithmus*. Die ▷ *Taylor-Entwicklung* $\mathrm{e}^x = 1 + x/1! + x^2/2! + \ldots$ konvergiert immer. Setzt man in diese Potenzreihe eine komplexe Zahl $z = x + \mathrm{i}y$ ein, so ergibt sich $\mathrm{e}^z = \mathrm{e}^x(\cos y + \mathrm{i}\sin y)$. ▷ *Sinus* und ▷ *Kosinus*.

F

Faltung: Den Funktionen $f, g : \mathbb{R} \to \mathbb{R}$ wird die Faltung $h = f \star g$ zugeordnet. Sie ist durch $h(t) = \int \mathrm{d}s\, f(t-s) g(s)$ erklärt. Die ▷ *Fourier-Transformierte* einer Faltung ist das Produkt der entsprechenden Fourier-Transformierten, $H(\omega) = F(\omega)\, G(\omega)$.

finite Differenzen: Differentialquotienten werden durch Differenzenquotienten ersetzt. Beispielsweise gilt $f''(x) \approx \{f(x+h) - 2f(x) + f(x-h)\}/h^2$, was sich leicht auf den ▷ *Laplace-Operator* in zwei oder mehreren Dimensionen übertragen lässt. Mit der Methode der finiten Differenzen wird eine lineare gewöhnliche oder eine partielle Differentialgleichung zu einer Aufgabe der linearen Algebra mit endlich-dimensionalen Matrizen. Die Methode der finiten Differenzen ist einfach zu programmieren, aber häufig nur die zweitbeste Wahl.

finite Elemente: Das Gebiet, auf dem eine partielle Differentialgleichung zu lösen ist, wird in kleine Elemente zerlegt, meist Dreiecke oder Simplizes in mehr als zwei Dimensionen. Die Methode der finiten Elemente ist ein Spezialfall des ▷ *Galerkin-Verfahrens*. Die Lösung wird als Linearkombination von so genannten ▷ *Zeltfunktionen* dargestellt, deren Entwicklungskoeffizienten einem linearen Gleichungssystem genügen müssen. Die Methode der finiten Elemente kann fast alles, aber die Programmierung ist kompliziert und sollte nicht neu entwickelt werden.

Fläche: Eine Fläche im $\mathbb{R}^3$ besteht aus endlich vielen, stetig zusammengefügten Flächenstücken. Jedes Flächenstück ist ein differenzierbar verzerrtes Rechteck, das durch eine Parametrisierung $\boldsymbol{\xi} = \boldsymbol{\xi}(u,v)$ beschrieben wird. Der Rand des Rechteckes wird auf den Rand des Flächenstücks abgebildet, damit kann man dann erklären, was unter dem ▷ *Rand* der Fläche zu verstehen ist.

Flächenintegral: ▷ *Fläche*. Das Flächenintegral $\int_{\mathcal{F}} d\boldsymbol{A} \cdot \boldsymbol{V}$ über ein ▷ *Vektorfeld* $\boldsymbol{V}$ setzt sich additiv aus den Flächenintegralen über die Flächenstücke zusammen, es ist stabil gegen Umparametrisierungen. Das Flächenintegral über die ▷ *Rotation* eines Vektorfeldes lässt sich mit dem ▷ *Satz von Stokes* in ein ▷ *Wegintegral* über den ▷ *Rand* der Fläche umformen.

Fluktuation: eine ▷ *Zufallsvariable* X mit verschwindendem Erwartungswert, $\langle X \rangle = 0$. Der ▷ *zentrale Grenzwertsatz* handelt von identisch verteilten, statistisch unabhängigen Fluktuationen.

Folge: eine ▷ *Abbildung* $f: \mathbb{N} \to Y$. Meist schreibt man nicht $y = f(n)$, mit $n \in N$ und $y \in Y$, sondern $y = f_n$.

Fourier-Transformation, Fourier-Zerlegung: Eine nicht allzu wilde Funktion $g = g(t)$ kann gemäß $g(t) = (1/2\pi) \int d\omega \, e^{i\omega t} G(\omega)$ in harmonische Beiträge zerlegt werden. Die Fourier-Transformierte $G = G(\omega)$ lässt sich durch die Rücktransformation $G(\omega) = \int dt \, e^{-i\omega t} g(t)$ ausrechnen – wiederum eine

Fourier-Transformation. Entsprechende Zerlegungen gibt es für Sätze endlicher vieler Zahlen (diskrete Fourier-Transformation), für periodische Funktionen (Fourier-Reihen) und sogar für ▷ *Distributionen*. Lineare Probleme lassen sich oft sehr einfach für harmonische Funktionen $t \to e^{i\omega t}$ beziehungsweise $\cos \omega t$ oder $\sin \omega t$ lösen, sie sind damit aber für alle Funktionen gelöst. Für numerische Anwendungen kommt nur die diskrete Fourier-Transformation in Frage, weil ein Rechner lediglich mit endlich vielen Werten umgehen kann.

Fréchet-Ableitung: Das ▷ *Funktional* $\Phi : \mathcal{F} \to \mathbb{R}$ ist auf der Funktionenmenge $\mathcal{F}$ definiert. g sei so, dass $f + sg$ ebenfalls zu $\mathcal{F}$ gehört, wenigstens für kleine Werte von s. Man berechnet $f(s) = \Phi(f + sg)$ und damit $f'(0)$. Das ist die Fréchet-Ableitung von Φ bei f in Richtung g. Wir schreiben dafür $\partial_g \Phi(f)$. Die Fréchet-Ableitung spielt in der Variations-Rechnung eine wichtige Rolle.

Fundamentalsatz der Algebra: Jedes ▷ *Polynom* $p_n(z)$ vom Grad $n \geq 1$ kann als $\lambda(z - z_1)(z - z_2)\ldots(z - z_n)$ geschrieben werden. z, λ und die z_j sind im Allgemeinen komplexe Zahlen. Mehrere Werte z_j können zusammenfallen, man spricht dann von ▷ *Multiplizität*.

Funktional: $\mathcal{F}$ sei irgendeine Menge von Funktionen. Ein Funktional Φ ordnet jedem $f \in \mathcal{F}$ eine reelle oder komplexe Zahl zu. ▷ *lineares Funktional* ▷ *Fréchet-Ableitung*.

Funktion: Eine Funktion $f : \mathbb{R} \to \mathbb{R}$ bildet reelle Zahlen in reelle Zahlen ab. Die Menge $D \subseteq \mathbb{R}$, für die f tatsächlich erklärt ist, heißt Definitionsbereich. Die Menge $W = \{y \in \mathbb{R} \mid y = f(x), x \in D\}$ aller Bildpunkte ist der Wertebereich. Zu jedem $x \in \mathbb{R}$ gibt es entweder kein oder ein Bild $y = f(x)$. Zu jedem Punkt $y \in \mathbb{R}$ gibt es entweder kein oder ein oder mehrere Urbilder $x \in \mathbb{R}$. Dasselbe Urbild x kann nicht in zwei verschiedene Werte abgebildet werden. Funktionen werden durch ihren Definitionsbereich und durch die Abbildungsvorschrift gekennzeichnet. ▷ *Abbildung* meint oft dasselbe wie Funktion, jedoch müssen in $f : X \to Y$ die Mengen X und Y nicht unbedingt mit der Menge $\mathbb{R}$ der reellen Zahlen übereinstimmen. Wir verwenden das Wort Funktion auch für Abbildungen $\mathbb{R} \to \mathbb{C}$ und $\mathbb{C} \to \mathbb{C}$.

Funktionaldeterminante: Wenn $\bar{x}_i = f_i(x_1, x_2, \ldots, x_n)$ neue Koordinaten sein sollen, muss die differenzierbare Abbildung von $(x_1, x_2, \ldots, x_n)$ zu $(\bar{x}_1, \bar{x}_2, \ldots, \bar{x}_n)$ ▷ *umkehrbar* sein. Das ist genau dann der Fall, wenn die Funktionaldeterminante, die Determinante der Matrix $F_{ij}(x) = \partial f_i(x)/\partial x_j$, überall von Null verschieden ist. Oft wird $\partial(f_1, f_2 \ldots, f_n)/\partial(x_1, x_2, \ldots, x_n)$ für die Funktionaldeterminante geschrieben.

G

Galerkin-Verfahren: Die Forderung, dass die lineare Differentialgleichung $Lu = f$ gelten soll, wird in die schwache Fassung $(g, Lu - f) = 0$ übersetzt, mit einem passenden Skalarprodukt, für alle g. Alle Funktionen g, u und f nähert man durch Entwicklungen nach endlich vielen Basisfunktionen $h_1, h_2, \ldots h_N$, und damit ergibt sich ein N-dimensionales Matrixproblem. Wenn man das Grundgebiet in finite Elemente zerlegt und als Basisfunktionen deren ▷ *Zeltfunktionen* einführt, ist man bei der Methode der ▷ *finiten Elemente* angekommen.

Galilei-Gruppe: Die Galilei-Transformationen von Zeit- und Raumkoordinaten, nämlich $(t, \boldsymbol{x}) \to (t', \boldsymbol{x}') = (t + \tau, R\boldsymbol{x} + \boldsymbol{a} + t\boldsymbol{u})$, bilden eine ▷ *Gruppe*. R ist eine ▷ *orthogonale Matrix*.

Gaußscher Satz: Für ein Gebiet $\mathcal{G}$ mit Oberfläche $\partial \mathcal{G}$ gilt $\int_\mathcal{G} dV\, \boldsymbol{\nabla} \cdot \boldsymbol{V} = \int_{\partial \mathcal{G}} d\boldsymbol{A} \cdot \boldsymbol{V}$. Das Gebietsintegral über eine Divergenz stimmt überein mit dem Oberflächenintegral des Vektorfeldes.

Gebiet: Eine Gebietsstück ist ein differenzierbar verformter Quader, der durch eine Parametrisierung $\boldsymbol{\xi} = \boldsymbol{\xi}(u, v, w)$ beschrieben wird. Das Gebiet selber setzt sich aus stetig aneinander gefügten Gebietsstücken zusammen. Die ▷ *Funktionaldeterminante* $\partial(\xi_1, \xi_2, \xi_3)/\partial(u, v, w)$ soll überall positiv sein. Der ▷ *Rand* $\partial \mathcal{G}$ des Gebietes $\mathcal{G}$, seine Oberfläche, ist eine geschlossene, randlose Fläche.

Gebietsintegral: Ein ▷ *Gebiet* $\mathcal{G}$ besteht aus stetig aneinander gefügten Gebietsstücken. Das Gebietsintegral $\int_\mathcal{G} dV\, S$ über das Skalarfeld S setzt sich aus den Gebietsintegralen über die Gebietsstücke zusammen. Gebietsintegrale sind gegenüber Umparametrisierung stabil. Wenn der Integrand S die ▷ *Divergenz* eines Vektorfeldes $\boldsymbol{V}$ ist, kann man es mithilfe des ▷ *Gaußschen Satzes* in ein Oberflächenintegral umformen.

geometrische Reihe: Die geometrische Summe $1 + z + z^2 + \ldots + z^{n-1}$ hat für $z \neq 1$ den Wert $(1 - z^n)/(1 - z)$. Für $|z| < 1$ konvergiert die geometrische ▷ *Reihe* $1 + z + z^2 + \ldots$ gegen $1/(1 - z)$.

Gesetz der großen Zahlen: $X_1, X_2, \ldots$ sei eine Folge von paarweise ▷ *unabhängigen Zufallsvariablen* mit demselben Erwartungswert $\bar{x} = \langle X_n \rangle$. $Y_n = (X_1 + X_2 + \ldots + X_n)/n$ ist der Mittelwert von n Messungen. Die Folge

$p(Y_n; u)$ der Wahrscheinlichkeitsdichten strebt, so das Gesetz der großen Zahlen, gegen $p_\infty(u) = \delta(u - \bar{x})$. δ ist die ▷ *Dirac-Funktion*. Je größer die Zahl unabhängiger Wiederholungen X_j einer Messung ist, umso besser kann man sich darauf verlassen, dass Mittelwert und Erwartungswert übereinstimmen.

gewöhnliche Differentialgleichung: Eine Gleichung, die die gesuchte Funktion y, deren Argument x und ▷ *Ableitungen* $y', y'', \ldots$ bis zu einer gewissen Ordnung in Beziehung setzt, so wie in $y'' = \Phi(x, y, y')$.

Gradient: Das ▷ *Skalarfeld* $S = S(\boldsymbol{x})$ hat das Gradientenfeld $\boldsymbol{V} = \boldsymbol{\nabla} S(\boldsymbol{x})$, mit $\boldsymbol{\nabla}$ als ▷ *Nabla-Operator*. Dieses Feld $\boldsymbol{V} = \boldsymbol{V}(\boldsymbol{x})$ ist ein ▷ *Vektorfeld*.

Grenzwert: Eine ▷ *Folge* $a_1, a_2, \ldots$ von Elementen eines ▷ *metrischen Raumes* konvergiert gegen einen Grenzwert a, wenn fast alle Folgenglieder beliebig nahe an a heranrücken. Zu jedem $\epsilon > 0$ gibt es eine Zahl N, sodass $d(a_n, a) \leq \epsilon$ gilt für alle $n \geq N$. Die Folgen können aus rationalen, reellen oder komplexen Zahlen bestehen, aus Funktionen oder linearen Operatoren. Eine Menge ist ▷ *vollständig*, wenn alle ▷ *Cauchy-konvergenten* Folgen in dieser Menge auch einen Grenzwert in der Menge haben. In diesem Sinne ist die Menge der rationalen Zahlen nicht vollständig, wohl aber die Menge der reellen Zahlen, jeweils mit $d(x, y) = |x - y|$.

Gruppe: Eine Menge G, deren Elemente miteinander verknüpft werden können. Die Verknüpfung soll das ▷ *Assoziativgesetz* respektieren: $g_1 \cdot (g_2 \cdot g_3) = (g_1 \cdot g_2) \cdot g_3$. Es muss ein neutrales Element e geben, sodass $e \cdot g = g \cdot e = g$ für alle $g \in G$ gilt. Außerdem wird verlangt, dass jedes Gruppenelement g ein inverses Gruppenelement g^{-1} hat, sodass $gg^{-1} = g^{-1}g = e$ gilt. Die ganzen Zahlen mit der Addition als Verknüpfung bilden beispielsweise eine Gruppe, nicht jedoch die natürlichen Zahlen. Wir behandeln fast ausschließlich ▷ *Transformationsgruppen*. Eine Gruppe heißt ▷ *abelsch*, wenn alle Gruppenelemente miteinander vertauschen.

H

Hauptsatz der Integral- und Differentialrechnung: siehe ▷ *Integral*. Die Ableitung eines Integrals nach der oberen Grenze ergibt den Integranden an der oberen Grenze. Verwandt damit sind entsprechende Sätze über Weg-, Flächen- und Gebietsintegrale, ▷ *Satz von Stokes* und ▷ *Gaußscher Satz*.

hermitesche Matrix: nach Hermite. Eine quadratische Matrix M komplexer Zahlen ist hermitesch, wenn $M_{jk} = (M_{kj})^*$ gilt. Dasselbe wie ▷ *selbstadjungiert* oder ▷ *symmetrisch* für endlich-dimensionale Operatoren.

Hilbert-Raum: Ein ▷ *linearer Raum*, der mit einem ▷ *Skalarprodukt* ausgestattet und ▷ *vollständig* ist. Wir verwenden diesen Ausdruck fast ausschließlich für den Fall, dass die Skalare des linearen Raumes komplexe Zahlen sind. Endlich-dimensionale lineare Räume mit Skalarprodukt sind immer vollständig und daher Hilbert-Räume. Von besonderem Interesse sind ▷ *lineare Operatoren*, die einen Hilbert-Raum linear in sich abbilden. Anderer Schlüsselbegriff sind das ▷ *vollständige Orthonormalsystem* sowie die ▷ *Zerlegung der Eins*.

holomorph: für ▷ *analytische Funktion* dasselbe wie analytisch.

I

Infimum: A sei eine Menge reeller Zahlen. Die reelle Zahl s ist eine untere Schranke für A, wenn $x \geq s$ für alle $x \in A$ gilt. Die größte solche Schranke σ ist das Infimum, und man schreibt $\sigma = \inf A$. Wenn σ zu A gehört, spricht man von einem Minimum. Das Infimum der Mengen $(0,1]$ sowie $[0,1]$ ist beidesmal 0. Im zweiten Fall handelt es sich um ein Minimum. ▷ *Supremum*.

Integral: Das Integral $\int_a^b dx\, f(x)$ der stetigen Funktion f (Integrand) über das Intervall $[a,b]$ ist die Fläche unter dem Graphen $x \to y = f(x)$ zwischen $x = a$ und $x = b$. Flächen unterhalb der Nulllinie $y = 0$ werden negativ gerechnet. Wenn eine ▷ *Stammfunktion* F zum Integranden f bekannt ist, kann man das Integral durch $F(b) - F(a)$ berechnen (▷ *Hauptsatz der Differential- und Integralrechnung*). Das Integral ist ein ▷ *lineares Funktional* des Integranden und im Integrationsbereich additiv. Siehe auch ▷ *Riemann-Integral*, ▷ *Lebesgue-Integral*, ▷ *Wegintegral*, ▷ *Flächenintegral* und ▷ *Gebietsintegral*.

Intervall: eine zusammenhängende Menge reeller Zahlen. Das abgeschlossene Intervall $[a,b]$ besteht aus den Zahlen x mit $a \leq x \leq b$. Wir bezeichnen mit $(a,b]$ den halboffenen Bereich $a < x \leq b$. Dafür wird gern auch $]a,b]$ geschrieben. Entsprechendes gilt für $[a,b)$ beziehungsweise $[a,b[$. $a < x < b$ kennzeichnet das offene Intervall (a,b) beziehungsweise $]a,b[$. Im Falle $a > b$ sind alle Intervalle leer. Wenn $a = b$ gilt, besteht das abgeschlossene Intervall aus der Zahl a, die übrigen sind leer. $(0,\infty)$ bezeichnet die positiven Zahlen, und so weiter. $(-\infty,\infty)$ ist dasselbe wie $\mathbb{R}$.

inverse Matrix: Die Matrix M vermittelt eine lineare Abbildung $Mf = g$ von Vektoren f in Vektoren g. Die Abbildung ist ▷ *umkehrbar*, wenn $Mf_1 = Mf_2$ nur die Lösung $f_1 = f_2$ hat, wenn also $Mf = 0$ nur mit $f = 0$ gelöst werden kann. Null darf kein ▷ *Eigenwert* sein. Es gibt dann eine inverse Matrix M^{-1}, die gerade die Umkehrabbildung beschreibt, und es gilt

$MM^{-1} = M^{-1}M = I$, mit I als ▷ *Eins-Matrix*. M hat eine inverse Matrix genau dann, wenn die ▷ *Determinante* $\det(M)$ nicht verschwindet.

Iso-Fläche: Eine Fläche, auf der das skalare Feld $S = S(\boldsymbol{x})$ einen konstanten Wert hat. Der ▷ *Gradient* $\boldsymbol{\nabla} S$ steht senkrecht auf den Iso-Flächen.

J

Jacobi-Identität: Für die drei linearen Operatoren A, B, C gilt $[AB, C] = A[B, C] + [A, C]B$. ▷ *Kommutator*.

K

kanonische Vertauschungsregel: $[Q, P] = \mathrm{i}I$ ist eine kanonische Vertauschungsregel, zum Beispiel für den Ortsoperator Q und den Impulsoperator P. I ist der ▷ *Eins-Operator*.

kartesische Koordinaten: Drei senkrecht aufeinander stehende Achsen mit gleichem Maßstab bilden ein kartesisches Koordinatensystem (nach Descartes, latinisiert Cartesius). Die Projektion eines Punktes auf diese Achsen liefert drei reelle Zahlen x_1, x_2, x_3, die kartesischen Koordinaten des Punktes. ▷ *Satz des Pythagoras*.

Kettenregel: Die ▷ *Komposition* $h(x) = g(f(x))$ differenzierbarer Funktionen ist differenzierbar, und zwar gemäß $h'(x) = g'(f(x)) f'(x)$.

Klasse: Klassen werden mit Bezug auf eine ▷ *Äquivalenzrelation* definiert. Alle zueinander äquivalenten Elemente bilden eine Klasse, ein neues Objekt. Will man mit der Klasse rechnen, muss man irgendeinen Vertreter heranziehen.

Kommutator: Zwei ▷ *linearen Operatoren* A, B ordnet man den Kommutator $[A, B] = AB - BA$ zu. $[A, B] = \mathrm{i}C$ ist eine Vertauschungsregel. Wenn A und B ▷ *selbstadjungiert* sind, ist auch C selbstadjungiert. ▷ *Jacobi-Identität* ▷ *kanonische Vertauschungsregel*.

komplex differenzierbar: Eine Abbildung $f : \mathbb{C} \to \mathbb{C}$, auf einer offenen Menge $\Omega \subseteq \mathbb{C}$ definiert, ist bei $z \in \Omega$ komplex differenzierbar, wenn der Quotient aus $f(z) - f(z_j)$ und $z - z_j$ einen Grenzwert hat für jede gegen z konvergierende Folge $z_1, z_2, \ldots$ mit $z_j \neq z$. $f = f(z)$ ist eine ▷ *analytische Funktion*, wenn sie in jedem Punkt $z \in \Omega$ komplex differenzierbar ist. Für komplex differenzierbare, also analytische Funktionen gelten die ▷ *Cauchy-Riemann-Differentialgleichungen*.

Komposition: Zusammensetzung von Abbildungen dadurch, dass man sie nacheinander ausführt. Sei $f : X \to Y$ eine Abbildung der Menge X auf die Menge Y und $g : Y \to Z$ eine Abbildung von Y auf Z. Indem man $h(x) = g(f(x))$ schreibt, hat man eine Abbildung h von X auf Z definiert. Diese Komposition $h = g \circ f$ ist ▷ *surjektiv*, so wie f und g. Jedes Element der Zielmenge hat wenigstens ein Urbild. Für die Ableitung einer Komposition differenzierbarer Funktionen gilt die ▷ *Kettenregel*.

konkave Funktion: Eine Funktion $f : \mathbb{R} \to \mathbb{R}$ ist konkav, wenn die Punktmenge unter dem Graphen eine ▷ *konvexe Menge* ist. Das läuft auf $f(sx+(1-s)y) \geq sf(x)+(1-s)f(y)$ hinaus, für $s \in [0,1]$. Zweifach differenzierbare Funktionen sind konkav, wenn $f''(x) \leq 0$ gilt. ▷ *konvexe Funktion*.

Konvergenzradius: Sei $p : \mathbb{C} \to \mathbb{C}$ eine ▷ *Potenzreihe* um z_0, nämlich $p(z) = a_0 + a_1(z-z_0) + a_2(z-z_0)^2 + \ldots$ Der Konvergenzradius R ist die größte Zahl, sodass die Potenzreihe für $|z - z_0| < R$ konvergiert. Im Konvergenzbereich $|z - z_0| < R$ stellt p eine analytische Funktion dar und ist gliedweise differenzierbar, beliebig oft. Das gilt sinngemäß auch für die Einschränkung auf reelle Zahlen. Vorsicht: der Konvergenzradius R kann den Wert Null haben, dann kann man mit p nichts anfangen.

konvexe Funktion: Eine Funktion $f : \mathbb{R} \to \mathbb{R}$ ist konvex, wenn die Punktmenge über dem Graphen eine ▷ *konvexe Menge* ist. Das läuft auf $f(sx + (1-s)y) \leq sf(x) + (1-s)f(y)$ hinaus, für $s \in [0,1]$. Zweifach differenzierbare Funktionen sind konvex, wenn $f''(x) \geq 0$ gilt. Man beachte, dass eine lineare Funktion sowohl konvex als auch ▷ *konkav* ist.

konvexe Menge: Die Teilmenge M eines linearen Raumes ist konvex, wenn je zwei ihrer Punkte durch eine Gerade verbunden werden können, die ganz in M liegt. Mit $x, y \in M$ soll $sx + (1-s)y \in M$ gelten, für $s \in [0,1]$. In diesem Sinne ist ein Intervall $[a,b] \in R$ konvex. Im $\mathbb{R}^2$ ist die Kreisscheibe ein Musterbeispiel für eine konvexe Menge. Die Menge der Punkte (x,y) über einer Parabel, $y \geq x^2$, ist ebenfalls konvex. Deswegen ist $f(x) = x^2$ eine ▷ *konvexe Funktion*.

Kosinus: Der Kosinus ist die Ableitung des ▷ *Sinus*, $\cos(x) = \sin'(x)$. Die Ableitung des Kosinus stimmt bis auf das Vorzeichen mit dem Sinus überein, $\cos'(x) = -\sin(x)$. Beide ▷ *Winkelfunktionen* sind auf ganz $\mathbb{R}$ definiert, ihre Werte liegen im Intervall $[-1,1]$. Der Kosinus ist, wie der Sinus, periodisch: $\cos(x+2\pi) = \cos(x)$. Die Potenzreihe $\cos(x) = 1 - x^2/2! + x^4/4! - \ldots$ konvergiert auf ganz $\mathbb{R}$.

Kreuzprodukt: ▷ *Vektorprodukt*.

Kronecker-Symbol: δ_{jk} hat den Wert 1, wenn die Indizes j und k übereinstimmen. Andernfalls verschwindet es. ▷ *Eins-Matrix*.

L

Laplace-Operator: $\Delta = \boldsymbol{\nabla} \cdot \boldsymbol{\nabla} = \partial_x^2 + \partial_y^2 + \partial_z^2$. Die zweifache Ableitung für Felder, transformiert sich als Skalar. Es gilt $\Delta u = u_{xx} + u_{yy} + u_{zz}$. ▷ *Wärmeleitungsgleichung* ▷ *Wellengleichung*.

Lebesgue-Integral: Im Gegensatz zum üblichen Integral, bei dem man die Abszisse (x-Achse) in immer kleiner Intervalle unterteilt, wird beim Lebesgue-Integral die Ordinate (y-Achse) in immer kleiner Intervalle $[y, y+h]$ aufgeteilt. Wenn die Funktion f ▷ *messbar* ist, kann man das Maß μ der Menge aller x-Werte angeben, für die $f(x) \in [y, y+h)$ gilt. Damit wird y gewichtet, und die Summe über solche Beiträge ergibt eine untere Grenze an das Integral, die mit $h \to 0$ konvergiert. Für stetige Funktionen fällt das Lebesgue-Integral mit dem üblichen Integral zusammen, es ist jedoch für mehr Funktionen erklärt. Der Begriff des Lebesgue-Integrals wird für ▷ *Hilbert-Räume* ▷ *quadratintegrabler* Funktionen benötigt.

Leiter-Operator: Leiter-Operatoren treten in Paaren auf. ▷ *Aufsteige-Operator* A_+ (oder Erzeuger) und ▷ *Absteige-Operator* A_- (oder Vernichter) vertauschen miteinander gemäß $[A_-, A_+] = I$. Dabei ist I der ▷ *Eins-Operator*. $N = A_+ A_-$ ist ein ▷ *Zahloperator*, er hat als ▷ *Eigenwerte* die natürlichen Zahlen.

Levi-Civita-Symbol: Das total-antisymmetrische ϵ_{ijk}-Symbol verschwindet, falls zwei Indizes gleich sind. Ansonsten gilt $\epsilon_{123} = \epsilon_{231} = \epsilon_{312} = 1$ und $\epsilon_{321} = \epsilon_{213} = \epsilon_{132} = -1$. ▷ *Vektorprodukt*. In n Dimensionen durchlaufen die Indizes $i_1, i_2, \ldots, i_n$ die Werte von 1 bis n. Sind zwei Indizes gleich, verschwindet $\epsilon_{i_1 i_2 \ldots i_n}$, es hat den Wert 1, wenn es sich um eine gerade ▷ *Permutation* von $1, 2, \ldots n$ handelt und -1 sonst.

linearer Operator: Wir verwenden diesen Ausdruck fast ausschließlich für lineare Abbildungen L eines ▷ *Hilbert-Raumes* $\mathcal{H}$ in sich. Es soll also

$L(\alpha_1 f_1 + \alpha_2 f_2) = \alpha_1 L f_1 + \alpha_2 L f_2$ für alle $f_1, f_2 \in \mathcal{H}$ und für alle $\alpha_2, \alpha_2 \in \mathbb{C}$ gelten (zumindest für einen ▷ *dichten* Teilraum). Häufig vorkommende Klassen linearer Operatoren sind ▷ *Projektoren*, ▷ *normale Operatoren*, ▷ *unitäre Operatoren*, ▷ *selbstadjungierte Operatoren*, ▷ *positive Operatoren*, ▷ *Dichteoperatoren* und ▷ *Leiter-Operatoren*. ▷ *Beschränkte Operatoren* sind tatsächlich auf dem gesamten Hilbert-Raum erklärt, ▷ *unbeschränkte Operatoren* jedoch nur auf einem ▷ *dichten* Teilraum.

linearer Raum: Die Elemente eines linearen Raumes werden auch als Vektoren bezeichnet. Vektoren kann man addieren, wobei $x + y = y + x$ gilt, und mit Skalaren λ multiplizieren. Es gilt $(x + y) + z = x + (y + z)$ sowie $\lambda(x + y) = \lambda x + \lambda y$. Die Skalare können reelle oder komplexe Zahlen sein. Es gibt genau einen Nullvektor 0, sodass $x + 0 = x$ gilt. Beispiele sind der $\mathbb{R}^3$ oder die Menge der stetigen Funktionen.

lineares Funktional: $\mathcal{L}$ sei ein ▷ *linearer Raum*. Eine ▷ *Abbildung* $\Phi : \mathcal{L} \to \mathbb{R}$ oder $\Phi : \mathcal{L} \to \mathbb{C}$ ist ein lineares Funktional, wenn $\Phi(f_1 + f_2) = \Phi(f_1) + \Phi(f_2)$ gilt und $\Phi(\alpha f) = \alpha \Phi(f)$, für $f, f_1, f_2 \in \mathcal{L}$ und $\alpha \in \mathbb{R}$ oder $\alpha \in \mathbb{C}$. Das ▷ *Integral* ist ein lineares Funktional des Integranden. Das ▷ *Skalarprodukt* $f \to (g, f)$ ist ebenfalls ein lineares Funktional $\Phi_g = \Phi_g(f)$.

linear unabhängig: Die Vektoren $f_1, f_2, \ldots, f_n$ sind sind linear unabhängig, wenn die Gleichung $\alpha_1 f_1 + \alpha_2 f_2 + \ldots + \alpha_n f_n = 0$ (0 ist der Nullvektor) nur mit $\alpha_1 = \alpha_2 = \ldots = \alpha_n = 0$ gelöst werden kann.

Linienintegral: siehe ▷ *Wegintegral*.

Logarithmus: Darunter verstehen wir fast immer den natürlichen Logarithmus. Er ist als Umkehrfunktion der ▷ *Exponentialfunktion* erklärt, also durch $e^{\ln(x)} = x$. Der Logarithmus ist für $0 < x$ erklärt und nimmt Werte in ganz $\mathbb{R}$ an. Es gilt $\ln(1) = 0$ und $\ln(xy) = \ln(x) + \ln(y)$.

M

Majorantenkriterium: $Y = y_1 + y_2 + \ldots$ sei eine konvergente ▷ *Reihe*, $0 \leq y_j \in \mathbb{R}$. $X_n = x_1 + x_2 + \ldots + x_n$ ist eine Folge mit Summanden in einem ▷ *normierten Raum*. X_n ist ▷ *Cauchy-konvergent*, wenn für alle Indizes j die Abschätzung $\|x_j\| \leq y_j$ gilt. Wenn der normierte Raum zudem ein ▷ *Banach-Raum* ist, hat die Folge X_n sogar einen ▷ *Grenzwert*, $X = x_1 + x_2 + \ldots$ ist dann also eine konvergente Reihe. Anders ausgedrückt: Wenn man eine Reihe X vor sich hat, die Beiträge durch die Absolutwerte ersetzt und diese gliedweise so abschätzen kann, dass die Reihe dann noch immer konvergiert: dann konvergiert auch die ursprüngliche Reihe.

Maß: Man betrachtet eine Menge Ω von Punkten und eine ▷ σ-*Algebra* $\mathfrak{M}$ von Teilmengen, die messbar heißen. Jeder messbaren Menge $A \in \mathfrak{M}$ ist ein Maß $\mu(A)$ zugeordnet, eine nicht-negative reelle Zahl, die auch Unendlich sein kann. Die leere Menge ist messbar und hat das Maß 0. Für eine Menge A, die als Vereinigung $\cup_i A_i$ disjunkter (punktfremder) messbarer Mengen A_i geschrieben werden kann, addieren sich die Maße $\mu(A_i)$ zu $\mu(A)$. Für $\Omega = \mathbb{R}$ ist das ▷ *Borel-Maß* gebräuchlich.

messbar: Eine reellwertige Funktion $f : \Omega \to \mathbb{R}$ ist messbar, wenn das Urbild jedes offenen Intervalls eine messbare Menge (▷ *Maß*) ist. Für $f : \mathbb{R} \to \mathbb{R}$ genügt es zu zeigen, dass das Urbild eines offenen Intervalls aus Intervallen zusammengesetzt ist (Durchschnitte und Vereinigungen). ▷ *Borel-Maß*.

metrischer Raum: Eine Punktmenge, auf der ein ▷ *Abstand* erklärt ist. Der metrische Raum ist vollständig, wenn jede ▷ *Cauchy-konvergente* Folge einen Grenzwert hat.

monoton: Eine Funktion $f : \mathbb{R} \to \mathbb{R}$ wächst monoton, wenn aus $x \leq y$ immer $f(x) \leq f(y)$ folgt. Die Funktion wächst streng monoton, wenn $x < y$ immer $f(x) < f(y)$ nach sich zieht. Für differenzierbare Funktionen bedeutet das $f'(x) \geq 0$ (monoton wachsend) beziehungsweise $f'(x) > 0$ (streng monoton wachsend). Entsprechende Aussagen gelten für monoton fallende Funktionen.

Multiplizität: bezieht sich auf Nullstellen eines ▷ *Polynoms* oder auf ▷ *Eigenwerte*. Man kann sagen, dass ein Polynom vom Grade n gerade n Nullstellen hat, wenn man zulässt, dass derselbe Wert mehrfach vorkommt. Der Ausdruck $\det(A - zI)$ für eine $n \times n$-Matrix ist ein Polynom vom Grade n. Es gibt also n Eigenwerte z, wenn man zulässt, dass derselbe Wert mehrfach vorkommt. Die Häufigkeit, mit der ein und derselbe Wert vorkommt, ist seine Multiplizität. Beispielsweise hat die $n \times n$-▷ *Eins-Matrix* den Eigenwerte 1 mit der Multiplizität n. Sinngemäß gilt das auch für Eigenwerte im unendlich-dimensionalen Hilbert-Raum.

N

Nabla-Operator: nach dem altgriechischen Namen für ein antikes Saiteninstrument. ∇ bezeichnet die drei partiellen Ableitungen nach den Ortskoordinaten eines Feldes. Für ein ▷ *Skalarfeld* S bezeichnet ∇S den ▷ *Gradienten*.

Für ein ▷ *Vektorfeld* V stellt $\nabla \cdot V$ die ▷ *Divergenz* dar und $\nabla \times V$ die ▷ *Rotation*.

Norm: Die Norm $\|x\|$ ordnet jedem Element x eines ▷ *linearen Raumes* eine nicht-negative reelle Zahl zu. Die Norm verschwindet nur für den Nullvektor. Es sollen $\|\lambda x\| = |\lambda| \|x\|$ gelten und die Dreiecksungleichung $\|x+y\| \leq \|x\| + \|y\|$. Wenn der lineare Raum mit einem ▷ *Skalarprodukt* ausgestattet ist, dann definiert $\|x\| = \sqrt{(x,x)}$ eine Norm. Für ▷ *beschränkte Operatoren* lässt sich ebenfalls eine Norm erklären.

normaler Operator: Ein linearer Operator $N : \mathcal{H} \to \mathcal{H}$ ist normal, wenn er mit seinem ▷ *adjungierten Operator* $N^\dagger$ vertauscht. Normale Operatoren können im Sinne von $N = z_1 \Pi_1 + z_2 \Pi_2 + \ldots$ diagonalisiert werden. Dabei ist $I = \Pi_1 + \Pi_2 + \ldots$ eine ▷ *Zerlegung der Eins* in paarweise orthogonale ▷ *Projektoren*. Die Eigenwerte z_j sind im Allgemeinen komplexe Zahlen.

Normalverteilung: ▷ *Zentraler Grenzwertsatz*.

normierter Raum: Ein mit einer ▷ *Norm* ausgestatteter linearer Raum. Er ist vollständig, wenn jede ▷ *Cauchy-konvergente* Folge einen Grenzwert hat. Ein vollständiger normierter Raum wird auch als ▷ *Banach-Raum* bezeichnet.

O

Oberflächenintegral: Der Rand eines ▷ *Gebietes* ist dessen Oberfläche, eine ▷ *Fläche* ohne ▷ *Rand*. Das ▷ *Flächenintegral* über eine Oberfläche ist das Oberflächenintegral. ▷ *Satz von Stokes*.

offene Menge: Eine Menge $M \subseteq \Omega$ ist offen, wenn jedes x in M eine ▷ *Umgebung* hat, die ebenfalls zu M gehört. Das ▷ *Intervall* $(a,b) \subseteq \mathbb{R}$ ist ein Beispiel. Für ▷ *metrische Räume* genügt es nachzuweisen, dass es eine Zahl $\epsilon > 0$ gibt, sodass die Kugel $K_\epsilon(x) = \{y \mid d(y-x) < \epsilon\}$ zu M gehört. $d(y-x)$ ist der ▷ *Abstand* zwischen x und y. Eine offene Menge M hat einen ▷ *Rand* ∂M, sodass $M \cup \partial M$ eine ▷ *abgeschlossene Menge* ist. $\Omega \setminus M$ ist für jede offene Menge M abgeschlossen. Immer dann, wenn eine Aussage nicht nur einen Punkt betrifft, sondern auch dessen Umgebung einbezieht, ist von offenen Mengen die Rede, wie bei stetig oder differenzierbar.

orthogonale Matrix: Die reelle quadratische Matrix M ist orthogonal, wenn $\sum_j M_{ij} M_{kj} = \delta_{ik}$ gilt. Das kann man auch als $M M^\mathsf{T} = I$ schreiben. M^T ist die zu M ▷ *transponierte Matrix*, δ das ▷ *Kronecker-Symbol*, und I steht für die ▷ *Eins-Matrix*. In drei Dimensionen spricht man auch von einer Drehmatrix.

P

partielle Ableitung: Wenn eine Funktion u von mehreren Argumenten $x, y, \ldots$ abhängt, muss man sie partiell ableiten. Man wählt ein Argument als variabel und betrachtet die restlichen als konstant. Nach dieser Variablen wird dann wie gewohnt differenziert. Für $f(x) = u(x, y)$ beispielsweise schreibt man $f'(x)$ als $\partial u(x,y)/\partial x$ oder $\partial_x u(x,y)$ oder auch als $u_x = u_x(x,y)$.

partielle Differentialgleichung: Eine Gleichung, die die gesuchte Funktion, deren Argumente und die ▷ *partiellen Ableitungen* miteinander verknüpft. Siehe auch ▷ *Cauchy-Riemann-Differentialgleichungen*, ▷ *Wärmeleitungsgleichung* und ▷ *Wellengleichung*. Gibt es nur ein Argument, dann handelt es sich um eine ▷ *gewöhnliche Differentialgleichung*.

Permutation: Sei M_n die Menge der Zahlen von 1 bis n. Eine umkehrbare Abbildung $P : M_n \to M_n$ wird als Permutation (Umordnung) bezeichnet. Beispielsweise ist $(1, 2, 3) \to (2, 1, 3)$ eine Permutation. Permutationen sind ▷ *Transformationen*, sie bilden die ▷ *symmetrische Gruppe* S_n. Jede Permutation kann aus dem Vertauschen zweier Werte zusammengesetzt werden. Wenn insgesamt eine gerade Anzahl von Vertauschungen erforderlich ist, spricht man von einer geraden Permutation, ansonsten ist sie ungerade. Die geraden Permutationen bilden eine Untergruppe der symmetrischen Gruppe.

Poincaré-Gruppe: Mit x^0 als Zeit (in Lichtsekunden) und $\boldsymbol{x}$ als Koordinaten in Bezug auf ein unbeschleunigtes kartesisches Koordinatensystem beschreibt man Ereignisse in Zeit und Raum durch das Viertertupel $x^i = (x^0, x^1, x^2, x^3)$. Dasselbe Ereignis in Bezug auf ein anderes Inertialsystem hat die Koordinaten $x'^i = a^i + \Lambda^i{}_j x^j$. Die 4×4-Matrizen Λ sind durch $g_{ij} \Lambda^i{}_k \Lambda^j{}_l = g_{kl}$ eingeschränkt. Die g_{ij} haben den Wert 1 ($i = j = 0$) beziehungsweise -1 ($i = j = 1, 2, 3$) und verschwinden sonst. Diese Poincaré- ▷ *Transformationen* bilden eine Gruppe. Über doppelt auftretende Indizes wird hier automatisch summiert, ▷ *Einsteinsche Summenkonvention*.

Polynom: Ein Ausdruck der Gestalt $p_n(x) = a_0 + a_1 x + a_2 x^2 + \ldots + a_n x^n$ mit $a_n \neq 0$. n ist die Ordnung des Polynoms. Die Variable x kann eine Zahl sein, eine quadratische Matrix oder ein linearer Operator, alles, was man mit sich selber und mit Skalaren multiplizieren kann. Die komplexen Zahlen $\mathbb{C}$ werden eingeführt, damit jedes nicht-konstante Polynom mit reellen oder komplexen Koeffizienten wenigstens eine Nullstelle hat (▷ *Fundamentalsatz der Algebra*).

positiver Operator: Ein ▷ *selbstadjungierter Operator*, dessen ▷ *Eigenwerte* größer oder gleich Null sind. Hier wie an mehreren anderen Stellen schreiben wir positiv und meinen ‚nicht negativ'. Positive Operatoren P sind auch durch $(f, Pf) \geq 0$ für alle Vektoren f gekennzeichnet. Eine gleichwertige Definition ist, dass sie als $P = L^\dagger L$ dargestellt werden können, mit irgendeinem ▷ *linearen Operator L*.

Potenzreihe: Die formale Summe $p(x) = a_0 + a_1 x + a_2 x^2 + \ldots$ So etwas wie ein ▷ *Polynom* der Ordnung unendlich. Man muss die Variable x mit sich selber und mit Skalaren multiplizieren können, dafür kommen beispielsweise Zahlen, quadratische Matrizen und lineare Operatoren in Frage. Wenn es eine ▷ *Norm* gibt, kann über Konvergenz geredet werden, darüber also, ob die Folge $\|a_0 + a_1 x + \ldots + a_n x^n - p(x)\|$ mit $n \to \infty$ gegen Null konvergiert. Siehe ▷ *Konvergenzradius* ▷ *Taylor-Reihe*.

Produktregel: das Produkt $h(x) = f(x)g(x)$ zweier differenzierbarer Funktionen ist differenzierbar. Die Ableitung des Produktes rechnet man gemäß $h'(x) = f'(x)g(x) + f(x)g'(x)$ aus.

Projektor: Ein Projektor Π ist ein ▷ *selbstadjungierter Operator* mit der Eigenschaft $\Pi^2 = \Pi$. Seine ▷ *Eigenwerte* sind entweder 0 oder 1. $\mathcal{L} = \Pi \mathcal{H}$ projiziert den ▷ *Hilbert-Raum* $\mathcal{H}$ auf einen linearen Teilraum $\mathcal{L} \subseteq \mathcal{H}$, und es gilt $\Pi \mathcal{L} = \mathcal{L}$, daher die Bezeichnung Projektor: nochmaliges Projizieren ändert nichts. $\mathcal{L}$ ist der ▷ *Eigenraum* zum Eigenwert 1, im dazu orthogonalen Teilraum $\mathcal{L}^\perp$ hat Π den Eigenwert 0. Es gilt $\mathcal{L}^\perp = (I - \Pi)\mathcal{H}$. Zwei Projektoren Π_1 und Π_2 sind orthogonal, wenn $\Pi_1 \Pi_2 = 0$ gilt. Insbesondere sind die Projektoren Π und $I - \Pi$ orthogonal. Siehe auch ▷ *Zerlegung der Eins*.

Q

quadratintegrabel: eine Funktion $f : \mathbb{R} \to \mathbb{C}$ ist quadratintegrabel, oder quadratisch integrabel, wenn das ▷ *Lebesgue-Integral* $\int \mathrm{d}x\, |f(x)|^2 < \infty$ ausfällt. Für zwei quadratintegrable Funktionen f und g ist das ▷ *Skalarprodukt* $(g, f) = \int \mathrm{d}x\, g(x)^* f(x)$ wohldefiniert.

quadratische Gleichung: Für reelle Koeffizienten p und q hat die quadratische Gleichung $x^2 + 2px + q = 0$ die Lösungen $x_{1,2} = -p \pm \sqrt{p^2 - q}$. Im Falle $q = p^2$ fallen die beiden Lösungen zusammen. Wenn $q > p^2$ ausfällt, sind die Lösungen komplexe Zahlen, nämlich $x_{1,2} = -p \pm \mathrm{i}\sqrt{q - p^2}$.

Quotientenregel: f und g seinen differenzierbare Funktionen, und g soll nirgendwo verschwinden. Der Quotient $h(x) = f(x)/g(x)$ ist dann ebenfalls differenzierbar. Die Ableitung ist $h'(x) = \{f'(x)g(x) - f(x)g'(x)\}/g(x)^2$.

R

Rand: Der Rand ∂M einer Menge $M \subseteq \Omega$ besteht aus den Punkten x, für die jede ▷ *Umgebung* einen nicht-leeren Durchschnitt sowohl mit M als auch mit dem Komplement $\Omega \setminus M$ hat. Die Menge M ist ▷ *abgeschlossen*, wenn ihr Rand dazu gehört, $\partial M \subseteq M$. Der Rand $\partial \mathcal{C}$ eines ▷ *Weges* $\mathcal{C}$ im $\mathbb{R}^3$ besteht aus dem Anfangs- und dem Endpunkt. Diese werden mit verschiedenem Vorzeichen gewichtet, daher hat ein geschlossener Weg keinen Rand. Der Rand $\partial \mathcal{F}$ einer ▷ *Fläche* $\mathcal{F}$ ist ein geschlossener Weg. Der Rand $\partial \mathcal{G}$ eines ▷ *Gebietes* $\mathcal{G}$, seine Oberfläche, ist eine geschlossene Fläche ohne Rand.

regulär: für ▷ *analytische Funktionen* dasselbe wie analytisch.

Reihe: Sei $a_1, a_2 \ldots$ eine ▷ *Folge* und $s_1 = a_1, s_2 = a_1 + a_2, \ldots$ die Folge der Summen von 1 bis n, eine Reihe. Man sagt, dass die Reihe (also die Summe über die Folge) konvergiert, wenn die Folge $s_1, s_2, \ldots$ einen Grenzwert hat. Man spricht von absoluter Konvergenz, wenn die ursprüngliche Folge beliebig umgestellt werden kann. Wenn $\sum |a_j|$ konvergiert, dann konvergiert auch $\sum a_j$. Wenn gemäß $\sum |a_j| \leq \sum |b_j|$ gliedweise abgeschätzt werden kann, und wenn $\sum |b_j|$ konvergiert, dann konvergiert auch $\sum a_j$. ▷ *Majorantenkriterium*.

Riemann-Integral: Das übliche ▷ *Integral*, im Gegensatz zum ▷ *Lebesgue-Integral*.

Ring: Eine Menge von Elementen, für die die Addition und die Multiplikation als Verknüpfungen erklärt sind. Bezüglich der Addition handelt es sich um eine ▷ *abelsche* ▷ *Gruppe*. Für die Multiplikation wird gefordert, dass das ▷ *Assoziativgesetz* und das ▷ *Distributivgesetz* gelten. $a \cdot b = b \cdot a$ wird nicht verlangt. Musterbeispiel sind die ganzen Zahlen. Auch die Menge der ▷ *Polynome* oder die Menge der (beschränkten) ▷ *linearen Operatoren* sind Ringe, mit den üblichen Verknüpfungen.

Rotation: Einem differenzierbaren ▷ *Vektorfeld* $\boldsymbol{V}$ ordnet man die Rotation $\boldsymbol{W} = \boldsymbol{\nabla} \times \boldsymbol{V}$ zu. Das ist wieder ein Vektorfeld. Das Flächenintegral über eine Rotation stimmt überein mit der ▷ *Zirkulation* des ursprünglichen Feldes. ▷ *Satz von Stokes*.

S

Satz des Pythagoras: Die Punkte x und y haben im $\mathbb{R}^3$ den ▷ *Abstand* $d(\boldsymbol{y},\boldsymbol{x}) = \sqrt{(y_1-x_1)^2 + (y_2-x_2)^2 + (y_3-x_3)^2}$. Dabei beziehen sich die Koordinaten auf ein System ▷ *kartesischer Koordinaten*: die drei Achsen stehen senkrecht aufeinander, und entlang jeder Achse wird mit demselben Maßstab gemessen.

Satz von Stokes: Für eine Fläche $\mathcal{F}$ gilt $\int_\mathcal{F} \mathrm{d}\boldsymbol{A}\cdot(\boldsymbol{\nabla}\times\boldsymbol{V}) = \int_{\partial\mathcal{F}} \mathrm{d}\boldsymbol{s}\cdot\boldsymbol{V}$. Das Flächenintegral über die ▷ *Rotation* eines Vektorfeldes stimmt überein mit dem Wegintegral des Vektorfeldes über den Rand der Fläche (▷ *Zirkulation*).

Schwarzsche Ungleichung: In einem ▷ *linearen Raum* mit ▷ *Skalarprodukt* gilt $|(x,y)| \le \|x\|\,\|y\|$. Daraus folgt die ▷ *Dreiecksungleichung* für beliebige Vektoren x und y, nämlich $\|x+y\| \le \|x\| + \|y\|$. In einem reellen linearen Raum (zum Beispiel $\mathbb{R}^3$) definiert $(x,y) = \|x\|\,\|y\|\cos\alpha$ den Winkel α zwischen den beiden Vektoren. Die Schwarzsche Ungleichung wird auch Cauchy-Schwarz-Ungleichung oder Bunjakowski-Cauchy-Schwarz-Ungleichung genannt.

selbstadjungierter Operator: Ein ▷ *linearer Operator* A ist selbstadjungiert, wenn er mit seinem ▷ *adjungierten Operator* $A^\dagger$ übereinstimmt, $A^\dagger = A$. Er ist damit ein ▷ *normaler Operator*. Seine ▷ *Eigenwerte* sind reell. ▷ *Positive Operatoren* und ▷ *Dichteoperatoren* sind spezielle selbstadjungierte Operatoren. Im endlich-dimensionalen Hilbert-Raum fallen die Begriffe selbstadjungiert, ▷ *symmetrisch* und ▷ *hermitesche Matrix* zusammen.

σ-Algebra: Ein System $\mathfrak{M}$ aus Teilmengen einer Grundmenge Ω ist eine σ-Algebra, wenn die leere Menge $\emptyset$ dabei ist, zu jedem $A \in \mathfrak{M}$ auch das Komplement $\Omega\backslash A$ zu $\mathfrak{M}$ gehört und eine beliebige abzählbare Vereinigung von $A_i \in \mathfrak{M}$ wiederum ein Element von $\mathfrak{M}$ ist. σ-Algebren spielen im Zusammenhang mit Maßen und Wahrscheinlichkeiten eine Rolle. In der abstrakten Topologie wird verlangt, dass im System $\mathfrak{M}$ der offenen Mengen beliebige Vereinigungen und endliche Durchschnitte erlaubt sind.

Simplex: Im $\mathbb{R}^n$ spannen $n+1$ ▷ *linear unabhängige* Vektoren einen Simplex auf. In $\mathbb{R}$ ist das ein Intervall, im $\mathbb{R}^2$ ein Dreieck, im $\mathbb{R}^3$ ein Tetraeder, und so weiter.

Sinus: Die Funktionen $f(x) = \sin(x)$ und $f(x) = \cos(x)$ genügen der Differentialgleichung $f'' = -f$. Der Sinus ist durch $f(0) = 0$ und $f'(0) = 1$

charakterisiert, der ▷ *Kosinus* durch $f(0) = 1$ und $f'(0) = 0$. Sinus und Kosinus sind auf ganz $\mathbb{R}$ erklärt, und beide ▷ *Winkelfunktionen* sind periodisch im Sinne von $f(x + 2\pi) = f(x)$. Es gilt $\sin(x)^2 + \cos(x)^2 = 1$. Für reelles x gilt $e^{ix} = \cos(x) + i\sin(x)$. Die Ableitungen sind $\sin'(x) = \cos(x)$ und $\cos'(x) = -\sin(x)$. Aus $e^{i(x+y)} = e^{ix}e^{iy}$ folgt $\cos(x + y) = \cos(x)\cos(y) - \sin(x)\sin(y)$ sowie $\sin(x + y) = \cos(x)\sin(y) + \sin(x)\cos(y)$. Die Potenzreihe $\sin(x) = x/1! - x^3/3! + x^5/5! - \ldots$ konvergiert auf ganz $\mathbb{R}$.

Skalarfeld: Beim Wechsel des Bezugssystems, $\boldsymbol{x'} = \boldsymbol{Rx}$ mit einer ▷ *orthogonalen Matrix* R, bleibt der Feldwert ungeändert, $S'(\boldsymbol{x'}) = S(\boldsymbol{x})$. Die ▷ *Divergenz* eines ▷ *Vektorfeldes* ist ein skalares Feld.

Skalarprodukt: Das Skalarprodukt (y, x) ordnet jedem Paar von Vektoren eines ▷ *linearen Raumes* einen Skalar zu, also eine reelle beziehungsweise komplexe Zahl. Das Skalarprodukt ist linear in der rechten Seite, $(y, \lambda_1 x_1 + \lambda_2 x_2) = \lambda_1(y, x_1) + \lambda_2(y, x_2)$. Außerdem gilt $(y, x) = (x, y)^*$, wenn der Vektorraum über den komplexen Zahlen definiert ist oder $(y, x) = (x, y)$, wenn es sich um reelle Zahlen handelt. Das Skalarprodukt (x, x) eines Vektors mit sich selber ist nie negativ, es verschwindet nur für den Nullvektor. $\sqrt{(x, x)} = \|x\|$ definiert eine ▷ *Norm*. Im $\mathbb{R}^3$ rechnet man mit dem Skalarprodukt $\boldsymbol{y} \cdot \boldsymbol{x} = y_1 x_1 + y_2 x_2 + y_3 x_3$. ▷ *Schwarzsche Ungleichung.* ▷ *quadratintegrabel.*

Sprungfunktion: Die Sprungfunktion $\theta(t)$ verschwindet für $t < 0$ und hat den Wert 1 für $t > 0$. Sie ist bei $t = 0$ unstetig und wird fast immer in Integralen verwendet, also als ▷ *Distribution* aufgefasst. Die Ableitung der Sprungfunktion ist die ▷ *Dirac-Funktion.*

Spur: Die Summe über die Diagonalelemente einer quadratischen Matrix. Bei ▷ *linearen Operatoren* L muss man ein ▷ *vollständiges Orthonormalsystem* $f_1, f_2, \ldots$ wählen und $\sum(f_j, Lf_j)$ ausrechnen. Falls die Summe existiert, stellt sie die Spur des linearen Operators dar. Der Wert hängt nicht davon ab, welches vollständige Orthonormalsystem gewählt wurde.

Stammfunktion: F ist eine Stammfunktion von f, wenn $F' = f$ gilt. $F(b) - F(a)$ stimmt mit dem Integral $\int_a^b dx\, f(x)$ über f von a bis b überein. ▷ *Hauptsatz der Differential- und Integralrechnung.*

stetige Funktion: Eine Funktion $f : \mathbb{R} \to \mathbb{R}$ ist bei x stetig, wenn $f(x + h) = f(x) + \ldots$ gilt, wobei der durch $\ldots$ angedeutete Rest mit

$h \to 0$ verschwindet. Für jede gegen x konvergierende Folge $x_1, x_2 \ldots$ soll $\lim f(x_j) = f(x)$ gelten. Dieser Begriff von Stetigkeit (Folgenstetigkeit) kann leicht auf andere Situationen erweitert werden. Eine Funktion ist stetig, wenn sie an allen Stellen des Definitionsbereiches stetig ist.

Supremum: A sei eine Menge reeller Zahlen. Die reelle Zahl s ist eine obere Schranke für A, wenn $x \leq s$ für alle $x \in A$ gilt. Die kleinste solche Schranke σ ist das Supremum, und man schreibt $\sigma = \sup A$. Wenn σ zu A gehört, spricht man von einem Maximum. Das Supremum der Mengen $[0, 1)$ sowie $[0, 1]$ ist beidesmal 1. Im zweiten Fall handelt es sich um ein Maximum. ▷ *Infimum*.

surjektiv: Bei einer surjektiven ▷ *Abbildung* stimmen Zielmenge Y und Wertebereich (Bildmenge) $f(X)$ überein. $f : X \to Y$ ist surjektiv, wenn es für jedes $y \in Y$ mindestens ein $x \in X$ gibt, sodass $y = f(x)$ gilt. Man spricht auch von einer Abbildung von X auf Y.

symmetrisch: Die lineare Abbildung $L : \mathcal{H} \to \mathcal{H}$ eines endlich- oder unendlich-dimensionalen ▷ *Hilbert-Raumes* auf sich ist symmetrisch, wenn $(Lg, f) = (g, Lf)$ gilt für alle $f, g \in \mathcal{H}$. Falls die Abbildung durch eine Matrix vermittelt wird, spricht man von ▷ *hermitesch*. Meist ist jedoch ▷ *selbstadjungiert* gemeint. L ist nämlich nicht immer auf dem gesamten Hilbert-Raum definiert, sondern nur auf einer ▷ *dichten* Teilmenge.

symmetrische Gruppe: Die Gruppe S_n der Umstellungen (▷ *Permutationen*) von n Objekten. Die Gruppe ist endlich, sie hat $n!$ Elemente.

T

Taylor-Entwicklung: Eine bei y beliebig oft differenzierbare Funktion kann als $f(x) = f(y) + f'(y)(x-y)/1! + f''(y)(x-y)^2/2! + \ldots$ dargestellt werden. Bei $x = y$ stimmen die linke und die rechte Seite bezüglich des Wertes, der ersten Ableitung, der zweiten Ableitung und so weiter überein. Ob die Taylor-Entwicklung einer Funktion in eine Taylor-Reihe die Funktion wirklich darstellt, muss von Fall zu Fall überprüft werden. ▷ *Potenzreihe*.

Tensor: Der Raum soll durch ▷ *kartesische* Koordinaten $\boldsymbol{x}$ parametrisiert werden. Wenn mit einer ▷ *orthogonalen* Matrix R von $\boldsymbol{x} = (x_1, x_2, x_3)$ in $x_i' = \sum_j R_{ij} x_j$ umgerechnet wird, ergibt das wieder kartesische Koordinaten. Ein Tensor der Stufe 0 rechnet sich dann gemäß $T' = T$ um (▷ *Skalarfeld*), ein Tensor erster Stufe wie $T_i' = \sum_j R_{ij} T_j$ (▷ *Vektorfeld*), ein Tensor zweiter Stufe wie $T_{ij}' = \sum_{kl} R_{ik} R_{jl} T_{kl}$, und so weiter. Die mit Strichen markierten

Feldwerte sind bei x' gemeint, die ungestrichenen bei x. Nur wenn es sich um kartesische Koordinatensysteme handelt, gilt $RR^\mathsf{T} = I$. Andernfalls muss zwischen tiefgestellten (kovarianten) und hochgestellten (kontravarianten) Indizes unterschieden werden. Es gibt dann beispielsweise vier Typen von zweistufigen Tensoren, nämlich T_{ij}, $T_i{}^j$, $T^i{}_j$ und T^{ij}. ▷ *Einsteinsche Summenkonvention*.

Testfunktion: Testfunktionen t sind besonders gutartig (oder brav), man kann mit ihnen fast alles machen. Sie sind beliebig oft differenzierbar und fallen im Unendlichen hinreichend stark ab, sodass $\int \mathrm{d}x\, |x|^n\, t(x)$ für alle $n \in \mathbb{N}$ endlich ausfällt. Es gibt eine noch weiter einschränkende Definition, die verlangt, dass Testfunktionen nicht nur beliebig oft differenziert werden können, sondern nur in einem endlichen Intervall von Null verschieden sind (kompakter Träger). Die Menge der Testfunktionen ist häufig ▷ *dicht* in dem Sinne, dass man jede in Frage kommende Funktion durch ein Folge von Testfunktionen beliebig gut nähern kann.

Transformation: eine umkehrbare ▷ *Abbildung* einer Menge M auf sich selber. Transformationen formen eine Menge so um, dass dabei kein Element verschwindet. Für Transformationen endlicher Mengen sagt man auch ▷ *Permutation*.

Transformationsgruppe: Sei M eine Menge und $f : M \to M$ eine umkehrbare (▷ *bijektive*) Abbildung. Man spricht dann auch von einer ▷ *Transformation*. Die Abbildungen f_1 und f_2 kann man nacheinander ausführen: $f_3(x) = f_2(f_1(x))$, das definiert die Verknüpfung $f_3 = f_2 \circ f_1$ (▷ *Komposition*). Sie genügt dem ▷ *Assoziativgesetz*. Die identische Abbildung $I(x) = x$ spielt die Rolle der Gruppen-Eins, und zu jeder Transformation existiert die Umkehrtransformation f^{-1}. Die Transformationen bilden also eine ▷ *Gruppe*. Bekannte Beispiele sind die ▷ *Galilei-Gruppe*, die ▷ *Poincaré-Gruppe* und die ▷ *symmetrische Gruppe*.

Transponieren, transponierte Matrix: Transponieren heißt, die Rolle von Zeilen und Zeilen zu vertauschen. Aus der $m \times n$-Matrix M wird die transponierte Matrix M^T. Es gilt $(M^\mathsf{T})_{jk} = M_{kj}$. Dabei ist M^T eine $n \times m$-Matrix.

U

Umgebung: In einem metrischen Raum M ist zwei Punkten x, y der ▷ *Abstand* $d(x, y)$ zugeordnet. Kugeln $K_\epsilon(x) = \{y \in M \,|\, d(y, x) < \epsilon\}$ für $\epsilon > 0$ sind

Umgebungen um den Punkt x. Jede Menge $U(x) \subseteq M$, die solch eine Kugel um x enthält, ist ebenfalls eine Umgebung um x. Es genügt daher fast immer, sich bei Umgebungen auf Kugeln zu beziehen. Für die reelle Zahlengerade sind das gerade die Intervalle $K_\epsilon(x) = (x - \epsilon, x + \epsilon)$. Ω ist eine ▷ *offene Menge*, wenn für jeden Punkt x in Ω auch eine Umgebung $U(x)$ zu Ω gehört.

umkehrbar: ▷ *bijektiv*, eine Eigenschaft von ▷ *Abbildungen* $f : X \to Y$. Jedes Bild y hat höchstens ein Urbild x, sodass $y = f(x)$ gilt. Umkehrbare Abbildungen einer Menge M auf sich selber sind ▷ *Transformationen*. Siehe auch ▷ *Umkehrfunktion*.

Umkehrfunktion: ▷ *Funktion*. Eine ▷ *differenzierbare Funktion* $f : \mathbb{R} \to \mathbb{R}$ ist ▷ *umkehrbar*, wenn die Ableitung f' entweder überall positiv oder überall negativ ist. Eine stetige, streng monoton wachsende oder streng ▷ *monoton* fallende Funktion f ist ebenfalls umkehrbar. Für $y = f(x)$ kann man dann immer $x = f^{-1}(y)$ schreiben. Damit wird die Umkehrfunktion f^{-1} erklärt. Es gilt $f^{-1}(f(x)) = x$ sowie $f(f^{-1}(y)) = y$. Beispielsweise ist die ▷ *Logarithmusfunktion* die Umkehrfunktion der Exponentialfunktion.

unabhängige Zufallsvariablen: $W(X, Y; s, t) = \Pr((X \leq s) \cap (Y \leq t))$ ist die Wahrscheinlichkeit dafür, dass die ▷ *Zufallsvariable* X einen Wert $\leq s$ annimmt und dass die Zufallsvariable Y einen Wert $\leq t$ hat. Man spricht von der gemeinsamen Wahrscheinlichkeitsverteilung. Die beiden Zufallsvariablen X und Y sind voneinander unabhängig, wenn $W(X, Y; s, t) = W(X; s)W(Y; t)$ gilt, mit $W(X; s) = \Pr(X \leq s)$ und $W(Y; t) = \Pr(Y \leq t)$. Salopp formuliert: unabhängige Zufallsvariable haben miteinander nichts zu tun.

unitärer Operator: Ein unitärer Operator U ist durch $UU^\dagger = U^\dagger U = I$ gekennzeichnet, mit I als dem Eins-Operator. Daraus folgt, dass U ein ▷ *normaler Operator* ist. Seine ▷ *Eigenwerte* sind komplexe Zahlen auf dem Einheitskreis. Für einen unitären Operator U gilt $(Ug, Uf) = (g, f)$ für beliebige Vektoren f und g. Wegen $\|U\| = 1$ sind unitäre Operatoren ▷ *beschränkt* und damit auf dem gesamten Hilbert-Raum definiert. ▷ *vollständiges Orthonormalsystem*.

V

Varianz: Die ▷ *Zufallsvariable* X wird grob durch ihren ▷ *Erwartungswert* $\langle X \rangle$ und durch die Varianz $\sigma^2 = \langle (X - \langle X \rangle)^2 \rangle = \langle X^2 \rangle - \langle X \rangle^2$ charakterisiert. Zufallsvariable mit verschwindender Varianz haben immer denselben Wert. ▷ *Gesetz der großen Zahlen* ▷ *Zentraler Grenzwertsatz*.

Vektorfeld: An jeder Stelle x des Raumes ist ein Vektor $V = V(x)$ erklärt. Wenn die ▷ *kartesischen Koordinaten* mit einer ▷ *orthogonalen Matrix* R in $x' = Rx$ umgerechnet werden, soll sich der Vektor ebenfalls mit R umrechnen, $V'(Rx) = RV(x)$. Der ▷ *Gradient* eines ▷ *skalaren Feldes* ist ein Vektorfeld.

Vektorprodukt: Im $\mathbb{R}^3$ definiert man $c = a \times b$ als $c = (a_2b_3 - a_3b_2, a_3b_1 - a_1b_3, a_1b_2 - a_2b_1)$. Dieses Vektorprodukt steht sowohl auf a als auch auf b senkrecht. Mit dem ▷ *Levi-Civita-Symbol* kann man auch $c_i = \epsilon_{ijk} a_j b_k$ schreiben (▷ *Einsteinsche Summenkonvention*).

Vektorraum: ▷ *Linearer Raum*.

verallgemeinerte Funktion: ▷ *Distribution*.

Vernichter: ▷ *Leiter-Operator*.

Vertauschungsregel: ▷ *Kommutator*.

vollständig: Ein ▷ *metrischer Raum* heißt vollständig, wenn jede konvergente ▷ *Cauchy-Folge* einen ▷ *Grenzwert* hat. Diese Definition gilt insbesondere für ▷ *Banach-Räume* und für ▷ *Hilbert-Räume*.

vollständige Induktion: ein Beweisverfahren. Wenn eine Aussage A_n, die von einer natürlichen Zahl n abhängt, für $n = 0$ richtig ist, und wenn sich beweisen lässt, dass A_n die Aussage A_{n+1} nach sich zieht, dann stimmt A_n immer.

vollständiges Orthonormalsystem: Der Begriff bezieht sich auf den ▷ *Hilbert-Raum* $\mathcal{H}$. Ein System von Vektoren $f_j \in \mathcal{H}$, für das $(f_j, f_k) = \delta_{jk}$ gilt und für das jeder Vektor f des Hilbert-Raumes als $f = \alpha_1 f_1 + \alpha_2 f_2 + \ldots$ geschrieben werden kann. δ_{jk} ist das ▷ *Kronecker-Symbol*. Zwischen verschiedenen vollständigen Orthonormalsystemen $g_1, g_2, \ldots$ und $f_1, f_2, \ldots$ wird gemäß $g_j = Uf_j$ umgerechnet, mit einem ▷ *unitären Operator*.

Volumenintegral: ▷ *Gebietsintegral*.

W

Wahrscheinlichkeit: Man betrachtet eine Grundmenge Ω und eine zugeordnete ▷ *σ-Algebra* $\mathfrak{M}$ von Teilmengen, die Ereignisse heißen. Mit $E \in \mathfrak{M}$ (‚E trifft ein') ist auch $\bar{E} = \Omega \setminus E$ ein Ereignis, nämlich ‚E trifft nicht ein'. Das Ereignis $E \cup F$ steht für ‚E oder F', und $E \cap F$ bedeutet ‚E und F'.

$\emptyset$ ist das unmögliche, Ω ein sicheres Ereignis. Unverträgliche Ereignisse werden durch $E \cap F = \emptyset$ charakterisiert. Jedem Ereignis E wird eine Wahrscheinlichkeit $\Pr(E) \geq 0$ zugeordnet. Dabei gilt $\Pr(\emptyset) = 0$, $\Pr(\Omega) = 1$ und $\Pr(E_1 \cup E_2 \cup \ldots) = \Pr(E_1) + \Pr(E_2) + \ldots$ für paarweise unverträgliche Ereignisse. Die Wahrscheinlichkeitstheorie befasst sich mit Lehrsätzen, die man herleiten kann, ohne die Grundmenge Ω, die Ereignismenge $\mathfrak{M}$ und das Wahrscheinlichkeitsmaß Pr konkret angeben zu müssen. Beispiele dafür sind das ▷ *Gesetz der großen Zahlen* und der ▷ *Zentrale Grenzwertsatz*.

Wahrscheinlichkeitsdichte: ▷ *Wahrscheinlichkeitsverteilung*. Die Ableitung $p(s) = W'(s)$ der ▷ *Wahrscheinlichkeitsverteilung* W einer ▷ *Zufallsvariablen* X heißt Wahrscheinlichkeitsdichte. Sie ist gemäß $\int du\, p(u) = 1$ normiert und es gilt $p(s) \geq 0$. Der Erwartungswert von $f(X)$ ist gerade $\int du\, p(u)\, f(u)$. So kann man zum Beispiel den ▷ *Erwartungswert* $\bar{u} = \int du\, p(u)\, u$ und damit auch die ▷ *Varianz* $\sigma^2 = \int du\, p(u)\, (u - \bar{u})^2$ berechnen.

Wahrscheinlichkeitsverteilung: Die ▷ *Wahrscheinlichkeit*, dass die ▷ *Zufallsvariable* X einen Wert im Intervall $(-\infty, s]$ annimmt, bezeichnen wir mit $W(s) = \Pr(X \leq s)$. $s \to W(s)$ ist eine monoton wachsende Funktion, die bei $s = -\infty$ den Wert 0 und bei $s = +\infty$ den Wert 1 hat.

Wärmeleitungsgleichung: Die ▷ *partielle Differentialgleichung* $\dot{u} = \Delta u$, mit dem Punkt als partieller Ableitung nach der Zeit und Δ als ▷ *Laplace-Operator*.

Weg: Ein Wegstück wird durch eine Parametrisierung $u \to \boldsymbol{\xi}(u)$ beschrieben, mit $u \in [u_0, u_1]$. $\boldsymbol{\xi}(u_0)$ ist der Anfangspunkt, $\boldsymbol{\xi}(u_1)$ der Endpunkt. Man spricht von einer Umparametrisierung, wenn $u = f(\bar{u})$ gilt, mit einer monoton wachsenden Funktion. $\bar{\boldsymbol{\xi}}(\bar{u}) = \boldsymbol{\xi}(f(\bar{u}))$ ist die neue Parametrisierung desselben Wegstückes. Der Weg besteht aus endlich vielen stetig aneinander gefügten Wegstücken, wobei jedes Wegstück durch drei stetig differenzierbare Funktionen einer reellen Variablen (Parametrisierung) beschrieben wird.

Wegintegral: Ein ▷ *Weg* $\mathcal{C}$ (oder Kurve) besteht aus endlich vielen stetig aneinander gefügten Wegstücken. Das Wegintegral $\int_\mathcal{C} d\boldsymbol{s} \cdot \boldsymbol{V}$ über ein ▷ *Vektorfeld* $\boldsymbol{V}$ ist die Summe der Wegintegrale über die Wegstücke. Das Ergebnis ist gegenüber Umparametrisierungen der Wegstücke stabil. Wenn das Vektorfeld der ▷ *Gradient* eines ▷ *Skalarfeldes* ist, erhält man eine zum ▷ *Hauptsatz der Differential- und Integralrechnung* analoge Beziehung.

Wellengleichung: Die ▷ *partielle Differentialgleichung* $\ddot{u} = \Delta u$, mit dem Punkt als partieller Ableitung nach der Zeit und Δ als ▷ *Laplace-Operator*.

Winkelfunktion: eine Sammelbezeichnung für Funktionen, die einen Winkel als Argument haben oder einen Winkel zurückgeben: ▷ *Sinus*, ▷ *Kosinus*, Tangens, Kotangens und deren Umkehrfunktionen. arcsin ist durch die Gleichung $\sin(\arcsin(x)) = x$ für $-1 \leq x \leq 1$ erklärt und nimmt Werte in $[-\pi/2, \pi/2]$ an. Entsprechend gilt $\cos(\arccos(x)) = x$. Die Funktion arccos ist ebenfalls für $-1 \leq x \leq 1$ erklärt und nimmt Werte in $[0, \pi]$ an. arcsin ist eine monoton wachsende, arccos eine monoton fallende Funktion. Der Tangens $\tan(x) = \sin(x)/\cos(x)$ ist für alle reellen Zahlen bis auf $\pm\pi/2, \pm 3\pi/2, \ldots$ erklärt. Die Umkehrfunktion heißt arctan. Der Kotangens ist als $\cot(x) = \cos(x)/\sin(x)$ definiert, seine Umkehrfunktion heißt arccot. Man beachte, dass in der Mathematik Winkel grundsätzlich im ▷ *Bogenmaß* angegeben werden.

Z

Zahloperator: ▷ *Leiter-Operator*.

Zeltfunktion: Jeder Knoten einer Triangulation (Zerlegung eines Gebietes in Simplizes) ist von angrenzenden Simplizes umgeben. Am Knoten soll die Zeltfunktion des Knotens den Wert Eins haben. Sie fällt linear auf den angrenzenden Simplizes auf Null ab und verschwindet in nicht-angrenzenden Simplizes. Solche zu Recht so genannten Zeltfunktionen sind Entwicklungs- und Testfunktionen im Rahmen des Galerkin-Verfahrens zur Lösung linearer partieller Differentialgleichungen. ▷ *finite Elemente*.

Zentraler Grenzwertsatz: $X_1, X_2, \ldots$ sei eine Folge vor identisch verteilten ▷ *unabhängigen Zufallsvariablen*, deren Erwartungswert verschwindet. Es handelt sich also um ▷ *Fluktuationen* mit gleicher ▷ *Varianz* σ^2. Die ersten n Fluktuationen kann man aufsummieren und das Ergebnis durch die Wurzel aus n dividieren. Die Wahrscheinlichkeitsdichten dieser Zufallsvariablen $Q_n = (X_1 + X_2 + \ldots + X_n)/\sqrt{n}$ haben einen Grenzwert, nämlich $p(s) = (1/\sqrt{2\pi}\sigma)\, e^{-s^2/2\sigma^2}$. Diese Verteilung wird auch als ▷ *Normalverteilung* bezeichnet.

Zerlegung der Eins: Eine Darstellung des ▷ *Eins-Operators* als Summe paarweise orthogonaler ▷ *Projektoren*, $I = \sum_j \Pi_j$. Es gilt $\Pi_j \Pi_k = \delta_{jk} I$. Dem entspricht die Zerlegung des ▷ *Hilbert-Raumes* $\mathcal{H}$ in paarweise orthogonale

Teilräume $\mathcal{L}_j = \Pi_j \mathcal{H}$. ▷ *Normale Operatoren* N können als $N = \sum_j z_j \Pi_j$ geschrieben werden. Der normale Operator N wirkt im Teilraum $\mathcal{L}_j$ dadurch, dass jeder Vektor um den Faktor z gestreckt beziehungsweise gestaucht wird. Das gilt insbesondere für ▷ *unitäre Operatoren*, ▷ *selbstadjungierte Operatoren* und ▷ *Dichteoperatoren*.

Zirkulation: Das ▷ *Wegintegral* eines ▷ *Vektorfeldes* über den ▷ *Rand* $\partial \mathcal{F}$ einer ▷ *Fläche*. Die Zirkulation stimmt überein mit dem ▷ *Flächenintegral* der ▷ *Rotation* des Vektorfeldes über die Fläche $\mathcal{F}$ (▷ *Satz von Stokes*).

Zufallsvariable: Eine Zufallsvariable ist eine Größe, die unterschiedliche Werte annehmen kann, wenn man sie misst, das heißt, eine Stichprobe macht. Genauer: $(\Omega, \mathfrak{M}, \text{Pr})$ sei ein Wahrscheinlichkeitsraum, mit Ω als Grundmenge, $\mathfrak{M}$ als Menge der Ereignisse und mit dem Wahrscheinlichkeitsmaß Pr (▷ *Wahrscheinlichkeit*), das jedem Ereignis E die Wahrscheinlichkeit $\text{Pr}(E)$ zuordnet. Wir reden hier von Abbildungen $X : \Omega \to \mathbb{R}$. B sei eine Teilmenge von $\mathbb{R}$, die Borel-messbar ist. (▷ *Borel-Maß*). X ist eine Zufallsvariable, wenn das Urbild jeder Borel-Menge B ein Ereignis ist, wenn $X^{-1}(B) = E \in \mathfrak{M}$ gilt. Dafür, dass X einen Wert in B annimmt, gibt es eine gewisse Wahrscheinlichkeit, nämlich $\text{Pr}(E)$. Wenn die Funktion $f : \mathbb{R} \to \mathbb{R}$ Borel-messbar ist, definiert die Komposition $f \circ X$ die Zufallsvariable $f(X)$. Zufallsvariable werden durch ihre ▷ *Wahrscheinlichkeitsverteilung* charakterisiert.

Sachverzeichnis

Abbildung, 6, 95, 182, 187, 233
Abel, Niels Henrik, 110
abelsch, 233
abelsche Gruppe, 110
abgeschlossen, 182, 186
abgeschlossene Menge, 140, 234
Ableitung, 9, 234
    einer Distribution, 202
    Fréchet-, 172
    partielle, 50
    Richtungs-, 172
Abschlussmenge, 140
absolut-stetig, 111
Abstand, 48, 183, 234
    komplexer Zahlen, 139
Absteige-Operator, 120, 123, 234
additiv, 22
adjungierter Operator, 234
äquidistant, 79
Äquipotentialfläche, 56
äquivalent, 235
Äquivalenzrelation, 193, 235
algebraische Methode, 121
Amplitude, 79
analytisch, 141
analytische Funktion, 234
Anfangsbedingung, 73
Anfangspunkt, 59
Anfangswertproblem, 40, 73
angeregter Zustand, 120
arcus cosinus, 18
arcus sinus, 18
arcus tangens, 18

Assoziativgesetz, 153, 234
Aufsteige-Operator, 119, 123, 234
Ausgleichsrechnung, 164

Bahndrehimpuls, 122
Banach, Stefan, 41
Banach-Raum, 235
Banachscher Fixpunktsatz, 41, 188
Basis, 94
beschränkter Operator, 235
bijektiv, 6, 155, 235
Bilanzgleichung, 56
Bildverarbeitung, 131
Bogenlänge, 61
Bogenmaß, 235
Borel, Émile, 190
Borel-Maß, 235
Borel-Menge, 190, 196
Borel-messbar, 190
Breite, 67
Bunjakowski, Wiktor Jakowlewitsch, 97
Bunjakowski-Cauchy-Schwarz-
    Ungleichung, 97, 236

Cauchy, Augustin Louis, 4
Cauchy-Konvergenz, 4, 236
Cauchy-Riemann-
    Differentialgleichungen, 141,
    236
Cauchy-Schwarz-Ungleichung, 97, 236
chaotisch, 131
charakteristische Funktion, 198
charakteristische Polynom, 106

Cosinus, *siehe* Kosinus
Cotangens, *siehe* Kotangens
Crank, John, 90
Crank-Nicolson-Verfahren, 90

Definitionsbereich, 6
Delta-Distribution, 75
Delta-Funktion, 75, 115, 236
Descartes, René, 48
Determinante, 52, 236
dicht, 236
Dichteoperator, 105, 237
Differentialgeometrie, 66, 149
Differentialgleichung
 gewöhnliche, 1. Ordnung, 30
 gewöhnliche, 2. Ordnung, 35
 inhomogen, 35
 kausale Lösung, 33, 38
 konstante Koeffizienten, 36
 linear, 32, 35
 linear homogen, 33
 linear inhomogen, 33
 partielle, 71, 251
 schwache Form, 83
 System, 1. Ordnung, 40
differenzierbar, 9, 141
differenzierbar verformt, 63
differenzierbare Funktion, 237
Dimension, 94
Dirac, Paul Adrien Maurice, 115
Dirac-Distribution, 135, 204, 237
Dirac-Funktion, 237
Dirichlet, Peter Gustav Lejeune, 73
Dirichlet-Randbedingung, 73, 82
disjunkt, 2, 196, 237
Diskretisierung, 88
Distribution, 118, 148, 201, 237
Distributivgesetz, 237
Divergenz, 51, 238
Drehgruppe, 122
Drehimpuls, 122
Drehspiegelung, 53
Dreiecksfunktion, 46
Dreiecksungleichung, 97, 238
Druck, 179
dünn besetzt, 80
dünn besetzte Matrix, 238
Durchschnittsmenge, 2

eig, 167
Eigenfunktion, 45, 73
Eigenraum, 122, 238
Eigenschwingungen, 78
Eigenvektor, 103, 238
Eigenwert, 44, 73, 103, 238
Eigenwertgleichung, 79
Eigenwertproblem, 73
Eigenzustand, 118
eigs, 81, 168
einfach zusammenhängend, 145
Einflussfunktion, 34
Einheitskreis, 26, 105
Eins-Funktion, 238
Eins-Matrix, 52, 238
Eins-Operator, 238
Einstein, Albert, 51
Einsteinsche Summenkonvention, 51, 239
Element, 2
elementare Funktion, 20, 239
Endpunkt, 59
Energie, 42, 121
Entropie, 175, 179
Ereignis
 sicheres, 196
 unmögliches, 196
 unverträglich, 196
Ereignisse, 195
Erwartungswert, 118, 197, 199, 239
Erzeugende, 110
Erzeuger, 120, 239
Erzeugungsrate, 56
Euler, Leonhard, 137
explizit vorwärts, 89
Exponentialfunktion, 13, 239
 komplexe, 143

Faltung, 115, 136, 198, 239
Fehlanpassung, 163
Feld, 30, 49
 Gradienten-, 50
 Skalar-, 49
 Vektor-, 49
Feldstärke, 49
fft, 130
finite Differenzen, 78, 240
finite Elemente, 84, 240
Flächeninhalt, 21

Flächenstromdichte, 56
Fläche, 63, 240
Flächenelement, 65
Flächenintegral, 64
Flächenstück, 240
Fluktuation, 118, 199, 240
fminsearch, 170
Folge, 4, 240
folgenstetig, 187
Fourier
   -Entwicklung, 76, 114
   -Integral, 114, 135
   -Koeffizienten, 114
   -Operator, 115
   -Reihe, 46, 113
   -Summe, 128
   -Transformation, 129, 240
   -Transformierte, 114, 133
   -Transformierte der Faltung, 136
   -Transformierte der Sprungfunktion, 148
   -Transformierte einer Distribution, 204
   -Zerlegung, 88, 240
   schnelle Transformation, 130
Fourier, Jean Baptiste Joseph, 46
Fréchet, Maurice René, 172
Fréchet-Ableitung, 172, 241
freie Energie, 176, 179
Frequenz, 129
Fresnel, Augustin Jean, 88
Fresnel-Gleichung, 88
Fundamentalsatz der Algebra, 5, 138, 241
Funktion, 6, 241
   konkave, 246
   konvexe, 246
Funktional, 171, 241
Funktionaldeterminante, 64, 68, 241

Galerkin, Boris, 83
Galerkin-Methode, 83, 168
Galerkin-Verfahren, 242
Galilei, Galileo, 157
Galilei-Gruppe, 242
Galilei-Transformation, 157
Ganghöhe, 62
Gauß, Carl Friedrich, 20
Gauß-Funktion, 20, 23, 115, 118

Gaußscher Satz, 69, 242
Gebiet, 67, 242
Gebietsintegral, 68, 242
gemeinsame Verteilung, 197
geographische Koordinaten, 67
geometrische Reihe, 242
Gesetz der großen Zahlen, 199, 242
gewöhnliche Differentialgleichungen, 243
Gibbs, Josiah Willard, 179
Gibbs-Potential, 179
Gitter, 88
glatt, 9
Glockenkurve, 169
Gradient, 50, 243
Graph, 176
Green, George, 34
Greensche Funktion, 34, 39
Grenzwert, 4, 243
Grundmenge, 182
Grundmode, 81
Grundzustand, 164
Gruppe, 110, 153, 243
   abelsche, 154
   Galilei-, 157
   Lorentz, 159
   Poincaé-, 159
   Punkt-, 160
   symmetrische, 155
   Transformations-, 155
   Unter-, 154

Hamilton, William Rowan, 121
Hamilton-Operator, 121, 164
Hamilton-Prinzip, 174
Hauptdiagonale, 91
Hauptsatz der Algebra, 106
Hauptsatz der Integral- und Differentialrechnung, 24, 62, 243
Heisenberg, Werner, 118
Heisenbergsche Unschärfebeziehung, 118
Hermite, Charles, 103
Hilbert, David, 96
Hilbert-Raum, 96, 244
Höhenlinie, 56
holomorph, 141, 244
homomorph, 154
Homomorphismus, 156

hyperbolischer Kosinus, 19, 36
hyperbolischer Sinus, 19, 36

idempotent, 100
ifft, 130
Imaginärteil, 5, 137
implizit vorwärts, 89
Impulsoperator, 112, 116
Impulsunschärfe, 117
Induktionsfeld, 66
Induktionsfluss, 66
Induktionsgesetz, 58
Inertialsystem, 156
Infimum, 177, 244
Integral, 21, 244
    Flächen-, 64
    Gebiets-, 68
    Lebesgue-, 98, 191, 247
    Oberflächen-, 250
    Riemann-, 22, 98, 193, 253
    Volumen-, 69
    Weg-, 59
Integralsatz von Cauchy, 145
Integrand, 22, 23
Integrieren, 31, 35
Intervall, 6, 244
Inverses, 154
Inversion, 160
Iso-Fläche, 56, 245
Isobare, 56
isotherme Kompressibilität, 179
Iteration, 188

Jacobi, Carl Gustav Jacob, 120
Jacobi-Identität, 120, 245

kanonische Vertauschungsregel, 116, 245
Kante, 84
kartesisches Koordinatensystem, 48, 245
Kepler, Johannes, 42
Keplerproblem, 42
Kettenregel, 10, 25, 245
kinetische Energie, 174
Klasse, 60, 193, 245
Knoten, 84
Kolmogorow, Andrei Nikolajewitsch, 195

kommutativer Körper, 138
Kommutator, 245
komplex differenzierbar, 245
komplex Differenzieren, 140
komplex Konjugieren, 138
Komposition, 8, 246
konkave Funktion, 177, 246
Kontinuitätsgleichung, 57
kontrahierende Abbildung, 187
Kontraktion, 152
kontravariant, 150
konvergente Folge, 186
Konvergenzradius, 12, 246
konvexe Funktion, 176, 246
konvexe Menge, 176, 246
Kosinus, 16, 246
Kostenfunktion, 163
Kotangens, 18
kovariant, 150
kovariante Ableitung, 152
Kreisfrequenz, 129, 134
Kreuzprodukt, 52, 247
kritische Dämpfung, 38
Kronecker, Leopold, 48
Kronecker-Symbol, 48, 119, 150, 247
kürzester Weg, 172
Kugel, 67, 184
Kugelfunktionen, 77, 124
Kugelkoordinaten, 67, 124
Kutta, Martin Wilhelm, 41

L_2-Norm, 185
Länge, 67
Lagrange, Joseph Louis, 173
Lagrange-Funktion, 174
Lagrange-Multiplikator, 173
Laplace, Pierre-Simon, 55
Laplace-Operator, 55, 73, 78, 79, 88, 125, 247
Lebesgue, Henri Léon, 98
Lebesgue-Integral, 98, 191, 247
leere Menge, 2
Legendre, Adrien-Marie, 177
Legendre-Transformierte, 177
Leiter-Operator, 119, 123, 247
Levi-Civita, Tullio, 52
Levi-Civita-Symbol, 52, 247
Lichtgeschwindigkeit, 151
Limes, 5

Lindelöf, Ernst Leonard, 41
linear unabhängig, 8, 94, 248
lineare Abbildung, 95
lineare Regression, 165
linearer Operator, 32, 247
    selbstadjungierter, 103
linearer Raum, 94, 248
lineares Funktional, 248
Linearkombination, 8
Linienintegral, 248
Lipschitz, Rudolf Otto Sigismund, 41
Lipschitzbedingung, 41
Logarithmentafel, 14
Logarithmus, 248
    Ableitung, 15
    dekadischer, 15
    dualis, 15
    natürlicher, 14
logistische Funktion, 32
lokal integrierbar, 201
Lorentz, Hendrik Antoon, 159

Majorantenkriterium, 248
Mannigfaltigkeit, 149
Maschinen-Epsilon, 27
Maß, 189, 249
Maßraum, 189
Matrix
    adjungierte, 99
    Determinante einer, 52
    Dreh-, 52
    Eins-, 48
    hermitesche, 243
    inverse, 244
    orthogonal, 151
    orthogonale, 48
    quadratische, 99
    transponierte, 48, 257
    unitäre, 101, 129
Maximum, 256
Maxwell, James Clerk, 57
Maxwell-Gleichungen, 57, 157
mehrfach differenzierbar, 9
Membran, 78
Menge, 2
Mengendurchschnitt, 2
meshgrid, 80
messbar, 189, 190, 249
Messdaten, 163

Messgrößen, 103
Methode der finiten Differenzen, 43, 78, 168
Methode der finiten Elemente, 82, 168
Methode der kleinsten Fehlerquadrate, 164
metrischer Raum, 249
metrischer Tensor, 153, 158
Minimum, 244
Mittelwert, 22, 199
Mittelwertsatz, 22
Mode, 79
Modell, 169
Moment, 198
monoton, 8, 189, 249
Multiplizität, 249

Nabla, 50
Nabla-Operator, 249
Nachbarschaft, 183
natürliche Topologie, 184
Nelder, John, 171
Nelder-Mead-Verfahren, 171
neutrales Element, 153
Newton, Isaak, 42
Newtonsches Kraftgesetz, 42
nicht-kommutativ, 96
Nicolson, Phylis, 90
Norm, 108, 184, 194, 250
normal, 103, 250
Normalenvektor, 64
normaler Operator, 102, 250
Normalverteilung, 200, 250
normiert, 100
normierter Raum, 250
Normierungsbedingung, 121
Nullfolge, 9, 140
Nullmenge, 190

Oberfläche, 67
Oberflächenintegral, 250
Obermenge, 2
Observable, 103
ode45, 42
offen, 182
offene Kreisscheibe, 139
offene Menge, 182, 250
Operator
    Funktion, 108

Absteige-, 120, 123
adjungierter, 99
Aufsteige-, 119, 123
Dichte-, 105
Differential-, 73
Hamilton-, 121
Impuls-, 112, 116
Laplace-, 73, 78, 79, 88, 125, 247
Leiter-, 119, 247
linearer, 99, 247
Nabla-, 83, 249
normaler, 102, 250
Orts-, 111, 116
positiver, 104, 252
Potenzreihe, 108
selbstadjungierter, 74, 254
unbeschränkter, 110
unitärer, 104, 258
Verschiebungs-, 113
Wahrscheinlichkeits-, 175
Zahl-, 120
optimal, 114
Ordnung, 5
orthogonal, 100
orthogonale Matrix, 250
Ortsoperator, 111, 116
Ortsunschärfe, 117

Paradoxon, 2
Parametrisierung, 59
Parseval, Marc-Antoine, 115
Parseval-Theorem, 115
partiell Integrieren, 25
partielle Ableitung, 50, 251
partielle Differentialgleichung, 251
Pauli, Wolfgang, 109
Pauli-Matrizen, 109
Peak, 169
periodisch, 16, 76, 129
periodische Randbedingungen, 110
Permutation, 155, 251
Phase, 144
π, 16, 26
Picard, Charles Émile, 41
Plattfußkurve, 12
Poincaré, Jules Henri, 159
Poincaré-Gruppe, 251
Poincaré-Transformation, 159
Polstelle, 146

`polyfit`, 165
Polynom, 5, 251
`polyval`, 165
positiver Operator, 252
Potential, 55
Potentialgleichung, 142
potentielle Energie, 174
Potenzreihe, 12, 142, 252
  eines linearen Operators, 108
Produktregel, 10, 25, 252
Projektion, 100
Projektor, 100, 252
Punkt, 182
Punktgruppe, 160
Punktmaß, 194
Pythagoras von Samos, 48

`quad`, `quadl`, 23
Quader, 67
quadratintegrabel, 74, 252
quadratische Gleichung, 252
quadratische Regression, 165
Quadratur des Kreises, 26
Quantität, 56
Quasi-Eigenfunktion, 113, 118
Quellstärke, 56
Quotientenregel, 252

Rand, 63, 72, 140, 183, 253
Randbedingung, 83
Randwertproblem, 43, 72
Raum
  Banach-, 187
  Borel-Maß-, 190
  endlich-dimensionaler, 98
  Hilbert-, 96, 194, 244
  linearer, 94, 248
  linearer mit Skalarprodukt, 185
  Maß-, 189
  metrischer, 183, 249
  normierter linearer, 184, 250
  Teil-, 94
  topologischer, 182
  Wahrscheinlichkeits-, 196
Raumdichte, 56
Raumfrequenz, 88
Raumspiegelung, 53, 160
Rauschen, 131
Realteil, 5, 137

Rechenfenster, 80
Rechenschieber, 14
regulär, 141, 253
Reihe, 253
Residuensatz, 147
Residuum, 147
Restmenge, 2
Richtungsableitung, 172
Richtungsfeld, 30, 40
Riemann, Georg Friedrich Bernhard, 21
Riemann-Integral, 22, 98, 253
Riemann-Summe, 21
Riesz, Frigyes, 99
Rieszsches Lemma, 99
Ring, 96, 253
Rotation, 54, 65, 253
Rücktransformation, 129, 150
Runge, Carl David Tomé, 41
Runge-Kutta-Verfahren, 41

Satelliten-Kommunikation, 131
Satz
   Banachscher Fixpunkt-, 188
   des Pythagoras, 48, 62, 254
   Residuen-, 147
   von Gauß, 57, 69, 75
   von Picard und Lindelöf, 41
   von Stokes, 57, 65, 146, 254
Satz des Pythagoras, 254
Satz von Stokes, 254
schnelle Fourier-Transformation, 130
Schrödinger, Erwin, 77
Schrödinger-Gleichung, 77
Schraubenlinie, 61
Schrittweitensteuerung, 42
schwach wachsend, 201
schwache Dämpfung, 37
Schwankung, 118
schwankungsfrei, 118
Schwarz, Hermann, 97
Schwarzsche Ungleichung, 97, 193, 254
Schwingungsgleichung, 35
Schwingungsmoden, 78
selbstadjungierter Operator, 254
σ-Algebra, 189, 195, 254
Signal, 131
Simplex, 84, 171, 254
simultan diagonalisieren, 117
Singularität, 146

Sinus, 16, 254
Skalar, 49
Skalarfeld, 150, 255
Skalarprodukt, 51, 96, 185, 255
Sommerfeld, Arnold, 73
Sommerfeldsche Strahlungsbedingung, 73
Spektrale Intensität, 129
Spektralzerlegung, 102
Spektrum, 105, 135
spezielle Lorentz-Transformation, 160
Sprung-Funktion, 204
Sprungfunktion, 98, 255
Spur, 56, 106, 151, 175, 255
stabil, 88
Stammfunktion, 255
Standard-Topologie für R, 184
Startwert, 169
stationär, 174
Steigung, 9
Stephan-Problem, 74
stetig, 7, 140, 182, 186
stetige Funktion, 255
Stokes, George Gabriel, 57
Stromdichte, 56
Stützstelle, 79
subadditiv, 189
Substitutionsregel, 25
Summenregel, 10
Supremum, 177, 256
Supremumsnorm, 185
surjektiv, 155, 256
Symmetrie, 74, 105, 110
symmetrisch, 256
symmetrische Gruppe, 256

Tangens, 17
Tangens hyperbolicus, 19
Tangentialvektor, 59, 64
Taylor, Brook, 12
Taylor-Entwicklung, 12, 256
Taylor-Reihe, 111
Teilmenge, 2
Temperatur, 176, 179
Tensor, 52, 150, 256
Testfunktion, 83, 116, 200, 257
Tetraeder, 84
Topologie, 139, 182, 194
Trajektorie, 174

Transformation, 150, 155, 257
Transformationsgruppe, 257
Translation, 111, 156
transponierte Matrix, 257
Trennung der Variablen, 31

überkritische Dämpfung, 37
Umformung, 155
Umgebung, 139, 182, 257
umkehrbar, 6, 258
Umkehrfunktion, 6, 258
Umparametrisierung, 60
unabhängig, 197
unabhängige Zufallsvariablen, 258
unbeschränkt, 116
unitär, 104
unitärer Operator, 258
Unschärfebeziehung, 118
Untergrund, 169
Untergruppe, 154

Vakuum, 120
Varianz, 200, 258
Vektor, 49, 94
 -feld, 64, 259
 -potential, 66
 -produkt, 52, 259
 -raum, 94, 259
 axialer, 53
 Diagonalen-, 91
 echter, 53
 Eigen-, 103
 Normalen-, 64
 Null-, 94
 polarer, 53
 Pseudo-, 53
 Tangential-, 64
verallgemeinerte Funktion, 118, 259
verallgemeinerte Geschwindigkeit, 174
verallgemeinerte Koordinate, 174
Vereinigungsmenge, 2
Verknüpfungsvorschrift, 7
Vernichter, 120, 259
verrauscht, 130
Verschiebung, 111, 156

Verschiebungsoperator, 113
Vertauschungsregel, 259
Vierertupel, 158
Vierervektor, 151
vollständig, 97, 187, 194, 259
vollständige Induktion, 120, 259
vollständiges Orthonormalsystem, 100, 119, 175, 259
Volumenintegral, 69, 259
von Neumann, John, 73
von Neumann-Randbedingung, 73
Vorzeichenfunktion, 7

Wärmeleitfähigkeit, 72
Wärmeleitungsgleichung, 72, 75, 87, 260
Wahrscheinlichkeit, 105, 196, 259
Wahrscheinlichkeitsdichte, 197, 260
Wahrscheinlichkeitsmaß, 196
Wahrscheinlichkeitsraum, 196
Wahrscheinlichkeitsverteilung, 197, 260
Weg, 59, 260
Wegintegral, 59, 260
 komplexes, 144
Wegstück, 62
Wellengleichung, 73, 78, 87, 261
Wertebereich, 6
Winkelfunktion, 20, 261
Wirbelfeld, 61
Wirkung, 174
Wurzelfunktion, 8

Zahl
 ganze, 3
 irrationale, 4
 komplexe, 5, 137
 natürliche, 3
 rationale, 4
 reelle, 4
Zahloperator, 120, 261
Zeltfunktion, 84, 261
zentraler Grenzwertsatz, 200, 261
Zerlegung der Eins, 101, 261
Zirkulation, 57, 262
Zufallsvariable, 196, 262

If you have any concerns about our products,
you can contact us on
ProductSafety@springernature.com

In case Publisher is established outside the EU,
the EU authorized representative is:
**Springer Nature Customer Service Center GmbH
Europaplatz 3, 69115 Heidelberg, Germany**

Printed by Libri Plureos GmbH
in Hamburg, Germany